KB233617

위험한 미래
유전자 조작 식품이 주는 경고

위험한 미래

유전자 조작 식품이 주는 경고

권영근 편

당대

위험한 미래
유전자 조작 식품이 주는 경고

ⓒ 권영근, 2000

지은이/권영근
펴낸이/김종삼
펴낸곳/도서출판 당대

제1판 제1쇄 발행/2000년 1월 28일
제1판 제2쇄 발행/2000년 6월 10일

등록/1995년 4월 21일(제10-1149호)

주소/서울시 마포구 연남동 509-2 3층 ⑨ 121-240

전화/323-1316 팩스/323-1317
전자주소/천리안·유니텔: dangbi 하이텔·나우누리: dangdae

ISBN 89-8163-047-x

머리말

100여 년 전 우리 선조들은 '개화'라는 이름으로 한 세기를 맞이하였으나, 지금은 '세계화와 정보화'라는 이름으로 새로운 세기를 맞이하고 있다. 또 100년 전에는 동도서기(東道西器)의 주체적 자세가 시대정신이었지만, 지금은 서도서기(西道西器)의 비주체적 마음가짐이 부각되고 있다.

WTO 체제에 바탕을 둔 '자유무역과 세계화 그리고 신자유주의'와 19세기적 과학·기술주의에 토대를 둔 정보화도 모두 강자의 논리로서, 공동체를 더욱 파괴하여 인간과 인간 사이의 단절을 초래하고 과거의 개인주의와 이기주의를 뛰어넘어 '고립주의'를 가져올 것이며, 비인간화 및 비생명 현상을 더욱 강화해 갈 전망이다.

21세기는 20세기와의 단절을 통해 희망을 주기보다는 20세기와의 훨씬 더 굳건한 연속을 구축할 것이다. 따라서 21세기는 "진실로 인간적이며 인간다운 모습이란 어떤 것인가?" 그리고 유전자 조작 식품 문제로 상징되는 비인간화와 생명의 파괴에 대하여 대안적인 관심과 실천이 확대되어 갈 것이다.

WTO 체제는 생명을 상품화시키는 체제이므로 비생명화·생명 파괴 현상의 세계화를 강화할 것이며, 이에 21세기의 화두는 '생명'과 '인간화'가 될 것이다. 이러한 21세기의 새로운 화두에 대하여 강자들은 올바르게 해결하려는 노력을 절대로 하지 않을 것이므로 양심적인 NGO들의 활동을 기대할 수밖에 없다.

이러한 문제의식 아래서 한국농어촌사회연구소에서는 그 동안 나름대로 생명, 상생문명(相生文明) 그리고 환경보전형 농업 관련 정책개발 및 입법활동 등 여러 가지 일들을 수행해 왔다. 그중에서도 특히 유전자 조작 문제와 관련된 것으로는 「유전자 조작 작물의 상품화를 둘러싼 논의」라는 글을 통해, (유전공학 또는 생명공학 관련 분야에서의 전문적 논의를 제외한다면) 우리나라에서는 최초로 사회적 문제로 부각시켰다고 할 수 있다. 그후 「유전자 조작 생명체(GMO)를 둘러싼 최근의 EU동향」, 「바이오테크놀러지와 농업문제」 등을 통해 논점을 심화시켜 갔다. 1998년 11월에는 유네스코한국위원회가 주최한 '유전자 조작 식품의 안전과 생명윤리 합의회의'에 경제적 측면의 전문가 패널(권영근)로 참여하여 「유전자 조작 유기체와 농업을 둘러싼 이해관계」를 발표했다. 1999년 10월 30일에는 종묘공원에서 한국여성민우회생활협동조합, 가톨릭농민회, 우리밀살리기운동본부, 호저생활협동조합 등을 비롯하여 생명안전윤리연대모임 소속단체들과 공동으로 '유전자 조작 안 된 음식먹기 거리축제'를 전개했고, 11월 8일에는 그 동안 본 연구소에서 행한 유전자 조작 식품에 대한 조사활동 결과를 중간발표하면서, 'GMO 농산물 및 식품의 표시제에 대한 토론회'를 한국여성환경운동본부, 한국여성민우회, 참여연대 과학기술민주화를위한모임 등과 공동으로 개최했다. 11월 16일에는 21세기생협연대 및 생활협동조합중앙회, 생명안전윤리연대모임 소속단체들과 공동으로 '시민과 함께하는 유전자 조작 식품 반대 거리캠페인'을 전개함으로서 유전자 조작 식품이 먹거리의 안전성은 물론 생태질서 파괴를 초래할 가능성에 대해 시민들에게 경각심을 일깨웠다.

이러한 일련의 작업결과를 하나로 묶어서 좀더 체계적으로 국민들에게 경각심을 전달하고 올바른 이해를 돕고자 하는 마음에서 이

책을 꾸미게 되었다. '상품' 생산 산업에서 '생명' 생산 산업으로 전환되어 가는 농업의 올바른 모습을 생각하면서, '녹색혁명'이 엄청난 악영향을 몰고 온 것처럼 유전자 조작 식품도 '제2의 녹색혁명'으로서 왜곡된 농업의 모습을 창출할 것이라는 점 그리고 먹거리의 안전성과 생명파괴 현상에 대한 염려가 이 책 속에 담겨 있는 문제의식이라 하겠다. 그러나 서둘러 만드는 과정에서 여러 가지 결점들이 발견됨을 알고 있기 때문에, 판을 거듭하면서 보완해 갈 것을 독자들에게 약속드린다.

귀중한 원고를 보내주신 국내 필자들은 물론 A. 킴브렐 변호사와 영국의 개방대학교(Open University) 매완 호 교수 등 외국 필자들께 감사드린다. 더불어 동남아시아의 생물해적질 반대운동 4개 단체(GRAIN, MASIPAG, BIOTHAI, PAN-Indonesia)와 영국의 사회운동단체인 코너하우스에도 감사의 말을 하고 싶다.

조제스쿠-뢰겐은 리프킨이 쓴 『엔트로피』를 추천하는 후기에서 "가진 자들이 동시대의 못 가진 자들에 대해서는 조금은 생각하지만, 미래세대를 보호하기 위해서는 하는 일이 거의 없다. …인류 모두가 미래의 후회를 극소화하려고 노력하지는 않고, 개인적 효용을 극대화하고 개인적 이득추구 행위를 지속함으로써 전인류에 어떤 위험을 초래할 것인지를 깨닫지 못하고 있다"고 경고하면서 "네 자신처럼 네 종족을 사랑하라!"는 충고로 끝맺고 있다.

우리는, 그리고 이 사회를 이끌어가는 중책을 맡고 있는 사람들은 물밀듯이 쏟아져 들어오는 세계화와 정보화의 물결 속에서 얼마만큼이나 "네 자신처럼 네 종족을 사랑"하고 있는 것일까?

2000년 1월

권영근

차 례

왜 유전자 조작이 문제인가

GMO에 대한 기초적 이해

권영근(한국농어촌사회연구소 소장)

왜 유전자 조작이 문제인가
GMO에 대한 기초적 이해

권영근

지금 전세계는 유전자 조작 식품 때문에 매우 시끄럽다. 작년에 우리나라에서도 유전자 조작 콩과 옥수수가 무방비상태로 수입되고 있다는 사실이 알려지면서 한동안 하나의 이슈로 부각된 후에 잠잠하다가, 한국소비자보호원의 두부 검사결과가 발표되면서 다시 유전자 조작 식품 문제가 전사회적인 이슈가 되고 있다.

신문과 방송에서 계속 이 문제를 거론하고는 있지만, 정작 이 문제에서 중요한 지점들은 모두들 간과하고 있다. 즉 "유전자 조작 식품이 과연 위험한 것인가, 안전한 것인가" 하는 물음에만 관심이 모아져 있는 것이다. 이런 식의 문제접근은, 유전자 조작 식품이 안전하다고 거듭 주장하는 옹호론자들과 유전자 조작 식품은 어떠한 위험성을 가져올지 모른다는 반대론자들 사이에서 개인의 가치관과 판단에 맡길 수밖에 없는 문제가 되어버린다.

이 책에서 말하고자 하는 것은, 왜 유전자 조작 식품이라는 것이 나오게 되었는지, 그 진실을 확인해 보자는 것이다. 유전자 조작 식품이 안전한 것인가의 문제가 아니라, 왜 유전자 조작 식품이 나올 수밖에 없었는지, 왜 우리는 원하지도 않는 유전자 조작 식품을 먹어야만 하는지 그 이유를 파고드는 것이다.

여기서 중요하게 부각되는 것은, 전세계적으로 식량을 생산하고 유통하고 소비하는 구조, 즉 식품체계(food system)라 부르는 거대한 구조이다. 농민들이 기업들로부터 종자·농약·비료·농기계 등을 사서 농작물을 재배하면, 이를 곡물수집상이 수집하고, 이것을 식품가공업자들이 중간가공하고, 다시 이를 최종 식품기업이 사들여 우리가 먹는 각종 식품들을 생산해 내면, 그것을 우리가 먹는다. 그런데 자본주의가 고도화되고 교통과 통신이 비약적으로 발전하면서 이러한 식량생산·유통·소비 구조가 전지구화됨에 따라 거대한 다국적 농업자본들이 독점을 더욱 강화하고 있다. 바로 그 구조에 우리는 초점을 맞추고자 한다. 결국 유전자 조작 식품이라는 것도 그들이 개발한 유전자 조작 종자를 재배해 가공한 것들이기 때문이다.

왜 그들은 유전자 조작 종자를 개발하는가, 거기에 다른 저의가 있는 것은 아닌가, 그리고 우리가 먹는 식품의 공급구조와 그 식품을 생산하는 농업구조에는 어떤 영향을 미칠 것인가, 이 책은 이러한 문제들에 초점을 맞추고 있다. 과연 그들이 주장하는 대로 유전자 조작 종자가 전세계 인구를 먹여살릴 수 있을 것인가?

GMO는 무엇이며, 무엇이 문제인가

GMO는 유전자 조작(변형) 생물체(genetically modified organisms)[1]를 일컫는 용어이다. 특히 이것이 벼·감자·옥수수·콩 등의 농작물에 적용되면 유전자 조작 농작물이라 부르게 된다.

이러한 GMO는 기존의 생물체 속에 전혀 다른 생물체의 유전자를 끼워넣음으로써 완전히 새로운 성질을 갖도록 한 생물체이다. 그런데 농업분야에서는 GMO가 주로 제초제나 해충에 저항성을 갖도록 만들어진다. 즉 한 번만 뿌리면 잡초는 싹 죽어버리는 제초제에도 작물은 끄떡없도록, 혹은 강력한 살충제를 뿌려도 작물은 끄떡없도록 만드는 것이다.

얼핏 생각하면 이 논리는 그럴듯하게 들린다. 적은 양의 농약을 한 번만 뿌려도 잡초나 해충을 박멸할 수 있으니, 농약 사용량을 획기적으로 줄일 수 있을 것 같다. 잡초와 해충을 효과적으로 구제할 수 있으니까 농작물 생산량도 더 늘어날 것이다. 그러면 이것이 바로 이른바 지속 가능한 농업이 아닌가. 즉 부족한 식량문제는 물론 화학물질로 인한 환경오염도 동시에 해결할 수 있지 않은가. 바로 이 논리가 GMO를 개발하고 있는 다국적 종자회사들의 논리이자 GMO 개발을 연구하는 생명공학자들의 논리이다.

그런데 '자연'이라는 것은 생명공학자들의 논리처럼 단순한 선형적 논리로 움직이지 않는다. 생태계는 복잡성과 관계성 그리고 영향의 장기성을 그 특징으로 하고 있기 때문이다. 과학자들(특히 생태학자들)이 연구한 결과, GMO의 저항성 유전자는 쉽게 생태계 속으로 전이될 수 있다는 여러 가지 증거들이 포착되고 있다 저항성 유전자가 퍼져나갈 경우, 애초에 구제하려고 했던 잡초나 해충도 제초제와 살충제에 저항성을 갖게 되며, 따라서 더욱 강력한 농약을 뿌려야만 하는 악순환에 봉착하게 된다. GMO 옹호론자들이 말

---

1) 일반적으로 GMO는 지배담론에서는 유전자 변형(재조합) 생물체, 대항담론에서는 유전자 조작 생물체로 표현하고 있다. 그러나 실제로 유전자 조작 식품, 유전자 조작 농작물 등을 지칭하는 의미로 쓰이고 있어서 이 책에서는 이 모든 것을 GMO로 통칭했다.

하는 논리가 도리어 거꾸로 흘러가는 것이다. 게다가 인간이 GMO 식품을 먹을 경우, 유전자 이식에 매개체로 사용되는 독성 바이러스로 인해 여러 가지 문제(특히 알레르기 유발이나 독성중독 혹은 암 유발 가능성)들이 생겨날 수 있다는 증거들도 있다.

문제는 GMO 옹호론자나 반대론자 모두 반대편을 궁지로 몰 만한 결정적인 증거를 포착하고 있지 못한 데 있다. GMO가 환경이나 인체에 유해한지 그리고 얼마만큼 유해한지를 증명하는 것은 사실 오랜 시간과 상당히 광범위한 공간적 범위를 요하는 일이기 때문에, GMO가 개발되어 상품화된 지 5년 남짓 된 현재까지도 결정적인 증거를 잡지 못하고 있는 실정이다. 아니, 좀더 정확히 말하면 서로의 실험결과들을 믿어주지 않고 있는 것이다.

결국 현재 양편의 싸움은 실질적인 위해성이나 피해보다는 GMO 농작물 개발이 가져올 엄청난 사회경제적 영향——특히 농업분야——에 초점이 맞추어져 있는 것이라 할 수 있다. 아래에서 주로 살펴보게 될 것도 이러한 사회경제적 측면이 어떤 메커니즘으로 불평등하게 전개되는가 하는 데 있다.

부지불식간에 우리 식탁에 올라오는 GMO

우리 식탁에 올라오는 두부의 82%가 GMO 두부라는 한국소비자보호원의 발표(1999) 이후 국민들은 불안에 떨고 있다. 두부사건 이후 두부만 문제가 있는 것으로 알고 있는 사람이 많을 터인데, 실제로 미국에서 시판되어 유통되는 GMO 농산물은 1999년 11월 현재 11개 종에 이르고 있으며, 그 수는 더욱 늘어날 전망이다.

문제는, 미국에서도 가장 많이 유통되는 GMO 품목이 우리가 가장 많이 수입하는 대두(콩)와 옥수수라는 점이다. 통계마다 차이는

〈표 1〉 미국 내 시판중인 GMO 품목

(1999. 11 현재)

품 목	수	특 성
대두(콩)	3	올레산 증대, 제초제 저항성
옥수수	14	팝콘용 1종, 스위트콘용 1종 / 제초제 저항성, 해충 저항성(Bt), 웅성 불임
감자	3	해충 저항성(Bt)
토마토	5	방울토마토 1종 / 과숙 억제, 과피손상 방지
치커리	1	웅성 불임
호박	2	모자이크바이러스병 저항성
파파야	1	바이러스병 저항성
사탕무	1	제초제 저항성
카놀라	2	제초제 저항성, 로릭산 증대
면화	5	제초제 저항성, 해충 저항성(Bt)
아마	1	제초제 저항성

*자료: Unions of Concerned Scientists(http://www.ucsusa.org/agriculture/gen.market.html).

〈표 2〉 미국 내 GMO 재배비율

(단위: %)

작 물	1997	1998	1999*
대 두	14	38	51
옥수수	8	20	27
면 화	7	28	43

*1999년 수치는 추정치임.

**자료: Kalaitzandonakes, 1999.

있지만, 현재 미국 내 재배 대두의 GMO 비율은 대체로 51%, 옥수수는 27% 정도로 추정되고 있다. 그런데 우리나라는 이 두 작물을 거의 미국에서 수입하고 있는 것이 현실이며, 따라서 우리는 GMO

〈표 3〉 국내 식량자급률

(단위: %)

품 목	1997	1999
콩	8.6(36.2)	9.5(34.3)
옥수수	0.9(3.6)	1.2(4.6)

* 괄호 안의 수치는 사료용을 제외한 자급도를 나타낸다.
** 자료: 농림부, 1999.

〈표 4〉 우리 식탁에 올라오는 GMO 식품들

품 목	제 품
콩	장류(간장, 된장, 고추장, 쌈장 등) 두부류(두부, 유부 등), 콩나물 식용유, 콩기름(라면 포함), 마가린, 쇼트닝 콩가루 함유 가공식품(과자류, 빵류), 콩 통조림 콩단백 함유 식품(두유, 대두버터, 마요네즈, 스파게티, 마카로니, 각종 향신료, 소시지, 베이컨, 커피크림)
옥수수	옥수수 통조림(콘샐러드) 옥수수유 콘스낵, 팝콘, 아침식사용 시리얼 물엿 및 물엿 함유 가공식품(과자류 등) 옥수수전분 함유 가공식품(과자류, 빵류, 맥주, 콜라, 사이다, 수프, 당면, 팥앙금 등)
토마토	케첩, 토마토주스, 각종 소스(스파게티, 파스타, 피자용)
감자	감자스낵(포테이토칩 등), 감자튀김, 감자전분 함유 가공식품
면실(면화)	식용 면실유(땅콩버터, 스낵류 등)
유채	카놀라유(샐러드 드레싱, 과자류, 마가린 등)
치커리	커피 대용 치커리차
기타	이유식(콩, 옥수수 함유), 채소치즈(유전자 조작 효소 사용)

콩과 옥수수의 포화(砲火)에 그대로 노출되어 있는 것이다.

〈표 4〉에서 보듯이, 두부는 콩으로 만드는 가공식품의 일부에 불과하다. 콩과 옥수수는 우리가 먹고 있는 각종 가공식품의 주원료로서, 1차가공된 식품뿐만 아니라 전분이나 물엿·기름·장류의 형태로 들어가지 않는 식품이 없을 정도로 많이 사용되는 품목들이다. 또한 콩과 옥수수는 가축사료의 대부분을 차지하며, 각종 산업용 기초원료(비료·비타민·항생제·의약품·화장품·비누·토코페롤 등)로도 광범위하게 사용된다. 그리고 콩과 옥수수 외의 다른 농산물들도 미국 내 GMO 재배비율 통계가 잡히지 않고 있을 뿐이지, 이미 여러 가지 가공식품의 형태로 우리 식탁을 위협하고 있는 것이 현실이다.

미국에서 발행된 한 책자는, 현재 미국의 식탁에서 GMO 식품이 차지하는 비중을 약 60~70% 정도로 추정하고 있다(Ticciati & Ticciati, 1998). 이미 거의 모든 생식품과 가공식품들이 자유롭게 전세계적으로 유통되고 있는 현실에서 이 수치는 우리나라의 식탁이라고 별로 다르지 않을 것으로 보인다(콩과 옥수수를 사료용으로 주로 이용하는 미국과는 달리, 콩을 주식으로 삼고 있는 우리나라에서는 오히려 더 높을 가능성이 크다).

다국적 농업자본과 GMO

이 책을 읽고 있는 여러분도 여러 가지 매체를 통해 세계에서 다섯손가락 안에 드는 곡물 메이저들—카길과 콘티넨탈, ADM이 유명하다—이 전세계 농산물 무역 및 유통 분야를 장악하고 있다는 정도는 알고 있을 것이다. 그런데 이러한 곡물 메이저가 다국적 농업자본의 전부는 아니다. 종자를 공급하는 종자기업, 화학비료와 농약을 생산하는 농화학기업, 축산에 필요한 사료를 생산하는 사료기업, 축산에 필요한 약품을 공급하는 동물의약품기업, 생산된 농산물을 1차가공하는 가공기업, 그리고 이를 가지고 최종적으로 식품을 만드는 식품기업 등 농민이 종자를 구입하여 재배한 농작물이 소비자의 입에 들어가기까지의 이른바 식품사슬(food chain)에 개입되어 있는 자본은 모두 농업관련 산업자본(agribusiness)이다.

　문제는 이러한 식품사슬이 소수의 다국적 거대기업들에 의해 독점되어 있으며, 그러한 독점상태가 점점 더 심화되고 있다는 점이다. 종자에서 식품까지의 ‘수직 계열화’라고 할 수 있는 이러한 추세의 핵심에 GMO로 대표되는 농업 생명공학이 있다. 생명공학을 중심으로 하여 농업관련 자본이 점점 한덩어리가 되어가고 있는 것이다. 일례로 우리에게는 화학기업으로만 알려져 있는 듀퐁(DuPont)사는 세계 1위의 종자기업으로 변신한 지 이미 오래 되었다. 오히려 농화학분야는 세계 4위에 불과하다. 노바티스(Novartis) 사는 농화학분야의 세계 2위이자, 종자분야 세계 3위이기도 하다. 우리나라의 종자산업이 이미 70% 이상 외국자본으로 넘어갔다는 소식은 익히 들어서 알겠지만, 노바티스 사는 이미 우리나라의 농약과 종자분야에 모두 진출해 있다.

　왜 이렇게 별 상관 없어 보이는 종자산업과 농화학산업이 한덩어리가 되어가고 있는가? 그 핵심은 앞에서 언급했던 제초제나 해충저항성 GMO 개발에 있다. 이들은 이러한 GMO를 개발하여 농약을 덜 쓰고도 더 많은 농작물을 수확할 수 있다고 주장했지만, 그 이면에는 종자와 농약을 한꺼번에 팔아먹으려는 속셈이 숨어 있는 것이다. 가장 좋은 예로 몬산토는 라운드업(Roundup, 우리나라에는 ‘근사미’라는 상품명으로 잘 알려져 있다)이라는 제초제와 라운드업레디(Roundup-Ready, 라운드업을 받아들일 준비가 되어 있다는 뜻)라는

GMO 콩 종자를 한 세트로 팔아먹는 것을 농민들에 대한 마케팅 전략으로 삼고 있다. GMO 콩이 자기 회사의 제초제에만 저항성을 갖도록 만들기 때문이다. 심지어는 자기 회사의 농약을 뒤집어써야만 싹을 틔우고 자라는 종자(일명 트레이터traitor 기술이라 부른다)를 개발하는 데 힘을 쏟기까지 한다. 이렇게 두 가지 다 많이 팔아야만 이윤을 남길 수 있는 기업들이 과연 농업이 농약을 덜 쓰는 방향으로 나아가는 것을 바랄 것인가?

이것도 문제이지만, 더 큰 문제는 60년대 이후 지속되고 있는 녹색혁명(green revolution)이라는 농업변혁을 통하여 다수확 품종 종자, 농약과 화학비료, 농기계 같은 새로운 투입요소들을 농민들에게 더 많이 사용하도록 강요함으로써 전세계적으로 막대한 자본 축적을 이루었던 다국적 농업자본이, 생명공학이라는 새로운 전략을 통해 농민과 농촌·농업의 지배를 더욱 심화시키게 될 것이라는 데 있다.

이러한 문제들로 인하여, 이들이 전세계의 굶주리는 사람들을 먹여살릴 수 있으며, 농민들에게 행복을 가져다 줄 것이라는 달콤한 선전들을 우리는 믿을 수 없는 것이다. 오히려 현실은 그 정반대로 흘러갈 가능성을 우리는 걱정하는 것이다.

지금까지의 자본집약적인 농업이 환경오염과 농촌공동체 파괴 등의 부정적인 효과를 가져왔음을 반성하면서, 이제 전세계적인 농업의 추세는 지속 가능한 농업 및 농촌 건설로 가고 있다. 또한 소비자들의 환경의식과 식품안전성 문제에 대한 관심이 높아져감에 따라 점차 생태적 순환성과 외부 투입요소의 최소화를 기반으로 하는 유기농업이 점점 성장하고 있다. 그런데 GMO 농작물은 이러한 경향에 정면으로 역행하는 것이며, 따라서 유기농업 농민들에게 심각한 위협 —— 가장 심각한 것은 GMO 농작물 유전자가 주변 유기농장으로 확산됨에 따라 유기농작물이 오염되는 것(생물학적 오염 혹은 유전자 오염) —— 으로 다가오고 있으며, 전세계의 가족농과 빈농들의 생계를 위협하는 것이다.

생명특허와 제3세계 생물자원의 독점

생명특허는 GMO에 특허를 부여해 주는 것을 말한다. 즉 유전자를 약간 조작해서 만든 생물체를, 기술에 의하여 새로운 것을 만든 것으로 인정하여 그 권리를 보장해 주는 것이다. 이 문제는 우리나라에서는 그 심각성을 비교적 느끼지 못하고 있는 반면에, 인도와 아프리카 등의 제3세계 국가들은 GMO 문제에서 생명특허 문제를 오히려 가장 중요하게 제기하고 있다. 하지만 이 문제도 결국 앞에서 말한 다국적 농업 생명공학 자본의 식품체계 독점 문제와 같은 선상에 있다. GMO 개발에 있어서 그 원료를 확보하는 데 독점적 권리를 보장해 주는 것이기 때문이다.

특히 문제가 되는 것이 WTO 체제하에서의 TRIPs(Trade Related Intellectual Properties)협약이다. 무역관련 지적 재산권이라고 해석될 수 있는 이 협약은 WTO 체제하에서의 지적 재산권 보장에 관한 내용을 담고 있는데, 그 27조 3항에 생명특허와 제3세계에 대한 선진국의 부당한 권리를 보장해 주는 규정이 들어 있다(자세한 내용은 제3부 참조).

문제는 생명공학의 비약적인 발전과 함께 그 원료가 되는 생물자원의 대부분이 제3세계 열대지역에 분포하고 있다는 것이다. 자료에 따르면, 전세계 생물자원의 90%는 열대지방에 위치한 제3세계 국가들이 보유하고 있다(Nottingham, 1998). 선진국들은 생명공학 기술은 보유하고 있지만 생물자원은 빈약한 데 비해, 제3세계 국가들은 풍부한 생물자원을 확보하고 있지만 이를 이용할 생명공학 기술이 없다. 여기서 문제가 발생한다. 선진국들 그리고 다국적자본들이 생명특허라는 제도를 이용해 제3세계의 생물자원을 부당하게 착취하고 있는 것이다. 이를 생물해적질(biopiracy)이라고 부르기도 한다(Shiva, 1997). 제3세계에서 지금까지 잘 사용해 오고 있던 식물에 대하여, 어느 날 갑자기 선진국의 다국적기업이 그에 대한 특허를 보유하고 있으니 로열티를 지불하라고 강요하면서 그러지 않으면 사용을 못하게 하겠다고 협박한다. 이러한 일이 실제로 일어나고 있다. 인도의 님(neem) 나무와 바스마티 쌀, 태국의 재스민 쌀 등 상당수의 생물자원들에 대하여 다국적기업들이 특허를 보유하고 있는 실정이다(제3부 참조).

콜럼버스의 신대륙 정복 이후 20세기 중반까지는 제3세계 국가들의 물리적 자연자원(주로 석유나 금 같은 지하자원)에 대한 선진국들의 수탈의 역사라 한다면, 21세기는 선진국들의 제3세계 생물 유전자원에 대한 수탈과 그에 대한 제3세계 민중들의 투쟁의 역사가 될 것이 분명하다.

다국적 독점자본에 대한 전세계 시민사회의 저항: GMO 반대운동

지금까지의 논의를 정리해 보면, GMO는 크게 세 가지의 불평등한 결과를 가져온다. 첫째, GMO를 개발하는 다국적 농업자본은 엄청난 경제적 이득을 얻는 반면에, 그로 인해 발생할 수 있는 생태적·건강상의 위험성은 고스란히 사회 전체, 더 나아가서는 지구 전체가 부담한다. 자본은 팔아먹는 것에만 신경 쓰고 그 이후에 생길 결과에 대해서는 눈감아버리기 때문이다. 둘째, 좀더 범위를 좁혀본다면 돈 있는 선진국은 유기농산물을 먹게 될 것이며, 돈 없는 개도국이나 빈민층은 값싼 GMO 농산물을 먹게 될 것이다. 또한 힘 없는 개도국들이 앞으로는 주요 GMO 재배국이 될 것이다. 이는 전 세계적으로 생태적·건강상의 위험부담을 불평등하게 만드는 결과 이다. 셋째, 이러한 과정을 통하여 다국적 농업자본의 먹거리 사슬 독점은 더욱 심화될 것이며, 그 속에서 제3세계 농민들은 저발전의 경제적 종속상태에서 헤어나기 어려울 것이고, 그들의 배고픔은 절 대 해결되기 어려울 것이다.

이러한 결과들 때문에, 생명공학과 GMO 그리고 다국적 농업자 본에 대한 반대와 투쟁의 불길이 전세계적으로 걷잡을 수 없이 번 져가고 있는 것이다.

GMO 반대운동의 구도를 대략적으로 보면, GMO 농산물과 식품 의 인체 및 환경 위해성 문제를 들어 GMO를 반대하는 선진국 시민 단체들(소비자·과학기술·유기농업 단체 등)과 다국적기업의 제3 세계 농업 및 농민 지배, 경제적 종속의 심화를 우려하는 제3세계 농민과 사회단체들이 두 축을 이루고 있다. 이들이 최근 인터넷과 교통수단의 비약적 발전에 힘입어 동시다발적으로 최신 정보들을 주고받으면서 싸우고 있는 것이다. 이들이 주장하는 테마들은 GMO에 대한 반대, 생명특허에 대한 반대, 농민과 지역공동체의 생 물자원에 대한 권리 인정 등이다.

그에 따라 적지 않은 성과들이 나타나고 있다. GMO 개발의 선두 에 있는 다국적기업 몬산토가 지난해 10월, 종자불임 기술인 터미 네이터 기술(자세한 내용은 제2부 참조)의 상용화를 포기하겠다고 선 언한 데 이어서, 세계 각국에서 GMO에 대한 의무표시제를 시행 준 비중에 있고, 몇몇 식품기업들이 GMO를 사용하지 않겠다는 비 (非)GMO(GMO-free) 선언을 하고 나선 것이다. 게다가 GMO에 관 해서는 철옹성으로만 보였던 미국의 분위기도 급반전하고 있다. 미국에서도 GMO의 문제점에 대한 소비자와 농민들의 인식이 점차 커지면서 GMO 식품에 대한 표시제 움직임이 활발해지고 있으며, GMO 재배에 앞장섰던 미국 농민들도 다국적 농업자본에 속았다는 느낌을 갖게 되면서 반대운동에 합류하고 있는 중이다.

전세계적으로 이와 같이 다양한 형태와 주체들의 반대운동들이 한데 모여 결집된 곳이, 지난 1999년 11월 30일부터 12월 3일까지 WTO 각료회의가 열렸던 미국 시애틀이다. WTO와 선진국들의 자유무역 논리에 항거하는, 선진국 및 제3세계를 총망라하는 5만여 명의 활동가와 민중들이 시애틀에 모여서 WTO 반대와 GMO 반대 슬로건(No to WTO!! No to GMO!!)을 외쳐댄 것이다.

우리나라에서도 비록 역사는 그리 오래 되지 않았지만, 몇몇 사회단체들을 중심으로 GMO와 생명공학에 대한 반대운동을 지속적으로 벌여나가고 있다. 1998년, 사회 · 소비자 · 환경 · 농민 · 과학기술 · 종교 관련 17개 단체들로 결성된 연대모임은 국내에서 GMO와 생명공학 · 생명복제 등의 문제들에 대하여 사회적으로 경각심을 불러일으키고 있는 중이다. 또한 최근에는 생활협동조합과 환경농업단체들이 GMO 문제에 관심을 갖고, 국민들에게 안전한 먹거리를 보장하는 국내 농업을 육성하라는 매우 설득력 있는 대안을 제시하면서 GMO 반대운동의 차세대로 등장하고 있다 농민들은 GMO 종자를 심을 것인지 비(非)GMO 종자를 심을 것인지를 선택하는 주체이자, 진정한 대안적 환경보전운동의 주체로서 GMO 반대운동에서 매우 중요한 핵심적인 고리이다. 전세계적으로 농업 · 농민 단체들이 결합됨으로써 운동이 힘을 받아 지속력을 보이는 것처럼, 국내에서도 비록 늦긴 했지만 이와 같은 움직임은 매우 고무적인 것으로 보인다.

사람과 자연이 서로 상생(相生)하는 미래: 외부 투입요소 절감을 통한 지속 가능한 농업과 안전한 먹거리

　지속 가능한 농업 그리고 사람과 자연을 함께 살리는 농업은 결국 다국적 농업자본이 주도해 왔던 그동안의 지배적인 추세, 즉 외부 투입요소 비율의 상승과 이로 인한 농업과 농민의 종속화 경향에 저항하여 지역 외부 투입요소의 비율을 낮추는 것이다. 이것이 바로 지역 내에서의 생태적 물질순환의 재생을 통해 지속적으로 투입요소를 조달하는 '지역농업', 즉 유기농업이다. GMO를 통해 생산량만 늘리려고 하는, 그럼으로써 외부의 다국적 농업자본에 대한 의존도가 높아져 외부의 힘에 의해 농민의 운명과 목숨이 좌지우지되는 그러한 농업은 절대로 지속 가능한 농업이 아닐 것이다.

　WTO 차기협상이 지난해 11월 30일 미국 시애틀에서 열린 각료회의를 필두로 앞으로 최소 3년간 계속될 전망이다. 다국적 농업자본을 등에 업은 미국·캐나다를 중심으로 하는 곡물수출국들(케언즈 그룹)은 환경문제와 먹거리의 안전성 문제, 지역의 특수성 등 자유무역에 방해가 되는 모든 요소들을 비관세장벽으로 몰아붙이면서, 농축산물 자유무역과 GMO의 자유로운 무역을 관철시키려 하고 있다. 자본과 무역의 보편성 앞에서 거치적거리는 모든 특수성들을 제거하려는 것이다. 이에 저항하는 환경 및 농업 중심의 선진국 시민단체들과 개도국의 시민단체들은 지금 목숨을 걸고서 투쟁하고 있다. 우리나라에서도 이제 이 문제를 정확히 이해하고, 행동에 나서야 할 때이다.

　GMO 문제는 결코 소비자 문제로 끝날 사소한 문제가 아니며, 농민들의 운명이 걸려 있는 농민들만의 문제도 아니다. GMO 문제는 소수의 생명공학 다국적기업과 그 앞잡이들을 한편으로 하고, 먹거리의 안전성을 걱정하는 전국민, 안전한 먹거리를 생산해야 하는 전체 농민 그리고 환경보전을 통해 균형 잡힌 생태질서가 유지되기를 바라는 전세계 민중들을 다른 한편으로 하는 싸움이다. 다국적 농업자본이 만들어가는 세상에서 살아갈 것인가, 아니면 우리가 주체적으로 세상을 만들어갈 것인가? 하나는 자본과 농업제국과 돌연변이만이 살아남는 세상이며, 또 하나는 모든 인간과 자연이 평등하게 상생하는 세상이다. 우리는 자본과 돌연변이만 살아남는 세상을 원치 않는다. 전세계 민중들의 투쟁에 대하여, 우리나라는 이제 시작에 불과하다.

우리의 대지(大地)를 불태우라
우리의 꿈들을 불태우라
우리의 노래에 매서운 산(酸)을 쏟아부으라.
톱밥으로 덮어버려라
학살당하는 우리들의 피를
당신들의 테크놀러지로 틀어막으라
자유로운 모든 이들의
야생의 본성을 지닌 모든 이들의 비명소리를.
파괴하라
파괴하라
우리의 풀과 토양을.
무너뜨리라
우리의 어머니, 아버지 들이 일으킨
모든 농장과 모든 마을을
모든 나무와 모든 가정과
모든 책과 모든 법과

그리고 모든 공정함과 조화로움을,

당신들의 폭탄으로 쓸어없애 버려라

모든 계곡을,

당신들의 사설(邪說)로 지워버려라

우리의 과거와

우리의 문학과 우리의 메타포들을.

껍질 벗기라

숲을, 그리고 대지를,

어떤 벌레들도

어떤 새나

어떤 이야기들도

숨을 곳을 찾지 못할 때까지 계속.

나는 당신들의 폭정(暴政)을 두려워하지 않으며

나는 절망하지도 않을 것이니.

왜냐하면 나는 하나의 씨앗을 지킬 것이므로

하나의 자그마한 생명의 씨앗을

나는 수호(守護)할 것이고

그리고 다시 심을 것이므로.

—씨앗을 지키는 사람들(The Seed Keepers)[2]

---

2) Shiva, 1997. pp. 40~41. 이 시는 팔레스타인 지방에서 유래한 것이라고 한다.

참고문헌

농림부 (1999), 『농림업 주요 통계』.

한국농어촌사회연구소 외 (1999), 『GMO 농산물 및 식품의 표시제에 대한 토론회 자료집』.

Kalaitzandonakes, N. (1999), "A Farm Level Perspective on Agrobiotechnology: How Much Value and for Whom?," *AgBioForum*, Vol. 2, No. 2, Spring.

Nottingham, S. (1998), *Eat Your Genes: How Genetically Modified Food Is Entering Our Diet*, London: Zed Books.

Shiva, V. (1997), *Biopiracy: The Plunder of Nature and Knowledge*, Boston: South End Press. (한재각 외 옮김, 『자연과 지식의 약탈자들』, 당대, 2000.)

Ticciati, L. & R. Ticciati (1998), *Genetically Engineered Foods: Are they safe? You decide*, New Canaan, CT: Keats Pub.

제1부

과학의 승리인가 인간의 오만인가

유전자 조작의 철학

유전자 조작을 둘러싼 담론: 지배담론과 저항담론

권영근(한국농어촌사회연구소 소장)
허남혁(한국농어촌사회연구소 연구간사)

유전자 조작의 철학

권영근

1. 머리말

생명공학의 급속한 발전에 따라 유전자 조작에 의한 먹거리 농작물이 시장에 출하되면서, 유전자 조작은 전세계적으로 새로운 논란거리로 등장하고 있다. 기나긴 싸움 끝에 출범하게 된 WTO 체제라는 것 때문에 더욱 그렇다. WTO 체제는 모든 것을 상품으로 취급하려고 하며, 또 그 상품을 사고 파는 데라면 세계 어디에도 함부로 장벽을 쌓을 수 없도록 하고 있다. 그리하여 다국적기업들이 만든 다종다양한 먹거리가 세계 어느 나라에서든 출몰할 수 있게 하였다. 한마디로 WTO 체제는 다국적기업들에게 '먹거리의 세계적 전개'를 보장해 주는 체제이다.

이런 WTO 덕분에 우리는 우리나라의 좋은 돼지고기는 외국에 팔고 값싼 벨기에산 '다이옥신'을 수입해서 먹는 '혜택'을 누리게 되었다. 경제학자들은 이를 비교우위론이라고 설명하면서, 이렇게 해야 서로 돈을 더 많이 벌 수 있고 세계가 고루 잘살 수 있다고 강력히 주장해 왔다. 어쨌든 WTO 체제하에서는 유전자 조작을 한 먹거리든 해로운 먹거리든 수입하는 당사자가 안전하지 않다는 것을 증명하지 못하면, 소비자들은 자유로운 무역의 '혜택'을 누려야 하는 것이다.

서양의 경우, 대략 13세기경부터 돈벌이가 되는 일이면 서슴지 않고 못하는 일이 없게 되어버렸다. 돈으로 면죄부를 살 수 있게 되면서 돈이 하나님의 권위에 도전하게 되었고, 자본주의가 되면서 돈을 신과 같이 숭배하게 되었다. 돈이 모든 가치의 근본이 되어버렸고, 돈이 전세계를 지배하게 되었다.

다국적기업들은 더 많은 돈을 벌기 위해, 유전자 조작 기술을 이용해서 새로운 생명을 만들어내고 있을 뿐만 아니라 이를 토대로 새로운 먹거리를 상품화해서 전세계에 판매하고 있다. 이러한 유전자 조작 기술의 발전속도, 특히 식물에 대한 유전자 조작 기술과 먹거리에 대한 유전자 조작 기술은 개인용 컴퓨터 기술의 발전속도보다 훨씬 더 빠르게 전개되고 있다. 그리하여 다국적기업들은 곡물은 물론 모든 식물의 종자를 유전자 조작해 돈을 긁어모으려고 한다. 바야흐로 종자와 곡물을 지배하는 다국적기업이 세계를 지배하게 된 것이다. 그들은 이제 온 세계의 먹거리에 대해 영구적으로 독점적 공급체제를 구축하려고 한다.

이 글에서는 생명공학의 발전으로 탄생한 유전자 조작 생물체(GMO)의 세계관의 토대를 살펴보고, 그 문제점을 지적하고자 한다. 과연 이러한 일들이 벌어지게 된 밑바탕에는 도대체 어떤 생각들, 어떠한 가치관, 철학이 깔려 있는가?

2. 자연을 지배하는 방법론 탐색: 기계론적 세계관

유럽 중세사회를 지배해 온 것은 기독교적 세계관, 그중에도 카톨릭 신학으로서 그 주제는 아날로지아 엔티스(analogia entis)였다. 즉 자연과 자연 사이에는 존재 유비(類比)가 있다는 것이다. 그래서 자연 속에는 초자연적인 흔적이 다 들어 있다는 것이다. 이렇게 초자연과 같은 존재 유비를 가지고 있기 때문에, 자연을 존중했고 자연을 파괴하지 않은 채 그것을 완성하려고 했다. 그래서 개신교와는 달리, 카톨릭은 어느 지역의 어느 문화에든 초자연적인 유비가 있다고 보았고, 그 어떤 것도 부정하지 않고 인간과 자연을 조화시켜 완성하려고 했다.

이러한 중세의 세계관은 데카르트(R. Descarte)의 세계관에 의해 파괴된다. "나는 생각한다. 그러므로 나는 존재한다"라는 명제로 대표되는 데카르트의 철학은, 생각하는 주체인 나만 살아 있고 중요하며 나 이외의 나머지 것들(자연·환경)은 죽어 있는 물체들로 대상화·객관화되어 취급된다. 인간에 있어서도 생각하는 주체인 정신만 중요하고 육체는 대상화되어 하나의 물질에 불과한 것이 된다. 그래서 정신과 육체의 분리, 인간과 그를 둘러싼 자연·환경의 분리, 분리의 세계관이 확립된다

데카르트의 이분법적인 세계관은 인간 중심적, 자아 중심적인 분리철학으로서, 바야흐로 중세적 세계관과는 전혀 다른 세계관이 탄생하게 되었다. 여기서 자연, 즉 인간(또는 자아) 이외의 모든 것은 초자연적인 것, 다시 말해 신과는 아무런 관련이 없는 것으로 죽어 있는 물질, 기계적인 것, 육체적인 것으로 취급된다. 따라서 그 무엇이든 돈만 있으면 구입 가능한 것으로 취급받게 되었다. 서양의 이러한 철학이 이른바 근대의 세계관이며, 합리적 정신·사고이다.

　이러한 근대 서양의 합리주의적 정신이 베이컨(F. Bacon)에 와서는, 자연은 창녀의 메타포로 이해되기에 이른다. 자연은 때로는 어머니에 비유되기도 하다가, 창녀로까지 비유된다. 창녀란 돈을 주면 남성이 마음대로 할 수 있는 여성이다. 창녀에 비유된 자연은 이제 돈만 투입하면, 인간에 의해 마음대로 다루어질 수 있는 것으로 취급된다.

　인간은 돈을 매개로 하여 어떠한 자연이라도 정복할 수 있게 되었고, 돈을 매개로 해서 자연 속의 그 어떤 비밀이든 샅샅이 파헤칠 수 있게 되었다. 이제 자연은 그 속에 신만이 아는 초자연적인 것은 존재할 수 없는 존재로 전락해 버렸다. 돈과 결합된 인간이 초자연적인 신적인 존재로 존경받기 시작한다. 자연의 비밀이란 어디에도 존재할 수 없게 되었다.

　베이컨의 모토는 "자연 속에 어떠한 비밀도 남겨놓지 말라. 자연의 비밀을 하나하나 모두 확인하고도 그리스도의 구원을 이루자" "아는 것이 힘이다"였다. 그는 자연으로부터 신을 추방하고, 오로지 자연을 지배하기 위한 방법론 탐색에 몰두했다.

　돈을 매개로 하여 자연을 마음대로 다루기 위해 자연을 마음대로 정복하기 위해 자연에 관한 모든 비밀을 다 파헤쳐내는 것, 그리하여 자연의 비밀을 많이 아는 것, 자연에 관한 지식을 많이 가지는 것, 그것이 힘이라는 것이다. 이 힘을 가져야 돈을 더 많이 벌 수 있으며, 또 이 힘은 돈이 투입되어야 형성된다.

　고전역학에 기초한 근대적 세계관은 베이컨의 과학적 방법론, 데카르트의 수학, 뉴턴의 기계적 역학 세 가지 원리로 구성되었다. 이 세 가지 원리의 중심을 이루는 것은 '과학적 방법(관찰)의 절대적 반복성'과 '보편타당한 수학과 역학적 과정의 절대적 가역성'이라는 개념이다. 그러나 현실의 세계에서는 그 어떤 상황도 똑같이 반복

되지 않으며, 한번 생겨난 것은 다시 본래의 형태로 되돌아갈 수 없다. 우리를 둘러싸고 있는 세계의 물리적 현실 속에는 이러한 가역성이 존재하지 않는다.

베이컨 · 데카르트 · 뉴턴 등에 의해 확립된 기계적 세계관은 생명이 없는 물체, 운동하고 있는 물질, 무기물, 기계를 위해 만들어진 세계관이었다는 사실이 중요하다. 현대문명을 이끌어온 이러한 기계적 세계관은 본질적으로 인간을 위한 세계관이 아니었다. 이들이 자연으로부터 신을 추방한 것처럼, 계몽사상가들은 인간사회의 표면으로부터 신을 몰아내고 인간을 이 우주에 완전히 홀로 서게 만들었다. 이제 인간은 신성에 따라 살아가는 유기체가 아니고, 기계적인 우주에서 상호 작용하는 단순한 물리적인 존재가 되었다. 이제 인간은 신과 맞설 수 있게 되었다.

기계적 역학의 세계관은 대부분의 근대과학에 공통된 방법론이다. 이 세계관은 다윈(C. Darwin)의 『종의 기원』에 힘입어 더욱 보완되고 정당화된다. 그리하여 "'진보'란 자연이 원초적인 상태에 갖고 있던 가치보다 더 부가된 가치를 지니도록 자연계를 조작하는 방법"으로 이해되기에 이른다.

유전자 조작과 관련된 최첨단의 과학이라고 일컬어지는 생명공학도 그 철학적 바탕과 방법론은 베이컨 · 데카르트 · 로크 등 계몽사상가와 뉴턴 · 다윈 등의 기계적 · 역학적 세계관과 방법론을 계승하고 있는 것이다. 이러한 세계관과 철학적 토대 위에서 인간은 자연을 파헤쳐 자연의 비밀을 다 아는, '아는 것이 힘'이라는 단계를 지나 신의 위치에서 자연을 조작함으로써 신의 흉내를 내기에 이르렀다. 하지만 이를 통해 자연은 죽어버렸다. 이들이 기계론적 세계관으로 자연을 해부하기 시작하면서 어머니 자연은 죽어버린 것이다(Merchant, 1989).

3. GMO의 불안전한 미래

근대에 이르러 탄생한 기계적 세계관은 이제 그 활력을 잃어가고 있다. 이 세계관의 바탕을 지탱해 오던 에너지 환경이 종말에 가까워지고 있기 때문이다.

조제스쿠-뢰겐은 기계적·역학적 세계관을 강하게 비판하면서 그 무기로서 열역학 제4법칙으로 명명한 엔트로피(entropy) 법칙을 제시하고 있다(Georgescu-Roegen, 1971 참조). 고전역학적 세계관에 대한 그의 원리적 비판 가운데 하나는, 생명 또는 생물현상·사회 현상 들은 신기성(新奇性, novelty)이 특히 두드러지기 때문에 "조합에 의한 신기성(novelty of combination)"이 발생한다는 것이다. 여기서 "조합에 의한 신기성"이란 일반적으로 복수의 요소가 조합되면 그 조합방식에 따라 새로운 질이 출현한다는 것을 의미한다. 그리고 조제스쿠-뢰겐은, 이 원리는 어디에서나 작동하는데 다만 비유기적 분야인 원자물리학에서부터 초유기적 영역인 사회적 형태로 이행함에 따라 그 다양성의 정도는 끊임없이 증대한다고 말한다. 따라서 자연계에서 어느 생태계의 한 성분이 번식 내지 생장하여 다른 성분과 기능적 관계를 잘 유지할 수 없게 되면, 살아가는 데 필요한 '음의 엔트로피'를 다른 생명이 빼앗아가게 되며, 이 때문에 그 시스템 전체의 지속적 존립이 위협을 당하게 된다.

이와 같이 생명[1]이란 정상 개방계(開放系)이다. 그런데 정상 개방계에는 두 가지가 있는데, 하나는 전기전도·열전도·낙수(落水)

---

1) '생물'이란 20종류의 아미노산과 당류, 4종류의 핵산분자 등 생체물질로 구성된 복잡한 조직체로서 지구생물을 말한다. 구성요소에 관계없이 대사(代謝)와 증식(增殖)의 기능을 가진 것은 '생명'이라고 하고, 대사기능만 가진 계(系)를 '살아 있는 계'라고 정의한다(槌田敦, 1993, 135쪽).

같은 생명과는 아무 관계 없이 단순히 확산하고 있는 계(系)로서, 이를 제1종 개방계라고 한다. 그리고 또 하나, 순환이 있는 개방계를 제2종 개방계라고 일컫는다.

생명은 여러 가지 다양한 순환으로 구성되어 있으며, 이 다수의 순환들이 조화하는 동적인 집합이다. 그리고 생명은 밖에서 보면 '흐르는 계'이며 안을 들여다보면 다수의 순환으로 이루어진 계라는 것이 특징이다. 이러한 다양한 순환을 적극적·주체적으로 유지하기 위해 활동하는 계가 '살아 있는 계'이며, 이것이 생명이 가지는 고유한 본질이다. 생명의 순환을 유지하기 위해서는 여분의 물(物) 엔트로피(폐기물)와 열 엔트로피(폐기열)를 생명체 밖으로 버려야 한다. 이와 같이 계속적으로 버려야 생명이 유지되는 것이다.

인간만이 아니라 모든 생물의 상호관계를 다루는 생태학(ecology)의 기초적 토대를 이루는 것은 엔트로피 법칙이다. 엔트로피 법칙은 생명계에서의 순환의 중요성을 가르쳐주고 있다. 순환이 중단되는 지점에서 오염이 발생하기 시작한다. 엔트로피 법칙에 입각해서 볼 때, 가장 중요한 순환은 물〔水〕순환·대기순환·생물순환이라고 한다.

단 한 가지 종류의 생물만은 지구상에 생존할 수 없다. 생물은 반드시 다른 자원을 흡수·섭취하고 폐기물과 폐기열을 버림으로써 생존해 간다. 따라서 흡수하는 자원이 고갈되거나 오염이 발생하면, 한 가지 종류만의 생물은 지구상에서 사라지게 된다. 그래서 지구상에는 동물, 식물, 균류(菌類), 미생물이 서로 공존하고 있다. 이들은 적당한 정도의 수분을 사용하여 서로의 사체와 배설물을 해체하고, 소화하고, 최종적으로는 물과 흙과 탄산가스로 분해되어 다시 흙으로 환원되는 운동을 한다. 이같이 다양한 생물이 공존(共存)·상생(相生)하는 순환구조를 생물순환이라고 한다. 이때 물

(物) 엔트로피는 열 엔트로피로 변화하고 그리고 열 엔트로피는 다
시 물[水]순환으로 전환되면서 여분의 엔트로피를 처분하게 된다.
동물·식물·미생물의 활동과 순환, 즉 생물순환은 물[水]의 소비
에 의해 진행되며, 물[水]순환에 의해 엔트로피는 폐기·처리되는
것이다.

A라고 하는 생물의 폐기물은 B라고 하는 생물의 자원이 되고, B
의 폐기물이 C의 자원이 되는 것과 같은 생물순환을 통해 생물종은
상생할 수 있게 된다. 이 과정을 단순히 A→B→C→ … →A로 표
현하면 간단해 보이지만, 실제로는 매우 복잡하다. 이 생물순환이
유지되기 위해서는 그 과정의 어떤 부분에 있어서도 '같은 속도[等
速]'로 활동한다는 것이 전제되어야 한다. 만약 A의 활동속도가
B·C·D의 활동속도의 2배가 되었다고 한다면, A의 폐기물은 퇴
적된다. A의 폐기물은 B에게는 자원이 되지만 일반적으로 다른 생
물에게는 독이 되는가 하면, A의 폐기물 농도가 높아지면 A는 물론
C·D·E 등의 생물은 생존하기가 어려워진다. B에게도 일정 정도
이상의 A의 폐기물은 해로운 존재가 된다. 따라서 생물순환은 순환
과정의 모든 구성요소들간의 등속(等速)이 유지되어야 된다.

생물의 상생이라는 관점에서 본다면 생물순환은 기본적으로 등
속이 유지되는 적대적 상생이며, 따라서 적대적 상생은 생명의 항
상성을 유지하는 최상의 방법이라는 것을 결코 잊어서는 안 된다.
그런데 현대문명은 오직 인간만이 이 지구의 지표에서 살아야 한다
는 것을 목표로 해서 다른 생물과의 공존·상생을 망각하고 있다.
인간에게 해로운 생물도 인간이 이 지구상에서 계속 살아가는 데
필요한 존재라는 사실을 잊어버리고 그것을 제거해 왔다. 적대적
상생을 무시해 온 결과이다. 이 적대적 상생 원리를 정면으로 무시
하고 있는 전형적인 예가 다름아니라 제초제 내성 GMO이다.[2]

생물순환의 안정성을 보장하는 또 다른 조건으로서, 폐기물을 일
시적으로 버리거나 퇴적시키기 위해 '충분한 크기와 용량의 공간'이
필요하다. 폐기물을 버릴 수 있는 공간이 없다면 생물순환은 중단
된다. 원자력을 포함한 석유문명의 시대에 또 하나의 큰 문제는 에
너지나 자원의 고갈보다도 그것을 이용한 결과 발생하는 폐기물을
버리는 장소가 고갈되고 있다는 점이다. 조금이라도 활동이 있다면
엔트로피 법칙에 따라 반드시 폐기물과 폐기열이 발생하고, 그것을
처분할 수 없으면 생물순환은 물론 사회의 활동도 정지될 수밖에
없다.

앞에서 언급한 대로 GMO처럼 결함을 가진 상품은 원자력 발전
뒤에 발생하는 핵폐기물과 같다. 폐기물 문제를 생각하지 않는 상
품은 결함이 있는 상품이다. 따라서 엄격한 '제조물 책임법'의 적용
을 받아야 한다. GMO 상품은, 폐기된 GMO로 인해 발생할 오염에
대한 대책이 전무하다는 점에서 대단히 심각한 것이다.

지구상의 생명의 존재를 보증하는 것은 생물순환과 물순환이 있
기 때문이며, 이러한 순환은 '속도와 공간위치'를 필요로 한다. 생명
공학[3] 기술의 핵심인 유전자 조작 기술에 의한 먹거리의 생산은 겉

---

2) 芝山水次郎(1995, 95~117쪽)은 농경지의 잡초에는 공생식물(共生植物,
   companion plant)이라고 할 수 있는 초본식물도 많이 있기 때문에 잡초를 생태
   계의 일원으로 포함시키는 초생(草生) 재배법 또한 중요한 관리기술이라는 측
   면에서, '인식체계의 방향'을 '제초(除草)'라는 관점에서 '잡초관리'라는 관점으
   로 전환할 것을 강조한다. 그러면서 '적대적 상생'을 추구하는 생물학적 잡초 관
   리기술의 개발을 소개하고 있다.
3) 생명공학의 핵심적 기술로는, ① 유전정보를 직접적으로 개량하는 기술로서 유
   전자 조작 및 유전자 재조합 그리고 세포융합 ② 발생분화를 활용하는 기술로서
   난(卵)과 배(胚)의 이용 그리고 세포·조직 배양 ③ 생체기능을 이용하는 기술로
   서 미생물과 효소 이용의 고도화(bioreactor, biosenser), 단백질 엔지니어링
   (protein engineering), 생체막, 항체 등을 이용하는 것 등이 있다. 여기서는 주

으로는 콩이나 옥수수의 모습을 하고 있지만 기본적으로는 기존의
농작물과 다른 유전자 구조를 가지는 새로운 생명체의 창조이다.
따라서 유전자 조작된 생명체는 현재로서는 '순환하는 생물자원'이
아니다. GMO는 생물순환의 안정성을 보장하는 구조를 갖고 있지
않기 때문에, 지구상의 기존 생물종의 생물순환을 통한 상생성을
파괴할 것이고, 그 안정성도 파괴할 것이다.

안정적 생물순환 구조를 가지고 있지 않은, 유전자 조작된 새로운
생명체들을 중심으로 한 생물순환과 물순환이 앞으로 어떻게 이루
어질 것인지는 아직 아무도 모른다. 제초제 및 농약에 내성을 가지
도록 유전자 조작된 농작물을 재배하기 위한 외부조건은 강력한 제
초제 혹은 농약을 살포하도록 되어 있기 때문에, '녹색혁명'의 외부
조건과 전혀 달라짐 없이 여전히 동일하며 따라서 석유문명에 기초
하고 있다는 점도 공통적이다. 결국 외부의 순환은 석유문명에 기
초한 '녹색혁명'과 같은 토대 위에 있기 때문에 생물순환과 물순환
을 파괴하고 있을 뿐만 아니라, 내부의 생물순환도 유전자 조작에
의해 그 안정성이 전혀 보장되고 있지 않다는 것이 GMO의 자연과
학적 본질이라고 할 수 있다.

로 ①에 관련된 것을 염두에 두고 있다.

종래의 기술개발은 하나의 기술개발의 성과 위에 다른 기술을 첨가해 나가는
이른바 '가치증가형' 기술개발이 많았다. 이러한 유형이 완성인가 아닌가와 관련
해서는 불확실한 점이 없지 않지만 어느 정도 목표가 명확하고 또 그 기술의 수
익자도 어느 정도 상정할 수가 있다. 그러나 생명공학 분야에서는 연구성과를 얻
기 위해 상당히 커다란 불확실성이 공존하고 있다는 것은 부인할 수 없다(家常
高·渡部博明, 1997).

4. 종교화된 과학기술의 산물, GMO

오늘날과 같은 고(高)엔트로피 사회의 문화에서, 인생의 최고목표는 고에너지의 흐름을 이용해서 물질적 풍요로움을 이루고 모든 인간의 욕망을 충족시키는 데 있다. 따라서 인간의 최고가치는 자연·환경을 변형시켜 부를 축적하는 데 두어진다. 물질 제일주의의 고엔트로피 사회의 가치관은 이원론적인 기계론적 세계관에 의존함으로써, 가치보다도 물질적 진보, 효율성, 전문화를 존중하고 그에 따라 전통과 역사 같은 인간적 지혜의 결정체를 파괴하고 있다.

오늘날과 같은 고엔트로피 사회는 고갈되어 가는 재생 불가능한 에너지 자원으로부터 재생 가능한 것으로 전환하려는 시점인 것은 분명하다. 그래서 유전공학·생명공학의 발전에 기대를 걸고, 재생 가능한 에너지원을 탐색하는 새로운 방법을 개발하기 위해 집중적인 노력을 하고 있다. 새로운 유전공학 기술을 가지고, 자연적으로 주어진 생물학적 진화과정을 가속(즉 생물학적 시간의 단축)시키고 물질·에너지의 유통량을 증가시킬 수 있을 것으로 기대한다. 유전공학 기술을 이용해서, 고갈된 재생 불가능한 자원을 대체할 수 있는 미생물을 대량생산하려고 할 것이고, 공기 중에서 필요한 질소를 직접 고정시킬 수 있는 식물을 만들어낼 것이다 나아가 모든 것에서 끝없이 효율성을 추구하기 때문에, 유전자를 재배치·재조합·조작하여 생명 자체를 '생물학적으로 더욱 유효하게' 만들려고 노력할 것이다.

그런데 유전자 조작 기술이란 고전역학적 세계관에 토대를 둔 것으로서, '조합에 의한 신기성'의 발생 문제를 고려하고 있지 않다. 기계적 세계관은 순전히 양(量)만 지닌, 움직이는 죽은 물질을 다루는데, 이러한 세계관에 기초해서 유전자 조작 물질이 만들어지고 있다. 따라서 살아 있고 재생 가능하며 흐르고 있는 에너지 환경과는 전혀 맞지 않는 부적합한 패러다임이다.

바로 이러한 사고방식에 기초해 있기 때문에, 최근 사회문제가 되고 있는 유전자 조작 생물체의 안전성 문제에서도 '조합에 의한 신기성'은 고려하지 않은 채, 즉 맥락과 환경은 전혀 고려하지 않고 하나의 개체 속에서만 안전하다고 주장할 수 있는 것이다. 이 같은 과학적 패러다임 속에 갇혀 있는 이상, 개체들간의 관계성은 전혀 볼수 없게 된다. 하지만 생태계의 복잡성 때문에 그리고 '조합에 의한 신기성' 때문에, 유전자 조작 생물체가 여러 가지 잠재적인 위험을 불러일으킬 소지가 있음은 너무나 당연한 것이라고 하겠다.

프리고진(I. Prigogine)의 '분산구조 이론(theory of dissipative structures)'은 '살아 있는' 에너지원의 처리에 편리한 근거를 제공하면서, 생명공학 시대의 새로운 패러다임으로 부상하고 있다. 프리고진의 이 이론은 생물학적 복잡성에 가치를 부여하고, 생명공학의 진수라고 할 수 있는 살아 있는 물질을 새로운 골격으로 꾸준히 재정돈하는 일에 중요성을 두고 있다. 여기서 복잡성은 재정돈을 더욱 촉진시키고 진화의 전개와 에너지의 유동성을 가속화시킨다. 그러나 분산구조의 이론은 질서를 증대시키는 전개과정 부분에만 중점을 둠으로써 엔트로피 법칙을 무시하고 있다.

당분간 유전공학 기술은 지구 생태계의 고정된 한계를 극복한 것으로 보일지 모르지만, 시스템에 흐르는 물질 에너지의 유통을 크게 증가시킬 것이다. 또 시스템을 통과하는 물질 에너지 흐름의 증가는 재생 불가능한 에너지의 대량유통으로 인한 무질서보다 훨씬 더 큰 혼란을 불러일으킬 것이다. 그리고 새로운 고에너지 기술을 사용해서 질서를 강요하려는 노력은 혼란을 더욱 부채질하게 될 것이다. 왜냐하면 유전자 조작을 통해서 새로운 형태의 재생 가능한 에너지를 창조하거나 질병을 치료할 수는 있겠지만, 그 과정에서 수십억 년에 걸쳐 진화되어 온 지혜가 재생 불가능할 정도로 파괴될 것이기 때문이다.

하이젠베르크(W. Heisenberg)의 '불확정성의 원리(principle of indeterminacy)'에 의하면, 소립자를 객관적으로 관찰하기란 불가능하다(Georgescu-Roegen, 1971, p. 9). 관찰한다는 행위에는 빛이 필요한데, 미시적 세계에서는 그 에너지가 관찰할 소립자를 달아나게 하는 등의 방해를 하기 때문이다. 그러므로 인간은 소립자 그 자체의 운동을 영원히 알 수 없다. 결국 물질을 정확히 계측한다는 것은 불가능하다고 하이젠베르크는 결론지었다. 정확한 계측을 위해서는 주어진 순간에 어떤 대상의 '속도'와 '위치'를 동시에 결정해야 하는데, 둘 중 어느 하나는 측정할 수 있어도 두 가지를 동시에 결정할 수는 없기 때문이라는 것이다.[4]

기계적 세계관에서는 모든 현상을 고립된 요소의 물질로서 또는 고정된 에너지의 축적으로 취급했다. 요컨대 정태적 부분균형 분석의 방법론에 입각하고 있는 것이다. 그러나 오늘날에는 물질은 하나하나가 에너지이며, 그 에너지는 끊임없이 변환되며, 변환이 일어날 때마다 생성과정에 있는 다른 존재에도 영향을 준다는 사고가 점차 성장하고 있다. 풀잎 하나라도 그 생과 사에 따라 우주의 에너지 변화 전체에 영향을 준다. 모든 현상은 동적인 흐름의 일부를 이룬다고 생각한다. 과학자들이 깨달은 것은 모든 사건이 혹은 아무리 미미한 생물이라도 그 자체가 유일무이한 존재라는 것이다. 어떤 일이 발생하면 그 일은 다른 모든 일과 차별성을 가지게 된다. 같은 현상은 반복하여 일어나지 않는다.

---

4) 이것이 바로 보어(N. Bohr)가 말하는 상보성 원리(principle of complementarity)이다(Georgescu-Roegen, 1971, p. 9).

어떤 현상이 발생하는 것은 지난 과거의 모든 현상이 유기적으로 연관되어 발전하고 전개되는 것이다. 우주에 존재하는 것은 모두 다른 모든 것과 관련을 맺고 있다. 비평형 열역학 이론에 따르면, 세계에 존재하는 모든 것은 유아독존의 존재이고 유일무이한 현상이라는 것이다. 과학적 관찰에 입각하더라도 정확하게 미래를 예측할 수 없다고 한다. 이와 같이 하물며 유전자 조작을 한 생명체에 대한 과학적 관찰, 정확한 계측도 불가능한데, 그것이 미래에 끼칠 영향을 예측한다는 것은 언어도단이다. 그럼에도 불구하고 GMO 개발에서 가장 큰 문제로 되고 있는 것은 GMO를 개발하는 현재의 방식이 기계적 세계관과 19세기의 과학주의적 방법론(요소환원주의 또는 방법론적 개인주의) 그리고 무기화(無機化)된 자연관에 토대를 둔 과학기술에 무한한 신뢰를 보내는, 과학기술 신앙이라는 종교로 되고 있다는 점이라고 하겠다.

5. 맺음말: 인식전환을 위하여

자본주의 문명을 이끌어온 서양 사상의 근대정신은 자유 · 평등 · 박애였다. '자유'경쟁을 토대로 한 시장경제와, 자유경쟁 시장의 결함을 극복하고 분배의 '평등'을 지향한 계획경제는 경제과정에서 인간의 생(명)활(동)의 사회관계를 결정한다는 과신을 낳았다. 자유와 평등을 실현하려는 인간의 노력은 '생명을 죽이는 문명구조'를 탄생시켰다. 시대 전환기의 최대 과제는 이러한 문명구조를 억제하고 '살리는 문명구조'를 창출하는 것, 즉 박애에 토대를 둔 '서로가 서로를 살리는 사회', 상생사회를 창출해 가는 것이다.

생명계의 본질은 순환성의 지속에 있다. 어떤 유기체의 물질순환도 영속될 수는 없다. 유한한 유기체의 생명활동은 그 생명활동의 유지가 곤란하게 되는 경우를 사전에 방지하고 계속적으로 유지하기 위해 개체순환을 뛰어넘어 세대교체가 요구된다. 순환성의 종적 측면이라고 할 수 있다. 종의 세대교체가 원활히 이루어지면 다종다양한 생명활동이 존재하게 된다. 다양한 생명활동의 공존은 순환의 안정성을 지탱해 준다. 본질적으로 생명활동은 다양한 생명순환의 공존을 통해서 더욱 잘 보장될 수 있으며, 따라서 다양한 생명순환의 공존은, 생명활동이 본질적으로 적대적 관계이지만 상호보완적 상생관계라는 것 또는 협동적 관계라는 것을 의미하고 있다. 따라서 순환의 횡적 성격은 다양성을 의미한다.

다양성의 본질은 관계성에 있다. 개체순환을 뛰어넘는 순환성이 없으면 다양성은 존재할 수 없지만, 생명활동의 다양성의 전개는 먹이사슬 등을 통해 생명계에서의 순환성의 지속을 보장한다. 때문에 관계성을 본질로 하는 다양성이란 자연의 가장 강한 표현력인 동시에 생태학적 평등을 보장하는 것이다(宮脇昭, 1993, 91~119쪽).

인간도 생물이기 때문에 '순환성과 다양성 및 관계성'이 충족되어야 잘 살아갈 수 있다. 다른 생물의 순환성과 다양성이 보장되지 않으면, 인류만으로는 지구상에서 살아남을 수 없다. 그런데 인간이 인간인 이유는 관계를 창출하면서 비로소 인간이 된다는 점이다 그농안 인간은 순환성과 다양성을 유지하려고 하지 않고 다른 생물로부터 배우려고도 하지 않으면서 생명계를 적대시했다. 그리하여 지구에 서식하는 생물의 순환성이나 다양성을 파괴함으로써, 인간 스스로의 삶의 조건까지도 파괴하기에 이르렀다. 20세기의 문명은 순환성과 다양성을 파괴하는 힘을 키워온 문명이었던 것이다.

GMO에 의해 초래될 재앙을 미연에 방지해야 할 우리 인간들 앞에 놓여 있는 과제는, GMO 생산을 포함한 20세기 문명의 밑바탕에 깔려 있는 세계관과 요소환원주의 또는 방법론적 개인주의에 기초한 19세기의 과학주의, 즉 무기화된 자연관[5]에서 해방되어 인식체계의 방향성을 새롭게 모색하고, 이를 토대로 올바른 관계성을 해체하는 힘을 억제함으로써 관계성을 회복하고 새로운 관계성을 창출하는 조건을 만드는 것이라고 할 수 있다(槌田敦, 1994 참조). 순환성의 지속, 다양성의 전개, 관계성의 창출과 재생산이 보장될 수 있게 '종합적이고 체계적인 전략적 사고체계'를 지향하는 시스템으로의 전환을 추구하는 인식전환의 방향성이 모색되어야 할 것이다.

역사의 불가역성이나 강물의 생명(강물의 존재방식) 등 모든 존재 또는 모든 현상은 동적인 흐름의 일부를 이루는 것이다. 사과나무의 세계는, 사과나무 그 자체로만 성립될 수 없다. 그것은 땅·태양·달·바람·벌·나비 등과 함께 어우러져서 상의성(相依性), 즉 유기적 관계를 가질 때 비로소 의미를 가질 수 있는 것이다. 그 관계(성)의 복잡성과 세밀성(불교에서 말하는 연기법의 원리)은 인간의 능력으로는 완벽하게 그 전모를 해명할 수 없다.

모든 생물이 최초에 만들어질 때의 목적 이외에 인간의 필요에 따라 조작하고 그 목적을 변경하고 조물주가 취급하는 방법과 다른 방법으로 그의 창조물을 취급할 수 있다고 생각하는 것은 '인간의 오만'이다. 다른 모든 창조물과 마찬가지로 인간도 조물주에 의해 창조된 것이므로 모든 창조물이 동등한, 즉 "동체적(同體的) 평등성"(도법, 1999)을 가진다는 생각을 가질 때 인식전환의 방향성에 대한 올바른 모색이 이루어질 수 있을 것이다.

---

5) 富山和子(1974, 44쪽)는, 19세기 과학주의적 방법론이 가지고 있는 맹점인 '종합적이고 유기적인 관련성하에서 연구·분석을 하지 않는 방법론'을 "물(水)이라고 하면 물밖에 보지 않는 무기화(無機化)된 자연관"이라고 비판하고 있다.

참고문헌

도법 (1999), 『화엄의 길·생명의 길』, 선우도량.

家常高·渡部博明 (1997), 「バイオテクノロジ─の活用と情報の役割」, 兒玉明人 編, 『多樣性と新展開』, 富民協會.

宮脇昭 (1993), 「國民の安全保障としての生態系基盤」, 『環境保全型農業と世界の經濟』, 農山漁村文化協會.

農林水産省 農業環境技術研究所 編 (1995), 『農林水産業と環境保全─持續的發展を目指して─』, 養賢堂.

富山和子 (1974), 『水と綠と土』中公新書 348, 中央公論社.

芝山水次郎 (1995), 「持續型 農業と雜草管理」, 農林水産省 農業環境技術研究所, 『農林水産業と環境保全─持續的發展を目指して』, 養賢堂.

槌田敦 (1993), 『資源物理學 入門』, 日本放送出版協會

______ (1994), 『エントロピーと エコロじー』, ダイヤモンド社.

鶴見宗之介 譯 (1982), 『食糧第一』, 三一書房. (Lappě, Frances Moore and Josaph Collins, *Food First: Beyond the Myth of Scarcity*, Ballantine, 1979.)

Georgescu-Roegen, N. (1971), *The Entropy Law and the Economic Process*, Cambridge, MA: Harvard University Press.

Merchant, C. (1989), *The Death of Nature: Women, Ecology and the Scientific Revolution*, 2nd ed., San Francisco: Harper.

유전자 조작을 둘러싼 담론[*]

지배담론과 저항담론

허남혁

1. 머리말

대망의 새로운 천년을 맞고 있는 지금, 생명공학은 새로운 시대에 인류를 구원할 수 있는 구세주로 등장하고 있다. 그 동안 끊임없이 인류를 괴롭혀오던 식량문제를 비롯하여 질병문제, 환경문제를 이제 완전히 해결하게 될 것이라는 믿음이 급속하게 확산되어 가는 이면에는 제약·식품·농화학·종자 산업 등의 생명공학 관련 산업계가 버티고 있다. 20세기가 석유화학의 시대였다면, 21세기는 생물학, 특히 생명공학의 시대라는 것이 미래학자들의 공통적인 견해이다.

반면에 생명공학의 발전이 가져다 줄 부작용을 우려하는 목소리

도 만만치 않다. 전문가들로부터 비판적 지식인들, 시민단체들에 걸쳐 있는 비판적 진영에서는 소리 높여 인간복제 문제와 같은 윤리적 차원의 문제제기에서부터 환경 및 인체에 가져올 위해요인, 선·후진국 간의 경제적 격차의 심화, 초국적 기업들의 독점 문제 등에 이르기까지 생명공학이 가져올 수 있는 파괴적 영향에 대해 강도 높은 경고를 보내고 있다.

현재 국제적으로 그리고 우리나라에서 쟁점이 되고 있는 사항은 바로 유전자 재조합 기술을 이용하여 만들어지는 유전자 조작 생물체(GMO)와 이를 통해 만들어진 식품의 생태적(환경＋인체) 안전성 여부이다. 그런데 문제는 GMO가 앞으로 인류에게 가져다 줄 편익과 리스크를 둘러싸고 입장이 팽팽하게 대립되어 있다는 점이다.

이 글은 사회학적 접근법을 기반으로 해서, 과학적 객관성을 중심으로 현재 진행되고 있는 GMO 논쟁이 어떻게 사회적으로 구성되고(construct) 표출되는가를 살펴보고자 한다. 즉 생태적 리스크가 과연 어느 정도 존재하는지를 구체적으로 측정하고 평가하는 것이 아니라, 그러한 생태적 리스크가 서로 다른 가치체계에 기반하고 있는 사회적 행위자들에 의해 어떻게 구성되고 경합되고 또 그러한 구성물이 사회적으로 어떻게 정당화되는지를 보려는 것이다.

이러한 문제인식 아래 생명공학 기술로 창출된 GMO가 불러일으킬 수 있는 잠재적 리스크를 둘러싼 논쟁을 대상으로 담론분석(discourse analysis)을 수행할 것이다. 우선, 일반적으로 생각하는 것처럼 논쟁의 핵심이 과학적 합리성과 확실성에 있는 것이 아니라 양측 입장의 이데올로기성과 서로 다른 복수의 합리성에 있음을 밝혀내면서 서로의 주장을 상대화할 것이다. 나아가 양 주장을 상대화하되 서로 동등한 위치에 놓고 살펴보기보다 지배담론과 대항담론이라는 불균형적인 구도 속에서 서로의 담론적 정당화 전략을 분석함으로써, GMO를 정당화하는 지배담론이 어떻게 자신의 입장을 관철시키고 있는지를 밝힐 것이다. 다시 말해 GMO를 둘러싼 논쟁을, 그 위해성 여부에 관한 문제라는 매우 협소한 구도에서 탈피하여 세계관과 사회구조적인 관점으로 넓혀서 살펴보고자 한다.

2. 기계론적 세계관에 대한 생태주의 패러다임의 도전

GMO를 개발하고 있는 생명공학과 그 기반이 되는 분자생물학은 어느 날 갑자기 뚝 떨어져 발전하게 된 학문이 아니다. 여기서는 먼저 이러한 분야의 발전배경과 그 바탕에 가로놓여 있는 세계관을 살펴보도록 하겠다.

현재 지배적인 세계관이자 과학관은 17세기 과학혁명에서 그 직접적인 근원을 찾을 수 있는 기계론적 세계관이다. 이러한 세계관은 자연과 세계에 대한 환원주의적 입장을 견지하고 있으며, 그 때문에 자본주의 발전에 결정적인 토대로 작용하였다. 그러나 이러한 기계론적 세계관에 대한 반성과 더불어, 유기체적 세계관을 중심으로 하는 생태주의 패러다임도 점차 그 반격의 강도를 높여가고 있다. 유기체적 세계관은 생태학에 그 과학적 근거를 두고 있으며, 세계와 자연에 대한 유기론적이고 관계론적인 입장을 견지한다.

이 두 가지 세계관은 생물학이라는 학문분야에서도 헤게모니 투쟁을 벌여나가고 있다.[1] 생물학의 패러다임은 기계론적이고 환원주의적 세계관을 근거로 해서 자연 및 생물체에 대한 미시적인 접근을 시도하는 분자생물학과, 유기체적이고 관계론적인 세계관을 근

---

1) Jacob(1970, 이정우 옮김, 24쪽)이 지적하듯이 생물학은 하나의 통일된 과학이 아니다.

거로 하여 자연에 대한 거시적인 접근을 시도하는 생태학으로 크게 양분되어 있는 상태이다. 전자는 각 생명체가 형성하는 체계에 관심을 두는 데 비해, 후자는 생명체를 지구 전체를 포괄하는 거대한 체계의 구성요소로 본다. 또 전자는 유기체 안에 질서를 수립하고자 하지만, 후자는 유기체들 사이에 질서를 수립하고자 한다(Jacob, 1970). 하지만 이러한 투쟁이 균형적으로 이루어지는 것은 아니다. 분자생물학적 패러다임은 우리 사회의 그리고 과학 내에서 지배적인 패러다임으로 작동하고 있으며, 생태학적 패러다임은 이에 대하여 점차 도전의 강도를 높여나가고 있는 중이다.

기계론적 세계관은 직접적으로는 17세기부터 시작된 과학혁명의 산물이다.[2] 베이컨, 데카르트 등 일군의 철학자들과 뉴턴 등의 과학자들에 의해 그 토대가 마련된 기계론적 세계관에서는 자연과 사회, 인간의 육체는 외부로부터 수리되거나 교환 가능한 원자화된 부분들로 구성되어 있다고 본다. 즉 살아 있는 자연은 이러한 부속들로 이루어진 정교한 기계라는 것이다(Hayward, 1995, p. 29). 전체를 부분으로 환원 가능하다고 보는 이러한 특성 때문에 기계론적 세계관은 환원주의적이다. 이를 뒷받침하는 과학은 객관적이고 가치중립적이며 외부세계의 맥락과는 독립적인 지식으로 기능해 오고 있다. 인간은 환경적 맥락으로부터 '사실'과 정보의 조각들을 추출할 수 있으며, 이것을 다시 논리적이고 수학적인 작업을 기반으로 한 일련의 규칙들에 따라 재배치할 수 있다고 본다(같은 책, p. 290). 바로 이 같은 세계관 속에서 과학과 인간의 자연에 대한 지배는 정당화되는 것이다.

기계론적 세계관은 오늘날까지도 지배적인 세계관으로서 산업자

---

2) 물론 그 사상적 연원은 그리스시대의 원자론 철학에까지 거슬러 올라갈 수 있다.

본주의의 이데올로기와 그에 따른 자연의 지배 논리를 정당화해 주고 있으며, 특히 생명공학의 엄청난 발전과 깊은 상관관계를 갖고 있다. 오늘날 많은 분자생물학자와 생명공학자들은 베이컨의 사상을 계승하고 있다. 이들은 자연을 환원주의적 입장에서 보면서, 자신들의 임무는 생물의 유전자를 지속적으로 편집·조합·재프로그래밍하여 인간을 위해 이용할 수 있도록 더욱 순종적이고 효율적이며 유용한 유기체를 창조하는 위대한 엔지니어가 되는 것이라고 말한다(Rifkin, 1998, 전영택·전병기 옮김, 402쪽). 결국 현대 생물학은 기계론의 새로운 시대를 형성하고 있는 것이다(Jacob, 1970, 이정우 옮김, 28쪽).

이러한 분자생물학의 발전이 뒷받침된 현재의 생명공학과 GMO 기술은 유전자결정론[3]이라는, 환원주의적 과학관의 특징을 일목요연하게 보여주고 있다. 즉 유전자를 교체함으로써 전체 유기체의 형질을 바꾼다는 것이다. 유기체의 성질은 요소들과의 관계가 아니라 유전자들의 배열구조에 의해 좌우된다는 것이다(Wuketits, 1990, 김영철 옮김, 28쪽).

결국 과학혁명 시기에 형성된 환원주의적 세계관과 자연관·과학관은, 물리학의 영역에서는 양자역학의 발전과 함께 그 전제들이 많이 완화되거나 유기체적 세계관과 근접하는 양상을 보이는 반면에 생물학의 영역에서는 사회생물학의 유전자결정론의 지원을 받으면서 분자생물학과 생명공학의 형태로 더욱 그 위세를 떨치고 있다고 볼 수 있다. 그에 따라 점차 유기체적인 자연(nature)은 죽고[4]

---

3) 유전자결정론은 사회생물학자들에 훨씬 앞서 18세기에 이미 프랑스의 의사이자 철학자인 라 메트리(La Mettrie)에 의해 제시되고 있다. 그는 유전인자가 인간을 결정한다는 명제를 제시하고 있다(Wuketits, 1990, 김영철 옮김, 15~16쪽).

4) Merchant(1989)는 과학혁명을 통해 환원주의적인 기계론적 세계관이 도래함으로써 자연은 사라졌다고 말한다.

인간의 능력으로 관리 가능한 기계로서, 이윤을 창출할 수 있는 자연자본으로서의 '환경(environment)'만이 다시 부활하는 것이다(Escobar, 1996, p. 52).

생태주의 패러다임: 유기체적 · 전체론적 세계관의 등장

모든 것을 부분으로 환원 가능한 기계로 파악하는 기계론적 세계관과 달리, 생태주의적인 전체론적 세계관에서는 고립적이고 개별적인 존재론을 거부하고 존재들간의 관계를 본다. 이러한 세계관은 원자론적이 아니라 전체론적(holistic)이며, 기계론적이 아니라 유기체적(organic)이다(Hayward, 1995, p. 29).

이러한 세계관에서는 모든 현상은 궁극적으로 서로 연결되어 있으며(원자론과 반대), 하나의 존재영역에서 존재한다(이분법과 반대). 여기서는 인간도 별개의 특별한 존재가 아니라 자연이라는 하나의 전체 속에서의 일부에 불과하다.[5]

잘 알려진 미국의 생태사상가인 머천트는 기계론적 세계관과 대비되는 전체론의 핵심을 다음과 같이 정리하고 있다(Merchant, 1992, pp. 76~78). 첫째, 만물은 다른 모든 만물과 연결되어 있다. 존재들의 관계가 핵심적인 것이다. 둘째, 전체는 부분들의 합보다 크다. 생태적 계에서는 시너지를 경험할 수 있다. 셋째, 지식은 맥락 의존적이다. 기계론의 맥락 독립성과는 달리 전체론에서는 각 부분들이 전체로부터만 그 의미를 가진다. 넷째, 과정은 부분들에 대해 우월성을 갖는다. 생물계 및 사회계는 닫힌 계가 아닌 열린 계이다. 이러

---

5) 스머츠(Smuts)는 "전체론은 창조적 합성의 과정이며, 그 결과 나타나는 전체는 정적인 것이 아니라 역동적이며, 진화적이고 창조적"이라고 설명하고 있다 (Merchant, 1989, pp. 292~93에서 재인용).

한 체계 속에서는 지속적인 변화와 과정이 근본적인 것이다. 다섯째, 인간본성(human nature)과 자연(nonhuman nature)의 통일성이다. 기계론적 세계관의 자연/문화 이분법과는 달리 전체론 속에서 인간과 자연은 모두 우주적 유기체의 일부이다.

이러한 전체론적인 유기체적 세계관은 그 역사가 매우 오래 되었지만, 특히 19세기 생물학의 발전과 그 하위분과인 생태학의 발전 그리고 20세기 물리학의 패러다임 변화 등으로 새로운 과학적 토대를 확보하면서 기존의 지배적인 기계론적 환원주의 세계관에 강력한 도전을 하고 있다.

3. 자연 및 리스크 연구: 사회구성주의적 시각

지금까지 지배적인 설명방식이었던 과학 중심의 환원주의적 접근법에서는 환경에 대한 과학적인 설명을 중심에 두고 사회적 요인을 부차적인 차원에 둔다. 그러나 환경문제와 위험에 있어서 점차 사회적·문화적 이슈가 문제의 핵심에 있음이 강조되고 있는 추세이다. 이에 따르면 과학의 역할과 범위는 심각한 의문에 봉착하게 된다.

확실히 환경과 리스크에 대한 우려는 물리적이고 자연적인 파괴의 차원을 넘어선다. 따라서 이는 우리에게 환경적인 행위를 요구하는 것이 사회적인 가치의 반영이라는 것을 보여주고 있다. 예를 들어 핵발전의 문제는 위험의 계량화 문제만큼이나 거대기술에 대한 불신의 문제이기도 하다.

이와 같이 현대 환경사회학과 과학지식사회학, 위험사회학에서는 기존의 시각에서 탈피하여 새로운 시각으로 자연과 사회 그리고 환경문제와 리스크를 이해할 것을 강조하고 있다. 즉 환경문제를 사회적·문화적 차원에서 이해하는 것이 필요하다고 본다. 자연과 사회를 분리하여 환경파괴를 사회 외부적인 위협으로 표상하면서 과학적 분석과 결과가 나온 후에 사회적 행위가 따라야 한다는 주장을 하기보다는, 자연과 사회의 불가분성을 인정하고 우리 사회와 가치구조에 대해 근본적인 질문을 던질 필요가 있다는 것이다 (Irwin, 1996, p. 40). 자연은 더 이상 사회의 외부로 그리고 사회는 자연의 외부로 이해될 수 없다고 본다(Beck, 1986, 홍성태 옮김, 143쪽). 특히 환경문제가 점차 불확실성이 커지고 지구화되면서 생태적 위험으로 되고 있는 현대사회에서 이 같은 작업의 필요성은 커지고 있다.

환경문제·리스크·자연에 대한 사회구성주의적 접근법(social constructionist approach)은 이러한 작업에 용이한 틀을 제공해 준다. 자연에 대한 우리의 경험은 필연적으로 사회적 가정과 사회적 산물에 의해 매개된다는 전제(Irwin, 1996, p. 219)를 가지고서, 그 동안 자연과학의 문제로만 여겨졌던 환경문제와 리스크를 사회문화적인 시각에서 바라볼 수 있게 하는 것이다.[6] 이를 통해서 기존의 과학주의적 접근법의 전제를 파헤침으로써 상대화하게 될 것이며, 더 나아가서는 기존의 과학주의적 접근법이 다른 시각과 합리성을 억압하는 하나의 이데올루기로 작용하고 있음을 밝힐 수 있을 것이다.[7]

〈표 1〉은 지배적인 사회적 패러다임(Dominant Social Paradigm,

---

6) 자연의 구성은 역사, 경제, 기술, 과학 그리고 '자연과 문화 사이의 소통'으로서의 모든 종류의 통념들로부터 영향을 받는다(Escobar, 1996, p. 64에서 재인용).
7) 이러한 시각은 특히 우리나라 사회에서 매우 강력하다. 환경문제를 폐기물·대기오염·수질오염의 문제로, 그 해결을 환경공학적인 기술적 해결이라는 협소한 관점에서 파악하는 것이 지배적이며, GMO 문제만 하더라도 기술적인 위해성 여부로만 사회적 논쟁의 초점이 좁혀져 있는 것을 볼 수 있다.

DSP)과 이에 맞서 최근 부상하고 있는 새로운 생태적 패러다임 (New Ecological Paradigm, NEP)의 특징들을 항목별로 정리한 것이다. 이것을 보면 동일한 세상을 바라보면서도 그 세계관이 얼마나 크게 차이나는지를 알 수 있다. 이중에서 특히 GMO와 관련되는 것은 자연과 리스크에 대한 태도이다.

DSP에서는 자연에 대한 인간 중심적 우월성을 강조하면서, 자연은 인간의 재화생산을 위한 도구로 간주된다. 반면 NEP에서 자연은 인간을 떠나서 그 자체에 가치가 내재되어 있으며, 인간은 자연과 조화롭고 평등한 관계를 유지해야 한다.

리스크에 대한 태도 또한 매우 흥미로운 분석대상이다. DSP에서는 부의 극대화를 위해서는 위험도 감수한다는 매우 위험 선호적인 태도를 보이지만, NEP에서는 과학기술의 위험 내재성을 비판하면서 위험을 피하는 사려 깊은 행동을 선호하는 위험 기피적인 태도를 보인다. 이와 같은 리스크에 대한 입장의 극명한 차이를 잘 설명하고 있는 것이 '가장 안전한 시대'와 '가장 위험한 시대'에 살고 있다는 두 진영의 극단적인 이데올로기적 입장의 차이를 밝히고 있는 피셔(F. Fischer)이다(Fischer, 1995, pp. 177~78). 피셔는 '가장 안전한 시대'에 살고 있다는 진영의 특징을 기술-산업적 시각으로 요약하면서, 이 진영은 건강과 안전에 대한 리스크의 측정수단으로서 기대수명이 연장된 것을 그 증거로 삼는다고 말한다. 반면에 최근에 점차 그 수가 늘고 있는 '가장 위험한 시대'에 살고 있다는 진영에서는, 전세계적으로 생태적 재난이 임박했으며 그것은 현대의 과학기술에 의해 생태계의 안전성이 위협받고 그에 따라 사회체계도 위협받기 때문이라고 본다. 특히 이 진영에서는 이와 같은 생태계 문제와 사회문제의 상호 연관성과 상승작용(시너지 효과)을 강조한다. 따라서 이들은 기술에 대한 강력한 통제 및 특히 위험한 기술

〈표 1〉 지배적인 사회적 패러다임과 새로운 생태적 패러다임

	지배적인 사회적 패러다임(DSP)	새로운 생태적 패러다임(NEP)
자연에 대한 평가	자연을 경시 재화생산을 위한 자연/인간의 자연지배/환경보호에 우선하는 경제성장	자연에 높은 가치 부여 그 자체를 위한 자연/인간과 자연의 조화로운 관계/경제성장에 우선하는 환경보호
타자에 대한 평가	좁은 범위의 제한적 연민 인간 필요에 의한 다른 종 착취/타인에 대한 무관심/현재 세대에만 관심	넓은 범위의 보편적 연민 다른 종/다른 사람들/다음 세대(미래세대)
리스크에 대한 태도	부의 극대화를 위해 위험 감수 과학기술의 맹신과 숭배/핵산업의 신속한 발달/대규모 하드 테크놀러지 강조/규제 경시: 개인책임 중시	위험을 피하는 사려 깊은 계획·행동 과학기술에 대한 비판적 시각/핵산업의 중지/소프트 테크놀러지의 개발 및 이용/자연·인간 보호를 위한 규제: 정부책임 중시
성장에 대한 평가	제한 없는 성장 자원고갈 부인/인구문제 경시/생산과 소비의 유지	성장의 한계 자원고갈 인정/인구성장에 대한 제한 필요 인정/자연의 보전 및 유지 강조
바람직한 사회상	현사회 유지 자연파괴의 무시: 심각하지 않음/위계질서와 효율/시장의 강조/경생/불질주의/복잡하고 방만한 생활양식/경제적 필요에 의한 노동	완전히 새로운 사회 자연파괴의 심각성 우려/개방과 참여/공공재의 강조/협력/탈물질주의/단순한 생활양식/노동의 만족 강조
정치에 대한 견해	기존 정치 전문가의 결정/좌우 대립구도/직접행동에 반대/시장의 통제 강조	새로운 정치 협의·참여 강조/개발·환경의 새로운 구도/직접행동 의사/예측과 계획 강조

* 자료: Milbrath, 1989, p. 119.

(핵산업과 생명공학)에 대한 포기를 요구한다.

또한 이러한 양 진영을 '새로운 기회-오래 된 리스크(The New Chances-Old Risks)' 진영과 '새로운 리스크-오래 된 기회(The New Risks-Old Chances)' 진영으로 분류하기도 한다.[8] 즉 생명공학과 GMO가 가져올 새로운 편익을 강조하면서 이에 수반되는 잠재적 리스크는 기존부터 존재하던 것으로 예전과 다를 게 없다고 치부하는 진영[9]과, 생명공학과 GMO의 편익은 기존의 현대의학과 농업에서의 녹색혁명 사례에서 보듯이 실패로 끝날 공산이 큰 데 비해 새로운 기술이 불러일으킬 수 있는 리스크는 엄청나고도 놀라운 것이라고 보는 진영이다.

<표 2> 리스크를 보는 두 가지 상반된 진영

가장 안전한 시대	가장 위험한 시대
• 새로운 기회, 오래 된 리스크	• 새로운 리스크, 오래 된 기회
• 과학기술 발전으로 각종 리스크가 크게 감소/인간 복지 증대	• 과학기술 발전으로 각종 리스크가 크게 증대/인간 복지 증대 부인
• 부의 극대화 위해 리스크 감수	• 리스크를 피하는 사려 깊은 계획 · 행동
• 과학기술에 대한 맹신	• 과학기술에 대한 비판적 시각
• 거대기술 · 신기술에 대한 강조	• 적정기술 옹호
• 규제를 경시하고 개인책임 강조	• 강력한 사전적 규제와 정부책임 강조
• 산업자본가, 과학기술자	• 사회운동가, 비판적 전문가

8) Weizsäcker(1995, pp. 112~20)는 유전자 조작 생물체를 둘러싼 논쟁을 이와 같이 분석하고 있다.
9) 이들은 "생명공학의 가장 큰 리스크는 GMO의 방출이 아니라 공포 시나리오의 방출에 있다"고 말한다(같은 글, p. 113).

이와 같이 자연·환경문제·리스크를 보는 시각은 여러 가지 사회문화적 요인에 따라 상이하게 구성된다는 것을 알 수 있다. 하지만 '지배적인 사회적 패러다임'이라는 말을 붙인 데는 특정한 관점이 현대사회를 지배하고 있기 때문이라 하겠다. GMO를 보는 시각도 여기에 종속된다.

4. GMO 담론 분석: 국내 상황을 중심으로

GMO를 둘러싼 양 진영의 주체들은 여러 가지 이슈를 두고 서로 대립하고 있지만, 핵심적인 논쟁거리는 크게 다음 몇 가지로 요약할 수 있다. 첫째, 포괄적인 의미에서의 생명공학과 좁은 의미에서의 GMO의 편익과 비용 문제, 둘째 GMO 및 유전자 조작 식품의 생태적 리스크 문제, 셋째 이런 문제들에 대한 규제 문제 등이다.

이 글에서는 이러한 세 가지 문제를 중심으로 지배담론구성체(dominant discursive formation)와 대항담론구성체(opponent discursive formation)의 주장들을 정리해 보고, 이를 토대로 각 담론구성체가 자연과 리스크를 구성하는 데 있어서 어떤 요소들이 작용하고 있으며 또 이러한 구성물들을 사회적으로 정당화하기 위해 어떠한 전략들을 사용하고 있는지 고찰한다.

지배담론구성체

GMO에 대한 지배담론을 형성하는 주체들은 생명공학산업계('한국생명공학연구조합'에 가입하고 있는 19개의 기업들이 중심), 이들과 깊은 관련을 맺고 있는 생명공학 관련 학계, 그리고 이들을 정책적·제도적으로 지원하는 위치에 있는 정부 각 부처들[10]이 있다.

지배담론구성체에서 내세우는 주된 줄거리(storyline)는 "새로운 기회, 오래 된 리스크"(Weizsäcker, 1995, p. 113)로 요약할 수 있다. 즉 생명공학과 그 기술로 만들어진 GMO는 인류에게 무한히 새로운 지평을 열어주면서 인류가 직면한 각종 문제를 해결할 수 있으며, 그에 비해 생명공학의 잠재적 리스크는 이미 예전부터 존재했던 것들이며, 따라서 호들갑을 떨 필요도 없고 강력한 규제의 필요성도 설득력이 없다는 것이다.

편익에 대한 담론

산업계와 학계에서는 생명공학이 가져올 수 있는 엄청난 편익을 각종 수사를 동원하여 강조하면서, 잠재적인 리스크와 이에 수반되는 비용은 무시하는 입장을 고수한다.[11] 그와 함께, 이러한 생명공학 기술로 만들어진 GMO 자체가 엄청난 편익과 이윤을 제공할 수 있는 것으로 대상화된다.[12] 이들의 단골 레퍼터리는 식량문제와 보

---

10) 특히 과학기술진흥 및 산업진흥에 이해관계가 있는 과학기술부 · 통상산업부 · 농림부가 적극적인 입장을 견지하고 있으며, 과학기술부 산하 생명공학연구소와 농림부 산하 농촌진흥청 농업과학기술원에서는 GMO를 주도적으로 직접 개발하고 있다.

11) "생명공학 기술의 응용범위는 … 실로 광범위하며, 이들 분야에서 생명공학 기술은 기술혁신을 주도하여 21세기 인류복지와 산업발전에 견인차 역할을 할 것으로 기대된다."(K대학 생명공학원장)

12) "메디는 국내 생명공학사상 처음으로 고가의 의약물질을 경제적으로 대량생산하는 '살아 있는 약품공장'으로 자리매김하게 된다. … 고부가가치 생리활성물질을 경제적으로 생산할 수 있는 **생물공장**을 육성할 계획이다."(연합통신뉴스, 1999. 3. 22. 강조는 인용자. 이하 동일)
"유전자를 조작해 기른 우리나라 흑염소 젖에서 암을 억제하는 백혈구 증식성분이 나오게 하는 데 성공 … 젖 1*l*에 함유된 양이 약값으로 따져 9,000만원이나 된다니 **황금염소**가 아닐 수 없다."(『조선일보』, 1999. 3. 25)

건문제의 완전한 해결이다.[13)

한 가지 주목해야 할 것은 지배담론구성체에서 환경문제에 대한 언급이 빠지지 않고 있다는 점이다. 생명공학 기술은 저투입형이며 청정기술이자 녹색기술(clean & green technology)이라는 것이다.[14) 이들은, 생명공학은 기존의 석유화학 산업의 문제점들을 일거에 해소해 줄 뿐 아니라, 제초제 저항성이나 병충해 저항성을 갖는 GMO 작물은 제초제나 농약의 사용량을 그만큼 감소시킴으로써 화학농법이 발생시켰던 농약으로 인한 토양 및 환경 오염을 획기적으로 줄일 수 있다고 말한다.[15) 그에 따라 이들이 즐겨 쓰는 용어이자 이들의 핵심적인 개념은 다름아니라 '지속 가능한(sustainable)' '환경친화적' 등이다.[16)

---

13) "인구증가에 못 미치는 식량증산의 과학기술적 대안은 식량작물의 분자육종(유전자 조작에 의한 육종)이 거의 유일하다. … 식량작물의 유전자 조작은 이러한 (식량작물의 생산성 증대의) 필요성에 부응하여 제시된 거의 유일무이한 대안이다."(생명공학연구소 Y실장)
   "유전자 재조합 기술은 21세기 식량문제 해결의 유일한 대안으로…"(농촌진흥청 농업과학기술원 생물자원부 유전자전환작물개발팀)
14) 이는 매우 중요한 점이다. Levidow & Tait(1995)는 생명공학 논쟁에 대한 분석을 통해 GMO를 개념화하는 메타포를 검토한 후에, 생명공학 옹호론자들에 의해 GMO가 어떻게 환경친화적인 산물로 투사되었는가를 보이고 있다. 즉 생명공학 담론에서 환경친화적인 이미지는 핵심적인 메타포이자 이미지로서 작용하여 대중의 이해와 친근감을 획득할 수 있는 것이다.
15) "유전자 조작 작물은 오히려 농약의 사용을 절감시킴으로써 환경오염을 감소시킬 수 있다. … 슈퍼잡초라 할지라도 어떤 특정한 종류의 제초제에 내성을 나타내는 다른 종류의 제초제를 살포하면 제거할 수 있다."(농촌진흥청 Y박사)
16) "작물의 유전자 조작은 기존의 농약사용 등을 절감시킴으로써 오히려 지속 가능한 농업(sustainable agriculture)을 가능케 하고 있다."(농촌진흥청 Y박사)
   "생명공학은 '환경친화적이고 지탱 가능한 기술(environmentally sound and sustainable technology, ESST)'로서 앞으로 2000년대의 산업을 주도해 나갈 기술로 알려져 있다."(과학기술정책관리연구소 단장)

이와 같이 지배담론구성체에서는 편익에 대한 담론을 통하여 과학기술에 대한 강력한 신념과 신뢰를 보내고 과학기술이 인류의 모든 문제를 해결할 수 있을 것이라는 강한 낙관적인 시각을 견지한다. 이들에게 기술로 불가능한 것은 없다. 앞에서 살펴본 지배적인 사회적 패러다임의 구성요소인 강력한 기술중심적(technocentric) 담론이 가질 수 있는 모든 요건들을 갖추고 있는 것이다.[17]

리스크에 대한 담론

한편 이들은 반대론자들이 생명공학이 가져올 수 있는 잠재적 리스크에 대해서, 과학적인 사실과 증거에 입각하지 않고 지나치게 감정적으로 과장·거부하고 있다고 비판한다. 아직까지 확실한 과학적 증거가 없는 이 시점에서 성급한 규제는 잘못이라는 것이다. 뿐만 아니라 생명공학이 발전한 지난 20여 년 동안 커다란 문제가 발생하지 않았으며 그 기간 동안 각종 안전장치를 확립했다고 주장하면서, 궁극적으로 자연을 조작하는 자신들의 기술은 지난 몇 천년 동안 인류가 사용해 온 전통적인 생명기술(육종 및 발효 기술)과 다를 것이 없다고 주장한다.

그러면 먼저 생명공학 기술이 불러일으킬 수 있는 리스크부터 살펴보도록 하겠다. 이들에게 생명공학 기술은 육종이나 발효 기술 같은 기존부터 사용되어 오던 전통적 생물기술과 동일한 것이다.[18]

---

17) "늙지 않는 사람이나 '쥬라기공원' 식의 공룡복제는 현재로선 불가능한 것이 사실입니다. 그렇지만 영원히 불가능한 것은 아닙니다. 불가능이라는 단어는 언젠가 가능하다는 뜻을 내포하고 있다고 생각합니다."(「한국인터뷰: KAIST Y교수」, 『한국일보』, 1998. 4. 25)

18) "유전공학 기술을 이용하여 개발된 형질 전환 미생물균주에 의해 제조된 식품 첨가물 … 이들 화합물 자체가 새로운 것이 아니고 이미 오래 전부터 식품에 사용되어 왔기 때문이다."(고려대 생명공학원 L교수)

GMO의 환경적 리스크와 관련해서도, 이들에게는 생명공학 기술과 마찬가지로 GMO 역시 기존의 생물과 다를 것이 없는 동일한 생물이다. 또 GMO를 만들기 위해 사용되는 유전자들도 자연계에 존재하는 유전자들과 같이 핵산으로 구성되어 있으며 인간에게 그 동안 친숙했던 것들로서, 기존의 경험상 충분히 예측 가능하며 따라서 문제 될 것이 없다는 것이다.[19] GMO로 만들어진 식품에 대하여도, 알레르기는 전통적인 식품에도 일어날 수 있는 자연스러운 현상이며 오히려 GMO 식품이 기존 식품보다 안전할 수도 있다는 논리를 펼친다.

이와 같은 논리를 통해서 이들은 생명공학의 리스크를 슬그머니 우리의 일상적 기술이 갖는 리스크와 등치시키며 기술발전에 따르는 불가피하게 감수할 수밖에 없는 리스크로 친숙화하고 자연시한다.[20] 그러한 과정에서 설사 리스크가 다소간 존재한다 할지라도,

---

"유전자 재조합 기술에 의한 품종개량도 유전자를 재조합시켜 유용한 형질을 얻는다는 측면에서 종래의 기술과 동일하며, 따라서 종래의 품종개량의 연장선상에 있다고 할 수 있다."(식품의약품안전청 자료, 1998)

19) "유전자의 성분 자체는 자연에 존재하는 것과 같은 핵산이므로 인체에 축적되지 않기 때문에, 아무리 유전자가 변형됐다 해도 인체에는 해가 없다."(생명공학연구소 L박사)

"농업에서 이용되고 있는 유용 유전자들은 … 자연계에 존재하고 있는 친숙한 유전자들은 … 예측 가능하고, 식품으로서 안전성에 문제가 없을 것으로 판단 … 따라서 안전성평가를 위한 시험이 필요치 않다. … 유전공학 이용 식품은 농약 등 공해 화학물질로 오염된 식품들보다 훨씬 안전하고 자연계에서 새로 발견된 식품재료보다도 더 안전하다."(고려대 생명공학원 L교수)

20) "유전공학 이용 식품의 경우 새로운 알레르기성 물질의 발현 가능성 … 새로운 식품에서는 언제나 특정 부류의 사람들에게 일어날 수 있는 자연스런 현상이며 그 빈도는 대단히 낮다."(고려대 생명공학원 L교수)

"식품의 안전성 문제는 우리가 오랫동안 이용해 오고 있는 것들에서도 나타날 수 있는 것 … 오히려 화학물질에 오염되지 않은 유전자 조작 식품이 훨씬 더 안전하다."(생명공학연구소 Y박사)

기술의 양면성과 필요악적인 측면을 부각하면서 막대한 편익을 위해 얼마간의 리스크는 감수하지 않을 수 없다고 주장한다.[21]

그리하여 반대론자들이 가장 중요한 반대이유로 제기하고 있는 생태적 리스크에 대하여, 이들 진영에서는 윤리적·도덕적인 차원에서 문제 자체가 너무 과장되어 국민들에게 공포감을 유발시키고 있다고 비난한다. 뿐만 아니라 생명공학 기술과 이로 만들어진 산물에 대한 과학기술 도입 초창기의 국민들의 인식부족을 지적하면서, 반대진영의 주장들을 과학적 근거를 갖고 있지 않은 윤리적·도덕적 차원의 주장으로 환원시킴으로써 반대진영은 국민들에게 감정적으로 호소하고 있다고 비판한다. 그렇기 때문에 이들은 잘못 이해하고 있는 국민들에게 과학적으로 확실한 증거들을 제시함으로써 오도되어 있는 문제들에 대한 올바른 이해를 구하고 국민들을 계몽시켜야 한다는 사명감마저 가지고 있다.[22]

규제에 대한 담론

이러한 논리의 연장선상에서, 대항담론구성체에서는 생명공학에 대한 강력한 규제는 우리나라 생명공학의 경쟁력을 떨어뜨리는 결

"개인적 소견으로는 유전자 조작된 식품을 상식하는 것이 일년에 아스피린 한 알 먹는 것보다 더 안전할 것으로 본다."(농촌진흥청 Y박사)

21) "새로운 과학기술의 개발에는 항상 양면성이 따르는 것이다. 우리가 환경오염과 교통사고의 위험성 때문에 자동차의 편의성을 버릴 수는 없는 것이다."(고려대 생명공학원 L교수)
"GMO＝독이라는 공식은 전혀 잘못된 방향으로 문제를 이끌어가는 것 … 우리가 먹는 밥도 마찬가지의 위험이 있으며, 부정적인 시각으로 보기 시작하면 끝이 없다."(농촌진흥청 농업과학기술원 H박사)

22) "… GMO에 대해 근거 없는 부정적 견해가 퍼져나가는 것은 우려할 만한 일 … 연구자들에게 국민들에게 사실을 그대로 알릴 기회가 제공됨으로써, 언론과 시민단체들에 의한 국민들의 오해를 풀어야 한다."(생명공학연구소 K박사)

과를 가져올 것이며 결국 국가적으로 커다란 손해가 될 것이라는 담론을 생산해 낸다. 그리고 권위를 갖는 증거로서 외국의 사례들(특히 독일의 사례)을 끌어들인다.[23]

앞의 리스크에 대한 담론 분석 부분에서 이들도 사회적인 규제가 필요하다는 점은 인정하고 있다는 것을 보였다. 하지만 이러한 논리에 따르면, 이들이 말하는 규제의 필요성은 실질적인 의미의 규제가 아니라, 국민들을 이해시키고 그들에게 신뢰를 구하기 위한 (결국 담론적 지배수단으로서) 하나의 수단으로밖에 생각하기 어렵다.[24] 즉 규제를, 국민에게는 동의를 구하는 수단으로 그리고 연구자들에게는 연구의 앞날에 드리워져 있는 사회적인 불확실성을 건어내어 연구에 전념할 수 있도록 해주는 역할로 생각하는 것이다. 국민에게 의사결정 과정을 공개해서 유익성과 위험성을 정확히 판단케 해야 한다는 수사는 말 그대로 수사에 불과하다. 이미 국가경쟁력이라는 강력한 잣대로 생명공학의 필요성에 대한 평가가 끝난 상황에서, 사회적인 규제란 말 그대로 형식적인 껍데기 치장이기 때문이다.[25]

---

23) "… 반대론자의 목소리가 가장 높은 나라가 아마 독일 … 유전공학의 동물에의 적용은 물론 식물의 유전공학까지 심하게 간섭을 하여 연구개발 활동에 큰 지장을 줄 정도 … 하지만 반대의 목소리는 독일에서 점차 사라져가고, 점차 긍정적인 분위기로 진환되고 있는 추세 …"(고려대 생명공학원 L교수)

24) "생명공학육성법의 근본적인 취지는 생명공학 산업의 결과로 나타날 수 있는 문제를 사전에 규제하자는 것이 아니며, 생명공학 산업의 연구개발 의욕을 고취시키고 세계적 수준의 생명공학 기술을 확보하자는 데 있다."(모 국회의원)

25) "유전공학 기술이 아직 반생명적이거나 반인간적인 용도로 이용된 적은 없었다고 확신한다. 유전공학이 우리에게 어떠한 새로운 문제를 야기하지 않는 한 유전공학의 발전은 중단 없이 계속되어야 한다."(고려대 생명공학원 L교수)
"제3차 농업혁명은 … 세계의 농업을 바꿔놓게 될 것 … 작은 이익에 집착해 역사의 흐름에 뒤지면 우리나라는 21세기에 또다시 신산업 부문에서 뒤처지게 될 것이다. GMO 개발을 국가적 전략부분으로 설정하고 최대한 지원해 어느 나라

담론의 개념(줄거리, 메타포)

먼저 용어선택을 살펴볼 때, 초기에 사용되던 '유전자 조작 (genetically manipulated)'이라는 용어가 폐기되고 '유전자 변형' 생물체, '유전자 변형' 식품 등 '유전자 변형(genetically modified)' 이라는 단어가 현재 공식용어로서 주로 사용되고 있다. '유전자 조작'이라는 용어가 부정적인 느낌을 강하게 함축하고 있다는 점에서, 이들은 생명공학 기술 및 GMO의 친숙함과 자연스러움을 강조하기 위해 새로운 용어를 선택한 것이다. 그런데 이러한 용어들조차 대중들에게 잘못된 인상을 심어줄 수 있다 하여 최근 들어서는 분자육종(molecular breeding)이라는 용어를 제안하는 식으로, 무언가 새로운 것을 만들어낸다는 낯섦을 완전히 제거하려 한다. 그리하여 '자연스러움' '동일함' 같은 용어가 동원되어 리스크가 적은 것으로 표상된다. 이 때문에 GMO 및 그 기술은 '환경친화적인 그린 테크놀러지'로 자리잡는다.

이러한 지배담론구성체의 핵심적인 개념들은 하나의 줄거리로 모아진다. 즉 "생명공학과 GMO 기술은 과학적으로 검증되지 않은 리스크에 비해서 엄청난 편익이 기대되는 21세기의 핵심적인 환경친화적 기술이며, 기존의 전통적인 생명기술과 동일한 안전한 기술이다. 따라서 국가경쟁력 제고를 위하여 국가적으로 적극 육성되어야 하고, 이를 위하여 규제는 최소한으로 억제되어야 한다"는 것이다. 한마디로 '새로운 기회, 오래 된 리스크'라는 것이다.

담론적 전략

지배담론구성체의 담론적 전략은 GMO 및 식품의 사회적 정당성

을 확보하기 위해 대중들의 수용 가능성(acceptability)을 높이는 것에 초점이 맞춰져 있다. 따라서 GMO 문제가 사회적으로 이슈화되는 것을 가능한 한 회피하려고 한다. 이를 위한 전략은, 먼저 GMO의 편익은 극대화하고 리스크는 극소화할 수 있도록 GMO를 담론적으로 투사하고, 다음으로 GMO를 환경친화적이고 지속 가능한 것으로 투사하는 것이다.

편익 극대화와 리스크 극소화 전략　이 전략은 크게 편익을 극대화하는 전략과 리스크를 극소화하는 전략으로 나누어 살펴볼 수 있다.

먼저 편익 극대화 전략이다. 앞에서도 살펴보았듯이, GMO가 가져올 편익과 관련하여 '황금염소'니 돈을 만들어내는 '생물공장' 등의 표현을 사용하면서 GMO는 엄청난 이윤을 가져올 것이며 이는 국가적으로 막대한 부를 창출할 것이라고 투사한다. 이러한 편익 담론은 리스크를 상대적으로 축소시키면서 편익이 훨씬 큰 것이라고 대중들을 설득시키는 전략이며, 뒤에서 설명할 국가경쟁력 담론과 결합되면서 더욱 강력한 정당화 메커니즘으로 작용하게 된다.

다음으로, 리스크 극소화 전략이다. 리스크를 극소화하는 데는 크게 두 가지 방법이 있다. 하나는 절대적인 수준에서 리스크가 없거나 매우 낮다고 GMO를 투사하는 방법이고, 또 하나는 다른 종류의 리스크와 비교하면서 GMO 관련 리스크가 상대적으로 낮은 수준이거나 비슷한 수준임을 강조하면서 슬그머니 그러한 리스크를 수용 가능한 것으로 보이게끔 만드는 것이다. 여기서 첫번째 방법은 GMO가 가져올 리스크의 절대적인 수준을 낮게 평가하는 것이다. 즉 지금까지 GMO 및 식품이 잘못되어 인간에게 해를 끼친 적이 한 번도 없었으며, 리스크가 과학적으로 입증된 적도 없었다는 것을 강조하는 것이다.

그리고 두번째 방법은 다시 두 가지로 나누어지는데, 그중 하나는 앞의 사례분석에서도 살펴보았듯이 우리 생활에서 직면하는 다른 종류의 리스크들과 GMO의 리스크를 등치시켜 비교함으로써 상대적으로 GMO의 리스크를 축소시키는 방법이다. 예를 들어 우리가 자동차의 리스크를 인정하면서도 자동차를 버릴 수 없듯이, 모든 과학기술은 양면성을 가지고 있으므로 인간들에게 편익을 주는 만큼 리스크가 따르는 것이며 그 때문에 기술 자체를 버릴 수 없다는 논리이다. 그리고 식품의 경우에는, 인간이 이용하는 모든 자연식품에도 리스크가 존재한다는 사실을 강조하면서, 그와 비교해 볼 때 GMO 식품의 리스크는 오히려 적을 수 있다고 말하는 것이다.

다른 하나는 시간적으로 비교하는 전략인데, GMO 및 GMO를 만드는 기술이 그리 새로운 것이 아님을 강조하면서 전통적인 산물과 기술처럼 리스크가 거의 없다고 투사하는 전략이다. 즉 GMO는 다른 유기체들처럼 자연적인 것이고, GMO를 만드는 기술도 전통적인 발효·육종 기술과 동일선상에 놓음으로써 GMO에 따르는 리스크를 자연화(naturalizing)하고 친숙화(familiarizing)하는 전략이다. 이것은 지배담론의 작동 메커니즘인 블랙박스화(blackboxing) 전략의 전형적 패턴이라고 할 수 있다. 이 점은 '실질적 동등성(substantial equivalence)' 원칙을 채택하는 데서 단적으로 드러난다. 즉 기존에 이용해 오던 식품과 비교하여 GMO로 만들어진 식품의 영양성분이 화학적으로 동일한 성질을 띤다면 문제가 없는 것으로 판단한다는 것으로서, 사실상 기존 식품과 동일한 잣대로 GMO 식품의 리스크를 측정하는 것이다.

환경친화적인 것으로 투사하는 전략　GMO를 사회적으로 정당화하기 위한 또 다른 중요한 전략은 GMO를 '환경친화적'이고 '지속 가능한' 것으로, 그리고 GMO를 만드는 생명공학 기술을 환경친화적이고 환경문제를 해결하는 기술로 투사함으로써 대중들에게 친숙하게 다가가는 것이다. GMO를 이용함으로써, 기존의 화학물질로 인해 발생한 심각한 화학물질 오염과 이로 인한 환경오염을 줄일 수 있기 때문에 GMO는 환경을 살리는 구세주라는 것이다. GMO가 환경친화적인 산물로 비쳐지게 되면 대중들의 거부감은 훨씬 더 줄어들면서, 이에 대한 친숙도와 친화성이 커질 것이라는 이유 때문이다.

전문성 및 과학적 합리성의 전유　지배담론구성체에서는 GMO 관련 분야에 대한 전문성을 강조한다. 즉 자신들이 전문가인데, 이에 대해 왜 문제제기를 하느냐 하는 입장이다. 누구보다도 생명공학과 GMO의 메커니즘과 리스크를 확실하게 알고 있는 자신들이 안전하다고 주장하는데, 도대체 무엇이 문제냐고 반문한다.[26]

　기본적으로 이 같은 입장을 가지고서, 이들은 대항담론구성체에서 세계 각지에서 수집된 증거들을 내놓으면서 공박하는데도 불구하고 그런 데이터들은 모두 잘못된 것이거나 오해의 결과라고 부인한다. 위험성에 대해 언론에서 보도되는 것들은 언론과 시민단체들의 침소봉대라고 주장한다. 자신들의 실험결과와 데이터, 그리고 자신들의 주장과 부합하는 실험결과만이 과학적이고 합리적인 것

---

26) 이러한 입장은 TV의 한 토론프로에서 잘 드러났다. 전문용어들을 구사하면서, 마치 잘 모르는 학생을 가르치듯이 설명하는 모습이라든가 전문용어를 자꾸 써서 죄송하다는 표현을 계속 반복한다든가 혹은 자신들의 설명을 들으면 이해가 가능할 것이라는 등, 흡사 대중들의 무지와 오해를 풀어주려 하는 듯한 태도를 보인다.

이다.

이러한 전략(즉 특정한 사실들만 선별하는 담론적 규칙성)을 통해 지배담론구성체는 자신들의 과학만이 과학적인 것이고 합리적인 것이며, 다른 패러다임하의 과학적 합리성에 의한 결과들은 비과학적이고 근거가 없는 것으로 치부함으로써 대중들에게 자신들은 진정한 전문가이며 과학적 합리성을 담지하고 있는 것으로 받아들이게 하고, 과학적 합리성이라는 이름으로 자신들만의 편협한 사회적 시각을 사회 전체에 강요함으로써 정당성을 확보해 나간다. 한마디로 자신들의 주장은 과학(science)이고, 반대측 주장들은 과학소설(scientific fiction)이라는 식이다.

국가경쟁력 담론의 동원 그러나 무엇보다도 지배담론구성체가 취할 수 있는 가장 강력한 담론적 전략은 국가경쟁력 담론을 끌어오는 것이다. 즉 GMO의 편익과 리스크에 관계없이, 문제는 21세기 국제사회의 무한경쟁에 어떻게 대처하는가 하는 것이며 이를 위해 생명공학의 육성은 필수적인 국가적 과제이고 따라서 전사회적으로 GMO를 받아들이고 이해하면서 생명공학을 육성하겠다는 분위기가 형성되어야만 국가경쟁력을 높일 수 있다는 담론이다. 오늘날과 같이 전세계적으로 신자유주의 담론이 득세하면서 자본주의하에서의 국가간 무한경쟁이 강조되는 시점에서, 이와 같은 국가경쟁력 담론은 그 앞에서는 다른 어떤 담론들도 힘을 잃게 마련이라는 점에서 가장 강력한 담론적 정당화 메커니즘으로 작용한다.

대항담론구성체

대항담론의 주체는 현재 우리 사회에서 생명공학에 대해 비판적인 목소리를 내고 있는 '생명안전 · 윤리연대모임'이 핵심이라 할 수 있다. 서로간에 입장의 차이는 있겠지만, '생명안전 · 윤리연대모임'에 참여하고 있는 환경운동단체 · 과학기술운동단체 · 소비자운동단체 · 종교단체 · 농민단체 등을 대항담론의 주체로 들 수 있을 것이다. 그리고 최근에는 생활협동조합이나 환경농업단체들 같은 농업관련 분야 단체들의 움직임도 부쩍 활발해지고 있다.

이들 주장의 요지는, 생명공학은 득보다 실이 훨씬 큰 나쁜 기술이며 따라서 발전되어서는 안 되거나 설령 발전되어도 사회적인 강력한 규제장치를 통해 철저히 통제되어야 한다는 것이다. 그 이유는, 옹호론자들이 말하는 편익은 그들이 말하는 만큼 우리에게 돌아오지 않을 것이며 또 그러한 편익이 우리가 직면한 각종 문제들을 해결해 주지는 못할 것이기 때문이라는 것이다. 이 점은 그 동안의 수많은 사례들(녹색혁명, 화학물질, 원자력의 실패 사례)로 입증되고 있다는 것이 핵심이다.

편익에 대한 담론

인류가 직면한 모든 문제들을 생명공학이 해결할 수 있다는 옹호론자들의 담론에 대하여, 대항담론구성체에서는 전혀 다른 시각을 제시하면서 대항담론을 펼친다. 인류의 식량문제 · 보건문제 · 환경문제는 기술적인 해결로는 풀 수 없으며, 오로지 사회구조의 변화로써만 가능한 문제라는 것이다. 이들이 보기에, 기술이 이러한 문제들을 해결해 줄 수 있다는 지배담론은 너무도 순진한 생각일 뿐 아니라 그러한 순진한 생각 속에는 현 사회구조의 문제를 은폐하려는 이데올로기적인 의도가 숨어 있다. 따라서 문제는 기술발전에 의한 생산력 증대와 공급확대에 있는 것이 아니라 불공평한 분배에 있으며, 그 생생한 실례로 70년대의 녹색혁명의 실패를 지적한다.[27]

환경문제를 해결할 수 있다는 지배담론에 대해서는, 기술로써 환경문제가 근본적으로 해결되지 않으며 생명공학 기술은 오히려 환경오염과 리스크를 가중시킬 것이라고 대응한다. 이들도 역시 '지속 가능성'과 '지속 가능한 발전'을 말한다. 그러나 이러한 용어를 바라보는 시각은 지배담론과 완전히 상반된다. 즉 기존의 대량생산·대량소비가 존속되는 사회구조를 유지한 채로는 기술을 가지고 결코 문제를 해결할 수 없으며, 진정으로 지속 가능한 사회는 인간이 자연을 기술로써 지배하지 않는, 인간과 자연이 평등하게 공존하는 생태사회라는 것이다.[28]

이들이 제시하는 대안과 이들이 그리고 있는 사회상은 현재의 대량생산·대량소비의 사회구조를 근본적으로 뜯어고치는 것이며, 그 이미지는 '생태사회(ecosociety)'라는 단어로 집약된다. 얼핏 생각하기에 이것은 옹호론자들의 '바이오 사회'와 비슷한 것 같지만, 그 이미지에 내재해 있는 담론과 세계관은 완전히 다르다.

리스크에 대한 담론

반면에 옹호론자들이 축소하고 있는 리스크에 대하여, 이들은 앞으로 어떤 일이 발생할지는 아무도 모르며 따라서 가장 신중한 방식으로 접근해야 한다고 주장한다. 자연에 손을 대고 교란을 가했을 때 인간에게 발생할 수 있는 피해라는 것을 현대의 과학기술로는 알 수 없으며, 생태계는 본질적으로 복잡성을 그 특징으로 하고

---

27) "녹색혁명이 자리잡은 지 30년, 세계 도처의 사람들은 여전히 굶주리고 있다. … 생명공학보다 분배, 그들의 자급자족의 터전 회복이 더욱 시급한 것이다." (생명안전·윤리연대모임 사무국장)

28) "… 지속 가능한 생태사회를 향해 나아가야 한다고 생각한다. 생명공학은 그 대안이 될 수 없는 것이다. 지구온난화를 에어컨으로 극복할 수 없고, 수질오염을 정수기가 해결해 주지 않는다." (생명안전·윤리연대모임 사무국장)

있기 때문에 그 피해가 얼마나 증폭되어 파멸적 결과를 가져올지는 아무도 모른다는 것이다. 이들에게 생명공학 기술은 기존의 생물기술(육종기술·발효기술)과는 전혀 다른 질적으로 새로운 기술이며, 이 새로운 기술은 지금까지 인류가 경험하지 못했던 새로운 리스크를 부과할 것이라고 본다.[29] 이와 같이 반대론자들은 기술의 '새로움'과 '단절성' '인위성'을 강조하면서, 이러한 기술로 만들어지는 GMO 역시 기존의 생물체와 동일한 것이 아니라 오염이자 돌연변이에 불과한 것으로 본다. 이들이 보기에 GMO가 판칠 미래는 돌연변이로 가득 찬 세상이다. 돌연변이는 생태계에 들어가게 되면 오염물질이 된다.[30] 따라서 GMO로 만들어진 식품에 대하여, OECD와 식품의약품안전청이 제시하는 '실질적 동등성'이라는 원칙은 말도 안 되는 원칙인데, 그것은 전혀 동등하지 않은 것과의 비교이기

---

29) "새로운 생명공학 기술은 전통적인 생명공학 기술과는 달리 인위적으로 생태계 균형을 깨뜨린다. … 발효식품 제조나 가축 및 작물의 육종에 사용되어 오던 전통적 생명공학 기술은 … 새로운 생명공학 기술과는 질적으로 크게 다르다."(녹색연합 사무총장)
    "유전자 조작이란 실험실에서 인위적으로 … 자연상태에서는 볼 수 없는 특정한 성질을 지닌 생명체를 만드는 것 …"(환경운동연합 사무총장)

30) "농업과학기술원의 '제초제 저항성 유전자 변형 벼' 외의 8종의 유전자 조작 작물은 지구의 역사상 단 한 번도 자연생태계에 존재하지 않았던 것이고, 당연히 인간이 한 번도 먹어보지 못한 것이다."(유전자조작 실험온실 봉쇄 성명서 「고삐 풀린 유전자 조작 작물 개발을 중지하라! 농업과학기술원의 안전규제 없는 유전자 조작 작물 개발을 규탄한다」, 유전자조작작물의 위험성을 우려하는 시민일동. 1999. 3. 5)
    "이번에 수입된 콩은 … 그 동안 인간이 식품으로 섭취하지 않았던 바이러스와 세균의 단백질을 함유하고 있어 우리가 먹었을 경우 어떤 문제가 발생할지 아무도 장담할 수 없다."(「오늘은 콩, 내일은 인간」, 『중앙일보』, 1998. 12. 8)
    "유전자 조작 식품 수입을 그대로 방치할 경우 5~10년 뒤 어떤 후유증이 나타날지 아무도 모르며, 국민들이 다국적기업의 유전자 조작 식품 실험대상, 즉 모르모트가 되고 있다."(소비자문제를연구하는시민의모임 K사무총장)

때문이라는 것이다.

이들은 생명공학 기술이 가져올 이러한 생태적 리스크를 한마디로 말해 유전자 오염(genetic pollution), 생물학적 오염(biological pollution)으로 정의한다.[31] 즉 GMO는 자연스럽지 못한 인위적인 산물이며, 생태계 속에 있어서는 안 되는 오염, '살아 있는 핵폐기물'이다.[32] 이들의 생태적 리스크에 대한 담론에서 자주 언급되는 단어는 생태계의 '불확실성(uncertainty)'과 '예측 불가능성(unpredictability)'이다. 생태계의 기본 원리가 복잡성(complexity)과 예측 불가능성, 우연성(contingency)에 입각해 있기 때문에, 사실상 과학적 지식으로써 생태계의 결과를 예측해 내기란 불가능한데 그것은 애초에 평가한다는 자체가 가능하지 않기 때문이다. 그리고 이러한 생태적 리스크의 영향은 당장 나타나고 확인 가능한 것이라기보다 장기간에 걸쳐 서서히 일어난다는 점을 들어 리스크의 장기성을 강조한다. 따라서 이제 개발한 지 몇 년 안 되는 시점에서 리스크가 어느 정도라는 것을 평가하는 것 자체가 이들에겐 어불성설이다.[33]

---

31) "우리는… (유전자 조작 작물)의 야외시험재배가 전국적으로 진행된다면, '유전자 오염'에 의해 전국의 생태계 그리고 우리 자신이 위험에 처하게 될 것이라는 점을 분명히 경고한다."("유전자조작실험온실 봉쇄성명서: 1999. 3. 5)
"어쩌면 우리는 '살아 있는' 핵폐기물의 환경방출을 방치한 채 생태적 재앙을 앉아서 기다리고 있는지도 모른다."(녹색연합 사무총장)

32) 메리 더글라스(M. Douglas)는 더러운 것(dirt), 오염(pollution)을 "제자리에서 벗어난 것"으로 정의하고서 이러한 정의는 사회적·시간적으로 달라진다고 언급하고 있다. 즉 오염도 사회적으로 구성된다는 것이다(Hajer, 1995, p. 18에서 재인용).

33) "유전자 조작 식품이나 생명공학으로 인한 생태계 교란의 문제는 당장 나타나는 것이 아니다. … 미래 생태계에 대한 생명공학의 안전성은 현재로서 전혀 예측할 수 없다. … 생명공학의 안전성은 1~2년 안에 확인할 수 있는 것이 아니다."(생명안전·윤리연대모임 사무국장)

그러므로 생명공학으로 인한 오염은 화학적 오염보다도 훨씬 중대하며, 핵보다도 더 위험하다고 말한다. 핵폭발은 시간이 흐르면 피해가 완화될 수 있으며 또 엄격히 관리하면 사고를 미연에 방지할 수도 있지만, GMO는 자기증식 능력을 갖고 있기 때문이다.

규제에 대한 담론

이러한 생명공학의 편익과 리스크에 대한 담론적 줄거리는 규제에 대한 담론으로 이어진다. 여기에서의 핵심은 사전에 철저한 평가와 이에 따른 규제가 민주적이고 개방적으로 이루어져야 한다는 것이다.

첫째로, 환경정책의 원칙으로 잘 알려져 있는 '사전예방의 원칙 (precautionary principle)'[34]으로 요약할 수 있다.[35] 이러한 '사전예방의 원칙'에 입각한 강력한 규제는 필연적으로 국가경쟁력 제고를 위한 가능한 최소의 규제와 과학적 증거에 입각한 규제를 천명하고

---

34) 원래 이 원칙은 70년대 독일의 환경법에서 나온 것으로서, 그 정확한 정의는 환경오염의 발생을 사전에 회피하여 환경 및 자연적인 기초를 보호하고 소중히 하는 것을 목표로 하는 환경정책의 기본적 원칙이다(정선양, 1999, 132쪽). 즉 확실한 과학적 증거나 정보가 미약할지라도, 만약 최악의 시나리오를 예상할 수 있다면 이를 회피하기 위한 조치를 취해야 한다는 것이다(O'Riordan & Cameron, eds., 1994, pp. 16~18).

35) "유전자 변형 생물체 및 이를 이용해 만들어진 제품의 위해성 평가, 운송, 포장, 사용의 모든 단계에서 사전예방 원칙이 지켜져야 한다. 현 기술단계에서의 과학적 확실성 부족이 유전자 변형 생물체 및 그 제품에 의한 위험을 회피하거나 최소화하는 수단으로 이용되어서는 안 된다."(생명안전·윤리연대모임 의견서)

"유전자 조작 식품의 안전성 확보를 위해서는 사전예방 의식에 기반한 위해성 평가가 이루어져야 한다. … 위해성 평가가 통과의례로 전락하는 것을 막기 위해서는 사전예방 의식이 반영되어야 할 것이다."(생명안전·윤리연대모임 성명서)

있는 기존의 지배담론과 충돌하지 않을 수 없다. 둘째로, 의사결정
과정 및 정보흐름의 민주성과 개방성이다. 이는 특히 유전자 변형
식품의 규제에 있어서 표시제도(labelling) 논쟁과 관련하여, 이들
진영이 소비자의 '알 권리' 측면에서 가장 강력하게 주장하는 것 가
운데 하나이다.[36]

하지만 궁극적으로 이들에게 가장 최선의 방책은, 서유럽 일부 국
가에서 시행하고 있듯이 GMO의 위해성에 대해 어느 정도의 과학
적 지식이 축적되고 규제제도가 마련되는 시점까지는 생명공학의
모든 산업적 응용과 생명체에 대한 특허 출원 그리고 GMO의 수출
입과 유통을 잠정적으로 중단하는 것, 즉 모라토리움(moratorium)
을 시행하는 것이다.[37]

담론의 개념(줄거리, 메타포)

우선 지배담론구성체에서 의도적으로 '유전자 변형(genetically
modified)'이라는 용어로 공식 용어를 바꾸어버린 반면에, 이들은
여전히 '유전자 조작(genetically manipulated)'이라는 용어를 쓰는
것을 고수한다. '유전자 조작'이라는 말이 풍기는 부정적인 뉘앙스
때문이다. 지배담론구성체에서는 대중들에게 친숙한 이미지로 다
가가는 것을 바란다면, 이들은 이러한 용어를 고수함으로써 대중들

---

36) "유전자 변형 생물체에 관련한 정보를 대중에게 제공해야 하며, 위해성 평가와
위험관리에 대중의 참여와 민간단체의 참여를 활성화시키도록 장려해야 한다."
(생명안전 · 윤리연대모임)
"생명공학… 사용 당사자인 시민들의 의견은 전혀 반영되지 않고 있다. 예견하
지 못한 위험이 발생할 가능성이 있는 유전자 재조합 기술 사용에 있어서 시민
들의 의견이 정책에 반영될 수 있는 통로가 마련되어야 한다."(생명안전 · 윤리
연대모임)
37) 참여연대 과학기술민주화를위한모임, 「유전자 조작 콩 유통반대 성명서: 유전
자 조작 콩이 사용된 식품의 유통은 즉각 중지되어야 한다」, 1999. 1. 13.

에게 생소함과 경각심을 불러일으키고자 하는 것이다.

그리고 대항담론구성체가 GMO를 바라보는 기본적인 시각을 나타내는 핵심적인 개념은 '돌연변이'와 '생물학적 오염' '유전자 오염'이다. GMO는 자연생태계를 교란하는 심각한 오염물질이자 인위적으로 만들어진 돌연변이라는 것이다. 또한 GMO의 리스크에서 자주 등장하는 개념은 '예측 불가능성'과 '불확실성'인데, GMO가 앞으로 어떤 해를 끼치게 될지는 현재의 과학기술로 예측 불가능하고 따라서 불확실성으로 가득 차 있다는 것이다. 이러한 개념들은 모두 GMO 및 그 기술의 리스크를 부각시키는 전략 아래 선택된 용어들이다.

이러한 대항담론구성체의 주된 줄거리는, "GMO 및 식품은 인위적인 조작에 의해 만들어진 전혀 새로운 위협요인으로서, 예측 불가능한 리스크가 너무도 큰 반면에 문제해결 가능성은 적기 때문에 시민의 건강과 생태계의 안전을 위해서는 강력한 사회적 규제가 필요하다"는 것이다. 한마디로 '새로운 리스크, 오래 된 기회'이다.

담론적 전략

편익 극소화와 리스크 극대화 전략 이들의 전략은 앞에서 언급한 지배담론구성체의 전략과 정반대의 형태를 보인다. 지배담론구성체에서는 GMO와 기술의 편익을 극대화시키면서 그 리스크는 극소화시키도록 투사하는 전략을 취했다면, 대항담론구성체에서는 반대로 GMO와 기술의 편익은 최대한 깎아내리면서 리스크는 극대화시키도록 투사하는 것이다. 특히 리스크에서 이러한 전략이 두드러지는데, GMO는 유전자를 이식해서 기존에는 없던 새로운 형질을 갖는 생명체이며 이러한 GMO를 만드는 기술 또한 기존의 전통적인 육종 및 발효 기술과는 그 차원부터가 다르다고 본다. 지배담론구성체에서 이 둘을 연속선상에서 동일한 것으로 보이도록 하는 전략을 취한다면, 대항담론구성체에서는 이 둘을 단절시키면서 생소한, 완전히 새로운 기술, 검증받지 않은 기술로 보이게끔 하는 전략이다. 지배담론구성체의 자연화·동일화·친숙화 전략에 맞서서 생소화·단절화 전략을 취하는 것이다. 이를 통해 국민들의 경각심을 불러일으키는 것이 이 전략의 목표가 된다.

오염으로서의 GMO　이들은 GMO를 인간의 비정상적인 산물로 본다. 즉 '돌연변이'이자 '생물학적 오염(biological pollution)' '유전자 오염(genetic pollution)'을 일으키는 범인으로 보는 것이다. GMO를 생태계 속에서 오염원으로 작용하는 것으로 투사한다. 오염의 정도 또한, GMO가 일으키는 유전자 오염은 기존의 화학물질로 인한 화학적 오염과 비교도 되지 않을 만큼 매우 심각하다고 본다. 화학물질은 생태계 속에서 축적될 뿐이지만, GMO는 끊임없이 증식하면서 퍼지기 때문이다. GMO로 인해 자연과 생태계의 균형이 깨어지게 되고, 그에 따른 모든 문제들을 인간은 세대를 거듭하면서 두고두고 감수해야 한다는 것이다.

사회정의 담론의 동원　이들은 지배담론구성체의 국가경쟁력 담론이라는 경제적 논리에 대항하여 사회정의 담론을 동원하여 그 정당성을 약화시키고자 한다. 즉 현재 생명공학과 GMO 개발이 소수의 초국적 기업 중심으로 자본의 이윤동기에 의해 이루어지고 있음을 주목하고, 생명공학을 통한 식량문제·보건문제·환경문제의 해결 시도는 오히려 현재의 불평등한 사회구조를 더욱 악화시키는 결과를 가져올 것이라는 것이 이들의 주장이다. 이러한 사회정의 담론은 대항담론구성체의 GMO의 편익 및 규제에 관한 담론을 뒷받침하는 역할을 한다. GMO의 편익에 관한 담론에서는 각종 사회 문제 해결을 통한 편익의 극대화가 불가능하며 따라서 GMO의 편익이 그들의 주장만큼 크지 않음을 뒷받침해 준다. 그리고 규제 담론에서는 국가경쟁력과 국제무역 질서라는 경제적 논리에 앞서서 국민들과 생태계의 안전을 위해 강력한 규제를 시행해야 한다는 주장을 함으로써, 효율성에 앞선 형평성과 사회정의를 지지한다.

　이상과 같이 양측의 담론에 의해 자연과 리스크는 완전히 다른 방식으로 구성되는데, 이러한 상이한 구성은 양측의 상이한 세계관과 자연관·과학관·가치관에서 비롯하는 것으로서 이를테면 서로 전혀 다른 렌즈를 끼고서 세상을 바라보는 셈이다. 결국 자연과 환경 문제(환경오염), 리스크는 실재하지만, 이것들은 서로 다른 사회적 실천에 의해 담론적으로 상이하게 재구성된다고 할 수 있다.

<표 3> 담론분석 결과 요약

	지배담론구성체	대항담론구성체
주체	• 생명공학 산업계, 관련 학계, 정부 부처(및 산하 연구기관)	• 시민단체, 이들과 연결된 소수 전문가집단
줄거리	• 새로운 기회, 오래 된 리스크 • 작은 리스크에 비해 엄청난 편익이 기대되는 21세기의 핵심 기술 • 국제사회의 경쟁에서 승리하기 위해 국가적으로 적극 육성 필요 • 발전에 저해되지 않는 차원에서 규제 최소화	• 새로운 리스크, 오래 된 기회 • 문제해결 가능성은 작은 데 비해 잠재해 있는 예측 불가능한 리스크가 너무 큼 • 시민의 건강과 생태계의 안전을 위하여 강력한 사회적 규제 필요
핵심 개념 및 메타포	• 유전자 변형, 자연스러움, 동일함, 친숙함, 바이오 사회, 그린 테크놀러지	• 유전자 조작, 유전자 오염, 돌연변이, 생태사회, 예측 불가능성/불확실성

과학관	• 분자생물학적인 환원주의 패러다임	• 생태학적인 전체론 패러다임
자연	• 변함없이 이용 가능한 자비로운 자연 • 자연에 대한 인간의 우월적 위치가 유지되는 공존	• 미묘한 균형을 이루고 있으며, 복잡해서 예측 불가능한 자연 • 인간과 자연의 동등한 공존
편익	• 식량·보건·환경 문제 완전 해결 통해 인간 복지 증진(기술적 문제)	
기술	• 전통적인 것과 다르지 않은 친숙하고 안전한 기술	• 각종 문제를 기술적으로 해결 불가(사회구조적 문제) • 기존 기술과는 질적으로 다른 '나쁜 기술'
리스크	• 항상 존재했던 리스크 • 기술적으로 예측·해결 가능	• 예측 불가능한 잠재적 리스크 • 장기적이고 누적적
규제	• 발전에 지장 없는 범위 내에서 과학적 증거를 통한 최소한 규제 • 국민의 신뢰와 이해획득 수단	• '사전예방 원칙'에 입각한 강력한 사회적 규제 • 국민과 자연의 안전 보장 목적
담론적 전략 (정당화 기제)	• 자연시하기(naturalizing), 당연시하기(blackboxing), 친숙화하기(familiarizing) – 리스크의 절대적 축소, 부인 – 상대적 리스크 비교(시간적 비교, 대상간 비교) • 국가경쟁력 담론을 동원한 억압/정당화 • 특정한 '과학적 합리성' 및 전문성 동원	• 생소화하기(unnaturalizing, unfamiliarizing), 의심하기(questioning) • 사회정의 담론에 의한 문제제기

5. 맺음말

지배담론구성체에서는 자연과 사회를 기계론적인 환원주의적 세계관으로 본다. 이러한 기계론적 세계관이 생물학에 적용된 결과가 분자생물학적 패러다임이며, 이것이 생명공학의 전제이다. 그리고 이런 분자생물학적 패러다임을 지탱해 주는 또 하나의 전제가 사회생물학에서 비롯된 유전자결정론이다. 지배담론구성체에서는 이와 같은 세계관과 가치관의 렌즈를 가지고 그들의 '자연'이 구성되는데, '자연'은 인간이 자신들의 편익을 위해 자유자재로 이용하고 조작 가능하며 관리해야 할 대상이다. 또한 이러한 세계관과 가치관의 렌즈를 가지고 리스크가 구성되므로, 개인주의적 가치관에 따라 리스크는 각 개인들이 책임을 지고 부담해야 하는 것이 된다. 하지만 바로 환원주의적인 자연관 때문에, 생명공학과 GMO가 가져올 리스크는 그리 크지 않을 뿐 아니라 설령 존재한다 하더라도 앞으로 발전할 과학기술과 인간의 능력으로 충분히 극복할 수 있다고 판단한다.

대항담론구성체는 이와는 완전히 다른 방식인, 생태학을 기반으로 한 전체론적 세계관을 가지고 자연과 사회를 본다. 자연은 무수한 관계망으로 구성되어 있으며, 사회도 평등한 인간들의 평등한 관계를 우선하는 것으로 파악한다. 따라서 대항담론구성체에서는 리스크가 전혀 다르게 구성된다. GMO는 인간의 조작에 의해 탄생된, 그러나 탄생되어서는 안 될 돌연변이이며 유전자 오염의 주범이다. GMO의 탄생은 인간세계와 자연세계에 또 다른 재앙을, 그러나 일찍이 존재하지 않았던 엄청난 재앙을 예고하는 것이다. 자본의 논리에 의하여 지구상의 사람들은 원하지도 않는 리스크를 비자발적으로 떠안게 된 것이다.

이와 같이 서로 다른 사회적 실천에 의해 상이한 담론구성체가 구성한 자연과 리스크에 대한 구성물은 서로의 담론적 전략(메커니즘)에 의해 행사되는데, 이것은 사회적 정당성을 획득하기 위한 과정이며 그 과정은 권력을 둘러싼 치열한 투쟁과정이다. 여기서 지배담론구성체는 자신의 지배적인 지위를 이용하여 수월하게 사회적으로 정당성을 확보하고 이를 재생산해 낸다.

이 글에서 이러한 접근법을 통해 궁극적으로 말하고자 하는 것은, "오늘날 여러 가지 사회문제들에 대해 좀더 적절한, 새로운 형태의 사회적 실천을 추구하기 위해서는 생태적·기술경제적·문화적 그리고 인간 주체적인 차원들이 모두 한데 통합되어 혼합되어야 한다"는 것이다(Escobar, 1999, p. 11). 이것은 현대사회에서 사회문제를 기술적 차원(생명공학과 같은)으로 해결하고자 하는 것과는 완전히 상반되는 것으로서, 생물영역·사회영역·기술영역이 사회구성적으로 새롭게 접합될 수 있는 새로운 영토를 만들어내는 것이라고 할 있다. 결국 이러한 실천은 다양한 사회집단들이 사회적인 과학기술 관계에 대한 통제력을 성취함으로써 유기적인 것(organic)과 기계적인 것(mechanic) 사이에 명확히 그어져 있는 경계를 붕괴시킬 가능성에 대해 생각할 수 있게 해준다.

이제 세계는, 리프킨(J. Rifkin)이 말하는 '바이오테크의 시대(The Biotech Century)'로 급속하게 접어들고 있다. 새로운 밀레니엄을 맞이하여, 이러한 생명공학 기술이 인류를 구원할 수 있는 구세주인지, 아니면 인류를 급속한 파멸로 몰아갈 시한폭탄이 될 것인지는 이미 어느 정도 그 정체가 드러난 듯하다. 인류는 크리슈나의 수레(Juggernaut)[38]를 타고서, 자신들의 생존이 의지하고 있는

---

38) 우리나라에 『제3의 길』로 잘 알려진 영국의 사회학자 기든스가 이 비유를 들어 근대성(modernity)의 맹목성을 꼬집고 있다(Giddens, 1990, 이윤희·이현희

자연과 문화를 연료 삼아 기술과 자본만이 지속 가능한 사회로 향할 것인가? 수레를 타고 있는 것도, 수레를 조종할 수 있는 것도 오직 인간밖에 없다. 지금 이 시점에서 중요한 일은 과연 무엇인가? 어떻게 빨리 갈 것인가 하는 것인가, 아니면 어디로 갈 것인가인가?

참고문헌

각종 성명서, 신문 · 잡지기사 등

정선양 (1999), 『환경정책론』, 박영사.

Beck, U. (1986), *Risikogesellschaft*, Frankfurt am Main: Suhrkamp Verlag. (홍성태 옮김, 『위험사회』, 새물결, 1995.)

Douglas, M. (1979), *Purity and Danger: An Analysis of Concepts of Pollution and Taboo*, Routledge & Kegan Paul. (유제분 · 이훈상 옮김, 『순수와 위험』, 현대미학사, 1997.)

Escobar, A. (1996), "Constructing Nature: Elements for a poststructural political ecology," R. Peet & M. Watts, *Liberation Ecologies: Environment, Development, Social Movements*, London and New York: Routledge.

_______ (1999), "After Nature," *Current Anthropology*, Vol. 40, No. 1.

Fischer, F. (1995), *Evaluating Public Policy*, Chicago: Nelson-Hall Pub..

Giddens, A. (1990), *The Consequences of Modernity*. (이윤희 · 이현희 옮김, 『포스트 모더니티』, 민영사, 1991.)

Hajer, M. (1995), *The Politics of Environmental Discourse: ecological modernization and the policy process*, Oxford: Clarendon Press.

Hayward, T. (1995), *Ecological Thought: an introduction*, Cambridge: Polity Press.

Irwin, A. (1996), *Citizen Science*, London: Routledge.

Jacob, F. (1970), *La logique du vivant*, Gallimard. (이정우 옮김, 『생명의 논리, 유전의 역사』, 민음사, 1994.)

옮김, 146쪽 참조).

Levidow, L. & J. Tait (1995), "The greening of Biotechnology: GMOs as Environment-Friendly Products," V. Shiva & I. Moser, eds., *Biopolitics: A Feminist and Ecological Reader on Biotechnology*, London & New Jersey: Zed Books.

Merchant, C. (1989), *The Death of Nature: Women, Ecology and the Scientific Revolution*, 2nd ed., San Francisco: Harper.

________ (1992), *Radical Ecology: The Search for a Livable World*, London: Routledge.

Milbrath, L. (1989), *Envisioning a sustainable society: learning our way out*, Albany: State University of New York Press.

O'Riordan, T. & J. Cameron, eds. (1994), *Interpreting the Precautionary Principle*, London: Earthscan.

Rifkin, J. (1998), *The Biotech Century*. (전영택 · 전병기 옮김, 『바이오테크 시대』, 민음사, 1999.)

Weizsäcker, C. (1995), "Error-Friendliness and the Evolutionary Impact of Deliberate Release of GMOs," V. Shiva & I. Moser, eds., *Biopolitics: A Feminist and Ecological Reader on Biotechnology*, London & New Jersey: Zed Books.

Wuketits, F. (1990), *Gene, Kultur und Moral: Soziobiologie-pro und Contra*, Darmstadt: Wissenschaftliche Buchgesellschaft. (김영철 옮김, 『사회생물학논쟁』, 사이언스북스, 1999.)

제2부

왜 생명공학은 세계를 먹여살릴 수 없는가

녹색혁명과 유전자 조작 식품
생명공학과 농업문제
왜 생명공학은 세계를 먹여살릴 수 없는가
식량? 건강? 희망?

권영근(한국농어촌사회연구소 소장)
박민선(농협중앙회 조사부)
앤드류 킴브렐(Andrew Kimbrell, 국제기술평가센터 이사장)
코너하우스(The Corner House, 영국의 민간단체)

녹색혁명과 유전자 조작 식품
GMO가 초래할 미래의 영향을 우려하며

권영근

1. 머리말

60년대 이후에 동남아시아의 국제통화였던 영국 파운드화의 몰락과 더불어 수에즈운하 동쪽에서 영국과 프랑스 군대가 철수하면서, 아시아 지역에는 정치적 · 군사적 힘의 공백상태가 발생하게 된다. 이에 미국은 이 지역이 공산화되는 것을 저지하고 동남아시아 지역의 경제적 부양을 위해 베트남전쟁에 적극 개입하는 방향으로 전략을 수정하는 한편, 전쟁비용의 부담을 줄이고 달러의 해외 유동성 과잉을 방어하기 위해 이 지역에 일본의 민간자본이 적극 진출할 수 있는 길을 열어준다(그 한 가지 예가 한 · 일 국교정상화 협상이다).

하지만 일본 민간자본의 진출과 미국의 베트남전 적극 개입은 오히려 달러의 해외 유동성 과잉을 낳음으로써 결국 팍스 아메리카나 (Pax Americana) 체제의 한 축을 이루던 IMF 체제가 붕괴되었을 뿐 아니라, 곧 이어 발생한 제1차 석유파동으로 미국을 비롯한 에너지 다소비형 산업 중심의 선진자본주의 경제 역시 심각한 타격을 입게 된다. 이 과정에서 경쟁력이 약화된 미국 시장을 둘러싸고 미국·일본·EC 간에 시장쟁탈전이 벌어지고, 미국은 그때까지의 에너지 다소비형 산업과 환경파괴형 장치산업 구조를 에너지 절약형이며 저공해 산업인 지식집약적·정보집약적 산업으로 전환하여 경쟁력을 강화해 나가고자 한다. 그와 동시에 과거의 에너지 다소비형·환경파괴형 산업들을 아시아 국가들에 수출함으로써 새로운 아시아·태평양 국제분업 구조를 구축해 나간다(宮本憲一, 1991, 제2장 참조).

미국의 대(對) 아시아 전략 수정과 수출주도형 공업화

이렇게 미국은 석유위기를 교묘히 이용하여 달러위기도 극복하고 달러의 세계지배권도 재확립하려는 세계지배 전략을 전개한다. 즉 석유에너지 위기로 인해 유럽과 일본에서 산유국으로 유입되는 오일 달러를 유러달러 시장의 미국계 은행에 예치시키는 리사이클링 기능을 미국계 은행이 장악토록 한 후, 이 미국계 은행들은 흡수된 오일 달러를 다시 에너지 다소비형의 노동집약적 장치산업이나 환경파괴형 산업을 수입하여 공업화 전략을 추진하는 아시아의 개발도상국들에 대출해 주는 것이다.

한편 개도국들은 보호주의 무역하에서 '수입대체 공업화 전략'을 추진하면서 자원민족주의에 입각한 새로운 국제경제 질서(NIEO) 이념을 추구해 왔다. 그러나 국내외적 조건의 어려움으로 개도국들은 자원의 국유화에 실패하고 다국적 농업관련 기업(agribusiness)이 개도국의 농업을 장악함으로써 1차상품의 교역조건이 계속 악화되자, NIEO 운동은 진전을 보지 못하게 된다. 그렇지만 개도국 중에서도 무역의존성에 대한 편견(OECD, 1979)[1]이나 NIEO 이념에서 이탈하여, 문호를 개방하여 외자를 도입하고 선진국의 공해산업과 에너지 다소비형의 노동집약적 산업을 수입하여 수출주도형의 외생적 경제성장 전략[2]을 채택한 국가들은 아시아의 네 마리 용(NIES, 한국·대만·싱가포르·홍콩)으로 각광을 받게 된다. 또 이 국가들은 순차적으로 베트남전쟁을 활용하기 위해 수출가공형 자유무역지역을 설정해 경제성장을 촉진하는데, 이를 통해 경제성장을 거듭함에도 불구하고 그 못지않은 폐해들이 나타났다. 농촌 노동력의 급속한 유출, 각종 공해로 인한 환경파괴, 누적채무의 증가 등 농촌의 피폐화를 초래하게 된 것이다.

또 아시아 국가들의 외생적 발전전략에 의한 수출주도형 공업화 과정은, 일본 민간기업들이 적극 진출함에 따라 일본형 공업화 전략을 추진하게 된다. 일본 ODA(Official Development Assistance, 개도국에 대한 선진국 정부의 개발원조)의 경우, 규모 면에서 1989년 이래 세계 제1위이며 1993년 현재 약 115억 달러인데,[3] 원조공여 지역에는 과거 일본 식민지를 경험했던 국가들이 많다. 그리고 원조자금으로 물자와 서비스의 조달선을 공여국인 일본으로 제한하지 않는 비율(untied ratio)은 1993년 83.3%로서 세계 제4위를 기록했다. 일본의 기술협력 형태는, 예컨대 일본이 A국가에 기술지원을

---

1) 이들은 외생적 발전(exogenous development)으로의 전환이 편견을 완화한다고 생각한다.
2) Parsons, 1961, p. 77. 근대화론에서 '전파론'의 기초로 된 경제발전에 있어서 그 유형을 외생적 발전과 내생적 발전으로 최초로 구분함(권영근, 1997; 1999 참조).
3) 지역별 배분을 보면 1957~91년 동아시아 48.8%, 남서아시아에 24.1%, 중근동(中近東) 7.2%로, 총 80.1%가 아시아 국가에 공여되었다.

하면 A국가는 B국가에 기술이전을 하여 결국 전체 아시아에 전파되는 방식을 채택하고 있었다. 일본의 원조 전체에서 증여(grant)가차지하는 비율은 47.8%로, 선진국 평균이 77.5%인 데 비하면 일본은 차관의 비율이 상당히 높음을 알 수 있다.

이처럼 동남아시아국가연합(ASEAN)의 공업화는 일본의 상업차관과 기술이전 그리고 일본에 의한 인적 자원 개발에 상당히 의존하면서 추진되었다(이러한 일본의존형 공업화 방식은 결국 동남아시아 국가에 금융위기를 초래하는 구조적 배경이 된다). 이 과정에서 일본의 ODA 원조가 지속 가능한 발전에 대한 고려를 소홀히 한채 이 지역의 환경을 파괴한다는 비난의 목소리 역시 높아만 갔다.

더욱이 농업부문에 제공된 선진국의 원조 또는 다국적기업에 의한 민간차관은 '녹색혁명'을 위한 사업에 투자되고 선진국의 개발원조는 녹색혁명을 지원하는 분야에 투자됨으로써, 녹색혁명은 다국적기업들이 제공하는 석유화학 관련 생산투입물, 종자 그리고 하부구조 프로젝트에 대한 개도국의 의존성을 더한층 심화시키는 계기가 되었다. 농업연구기금으로 주어지는 원조도 대부분 녹색혁명의확산을 지원하기 위해 국제농업연구자문단(CGIAR) 산하 연구기관에 투자되었으며, 이를 통해 선진국 석유화학회사의 농자재 산업이활성화되었는가 하면 그들 제품의 판촉활동을 지원하는 연구가 되고 말았다(Khor & Kok, 1996, 『국제식량농업』, 62쪽).

2. 녹색혁명: 농업관련 다국적기업의 세계지배 전략

제3세계를 주 대상으로 하여 전세계적으로 전개된 녹색혁명은 크게 두 가지 유형으로 나누어볼 수 있다. 제1유형은 '멕시코를 모델로 한 녹색혁명 유형'으로서 주로 라틴아메리카와 아프리카 지역을 대상으로 한 모델이고, 제2유형은 '필리핀을 모델로 한 녹색혁명 유형'으로서 아시아 지역이 주 대상이 된 모델이다(西川潤, 1993, 154~81쪽).

제1유형은 주로 밀·옥수수를 가지고 수출작물 중심의 생산구조를 확립한 지역인데, 에티오피아나 수단처럼 세계 유수의 커피·면화 수출국가이지만 여전히 기아문제로 허덕이고 있는 국가들이 여기에 속해 있다. 아마존 유역 역시 열대우림이 파괴되면서 농장화 또는 목장화가 진행되었기 때문에, 상업적 농업 또는 상품작물 생산이 권장되어 수출되고 있지만 다수의 민중들은 환경파괴로 인한 빈곤문제로 허덕이고 있다. 그리고 제2유형은 아시아의 논농사 중심 지역에서 쌀을 기반으로 한 생존용 먹거리 중심의 생산체제를 확립한 지역이다.

이 두 유형의 녹색혁명은 그 특성상 지주와 부농층이 중심이 되어 주도해 나갔으며, 따라서 이들에게 토지가 집중화되고 토지 없는 농민층이 증대되었다는 공통점을 가지고 있다. 즉 녹색혁명이 진행되어 감에 따라 계급·계층 간의 격차, 지역·부문 간 격차가 더욱 크게 벌어지고 도시지역으로 이농한 빈농층이 슬럼가를 형성하면서 갖가지 도시문제가 발생하는 부작용을 낳았던 것이다. '격차'는 분열적 효과를 낳는다는 말이 예외없이 관철되었다.

제1유형: 멕시코를 모델로 한 녹색혁명 유형

제2차 세계대전 전에 시작된 제1유형은 실질적으로 미국의 세력권 내에 들어간 모든 개도국에 적극적으로 수출된 농업진흥 모델이었다(鶴見宗之介 譯, 1982, 121쪽).

멕시코의 경우, 1934년 대통령선거에서 당선된 카르데나스(L. Cardenas)는 토지개혁을 통해 수많은 토지를 에히도(ejido)[4]들에게 재분배함으로써[5] 토지의 협동적 소유제도를 확립하는 한편, 특정 산업의 공유제를 시행함으로써 농촌을 재건하려고 했다. 이에 따라 많은 기업이 국유화되었고, 외국계 회사에도 노동자들의 근로조건을 개선할 것을 명령하였다. 카르데나스의 이러한 '농촌활성화 정책'은 민족적 자존심을 불러일으키고 농민과 노동자들에게 실익을 가져다 주었지만 그만큼 정적(政敵)을 많이 만들기도 했다. 가장 강력한 적은 토지가 몰수된 대농장지주, 국유화로 기업을 몰수당한 도시 자본가계급 그리고 외국계 기업 들이었다.

그후 1940년 선거에서 대통령으로 당선된 아빌라카마초(M. Avila Camacho)는 다시 에히도의 토지를 개인소유로 분배하는 등 보수적 정책을 채택하고 경제성장 정책에 중점을 둔다. 한편 카르데나스의 적이었던 앞의 세 집단은 단합하여 이 정권 속에 아빌라카마초를 견제할 수 있는 '힘의 균형'을 확보하는 데 성공한다.

아빌라카마초 정권의 농업개혁 목표는, 농업의 진보가 농민의 복지증진보다는 "공업의 위대성을 확립하기 위한 토대로 사용되어야 한다"는 관점에 서 있었기 때문에 공업부문의 경제성장에 도움을 줄 수 있도록 농업을 배치하는 것이었다. 따라서 농촌에서 더욱 많은 농산물을 수집하여 도시로 이동하는 것, 도시에 농산물 공급을 늘려 식료품 가격을 인하해서 도시의 불안을 진정시키고 공업분야

---

4) 전통적인 인디언 촌락공동체의 집단적 토지소유제에서 공유지를 말함. 이 공동체의 주민들은 공유지에 대해 개인적인 토지사용권을 갖고 있었음.

5) 1936년에는 철도를 포함한 많은 기업이 국유화되었고 노동자들에게 경영이 맡겨졌다. 외국계 회사들에게는 노동자들에게 더 높은 임금과 특전을 주도록 명령했으나 거부하자, 정부는 록펠러 재단의 스탠더드 오일(Standard Oil)을 접수, 국유화했다.

의 저임금을 유지하는 것 그리하여 국내외의 투자가들이 혹할 정도
로 공업분야의 높은 이윤을 보증하는 것이 중요한 정책이었고, 이
를 위해 녹색혁명이 출현하게 되었다.

녹색혁명을 위해 아빌라카마초 정권은 록펠러 재단의 진출을 환
영했고, 이에 록펠러 재단은 1943년 이 정권에 참여하여 국제밀·
옥수수개량센터(Centro Internacional de Mejoramiento de Maize
y Trigo, CIMMYT)를 건설하고 녹색혁명을 위한 본격적인 농업기
술 개발에 착수하는 동시에 기술혁명을 감독하는 역할을 맡는다.
또 아빌라카마초의 정책이 카르데나스의 '농촌진흥정책'을 포기하
고 '공업진흥정책'을 채택하면서, 다수의 인간 중심의 정책을 폐기
하고 '종자의 생산성 증대'로 방향을 전환하여 녹색혁명의 기술개발
은 본격화된다 —— 예를 들어 카르데나스 시절부터 추진해 오던 무
관개(無灌漑)의 식량자급 부문에 대한 연구는 포기하고 대신 석유
에 기초한 자본집약적 기술개발에 대한 연구가 집중적으로 이루어
지게 된다. 그러나 이렇게 개발된 기술이 적용 가능한 지역은 자연
의 혜택이 풍부하거나 대규모 관개시설의 설치가 가능한 지역으로
한정되었다.

한마디로 멕시코 유형은 녹색혁명을 통해 공업부문 자본가에게
봉사하는 농업체제를 확립하고 '지역농업 진흥'을 좌절시키게 됨으
로써, 반민중적인 반혁명으로서의 녹색혁명의 성격을 그 본질로 하
고 있었다(같은 책, 118쪽).

멕시코에서의 녹색혁명 경험[6]을 토대로, 라틴아메리카의 그 밖의
국가들과 아프리카 동부 및 남부 지역에서도 녹색혁명이 추진되는
데, 이들 라틴아메리카와 아프리카를 대상으로 개발된 밀과 옥수수

---

6) 鶴見宗之介 譯, 1982, 118~57쪽. 이 책의 '기아와 현대화' 부문에서는 녹색혁명
   을 둘러싼 배경과 본질이 자세하게 기술·분석되고 있다.

신품종이 이들 지역에 도입되면서 1943~67년 밀생산은 3배, 옥수수는 2배의 증산을 기록하기도 했다. 그러나 여러 가지 노력과 그 결과에도 불구하고, 식량문제는 만족스러운 목표달성을 이루지 못함으로써 실패라는 평가를 받는다(Conway & Barbier, 1990, Ch. 5 참조). 녹색혁명이 진전되어 감에 따라, 제한된 경지를 둘러싼 지주·부농과 무토지농민 간의 대립이 현실화되기 시작했던 것이다. 구체적으로 제한된 경지가 인간의 기본적 생활을 유지시켜 주는 먹거리의 생산에 사용되어야 하는가, 아니면 수출작물의 재배에 사용되어야 하는가 하는 문제를 놓고 대립되었다.

제2유형: 필리핀을 모델로 한 녹색혁명 유형

제2유형은 1962년 필리핀 로스바뇨스에 국제벼연구소(International Rice Research Institute, IRRI)가 설립되면서 시작된다. 미국과 미국이 주도하는 국제기구에 의한 녹색혁명을 추진하기 위해 록펠러 재단과 포드 재단이 공동 출연하여 설립한 이 연구소에서 IR-8, IR-5, IR-64 등 다수의 다수확 품종이 개발되었으며, 이 다수확 품종들은 1966년에 처음 재배되기 시작하여 70년대부터 본격적으로 보급되기에 이른다. 이 품종들은 인도 남부의 미작지대를 기준으로 볼 때 ha당 수확량이 4~5톤으로, 재래종의 2~3톤보다는 증수되었다. 이때 록펠러 재단의 고문으로서 녹색혁명 추진의 중심적인 정책입안자 가운데 한 사람이자, 『녹색혁명』을 저술하여 녹색혁명 선전에 앞장섰던 레스터 브라운(L. R. Brown)은 그후 록펠러 재단이 설립한 '세계를 감시하는 연구소(World-Watch Institute)' 소장으로서 지금까지도 활약하고 있다.[7]

IRRI의 목표는 "이상적인 조건 아래서 다수확이 가능하고 줄기가 짧으면서도 튼튼하며 비료를 잘 흡수하는 품종을 개발하는 것"이었고, 이런 다수확 품종의 재배는 급속히 확산되었다. 이와 같은 IRRI 주도의 녹색혁명 결과, 아시아 지역에서는 80년대 말을 기준으로 전체 작부면적에 대한 쌀 다수확 품종의 재배면적 비율이 필리핀 77%, 인도네시아 60%, 인도 44%, 방글라데시 15%, 네팔 26%, 파키스탄 50%, 스리랑카 71% 증가했으며, 중국도 1988년 40%에서 1992년에는 58%로 늘어났다. 생산량의 증가는 재배면적의 증가보다 단위면적당 생산량의 증가에 힘입은 바가 더 컸다고 할 수 있는데, 중국의 경우 ha당 생산량이 1949년 1.9톤, 1979년 3.2톤, 1985년에는 5.3톤으로 최고를 기록하면서 과잉생산에 이르렀다. 인도도 1963~85년에 2.1%를 상회하는 2.7%의 곡물생산 증가율을 나타내면서, 쌀생산은 1.6배, 단수(yield) 증가는 1.4배를 기록하고 있다 (1985년 현재 ha당 생산량은 2.2톤). 이처럼 녹색혁명은 다수확 신품종의 재배를 확산시킴으로로써 1978~80년을 기점으로 해서 볼 때, 아시아 국가들에서 대체로 경제적 식량자급을 달성하는 데 지대한 공헌을 한다.

녹색혁명 신품종의 구조적 특징

녹색혁명을 일으킨 다수확 신품종이 가지고 있는 구조적 특성은 다음 몇 가지로 정리할 수 있다.

첫째, 재래종의 경우 주위의 잡초와의 경쟁에서 승리하여 키가 크고 줄기만 크는 경향이 강하고 또 키가 커서 태양열의 혜택을 많이

---

7) George, 1977, pp. 130~32. 田原總一朗(1978, 83쪽)은 IRRI의 한 연구자가 자신과의 인터뷰에서 레스터 브라운의 녹색혁명에 대한 대예찬론은 오해라기보다 '악의적인 선전'이라고 평가했다고 쓰고 있다.

받아 장마나 홍수에도 잘 견디는 편이지만 낟알이 많이 달리면 무거워 쓰러질 가능성이 큰 데 비해 신품종은 짧으면서도 줄기가 튼튼하고 비료를 잘 흡수하는 특성을 지니고 있다. 둘째, 비료에 견디는 능력이 뛰어나고 비료에 대한 반응성이 빠르며 일광을 잘 흡수하여 조숙하고 결실도가 높다. 따라서 관·배수 시설이 잘 관리(충분한 물의 공급)되고 비료(충분한 영양)와 농약을 다량 투입하면 다수확을 거둘 수 있다. 그렇기 때문에 관개시설이 충분히 갖추어져 물관리가 잘되어야 한다. 그래서 아시아의 대부분 국가들은 물론, 세계은행이나 아시아개발은행 등 국제기구도 7, 80년대에 관개시설의 확충을 위해 정책적으로 집중투자를 하면서 관개농지 면적이 급격히 확대된다. 셋째, 다수확 품종은 건조함과 습기에 약해 병충해에 대한 저항력이 떨어진다는 결점을 가지고 있다. 따라서 병충해를 없애기 위해 살충제와 살균제 등을 많이 투입해야 다수확을 올릴 수 있다. 넷째, 탄수화물은 풍부하지만 단백질이 상대적으로 부족한 결점 때문에 단백질 보충을 위한 먹거리 문화, 육식문화·축산장려정책을 초래하게 된다.

요컨대 녹색혁명은 다수확 신품종을 개발하여 소득증대, 빈곤문제 완화, 식량자급과 기아문제를 해결하는 것을 목표로 한 것이었기 때문에 이 다수확 품종의 개발이 핵심적 관건이었다. 그러나 많은 사람들은 이 '다수확 품종'이라는 명칭은 잘못된 것이라고 비판하고 있는데, 그것은 신종자가 특별한 노력이나 희생 없이도 '본래, 저절로' 다수확이 된다는 의미를 은연중에 내포하고 있는 것으로 보이기 때문이다. 신종자의 특성에서 알 수 있듯이, 이 종자는 '고반응 종자(high-response varieties, HRV)'라고 부르는 것이 종자의 본질적 성격을 훨씬 더 잘 나타내주고 있다(鶴見宗之介 譯, 1982, 123쪽).

아무튼 이러한 특성으로 인해 '고반응 종자'의 보급, 관개시설의 확충과 관개농지 면적 확대, 화학비료와 농약의 다량투입이 복합적으로 어우러져 아시아 국가들에서 쌀생산량은 비약적으로 증가되었으며, 이것은 80년대 말까지 지속된다. 그러다가 80년대 말에서 90년대 초 들어서는 어두운 그림자를 드리우기 시작하는데, 이 같은 녹색혁명에 의한 쌀생산 증가율의 저하경향은 단수 증가율의 명백한 저하 때문이다.

녹색혁명이 사회, 경제, 문화, 생태계에 미친 영향

녹색혁명을 가져온 HRV가 사회적으로 어떻게 수용되어 갔고 또 이 과정에서 사회·경제·문화적으로 어떤 영향이 나타났는지를 살펴볼 필요가 있을 것이다.

HRV는 그것이 지닌 특성 때문에 현실적으로 부정적인 측면 또한 많을 수밖에 없었다. 즉 다수확을 이룩하기 위해서는 저개발국에서 생산이 어려운 생산자재의 높은 투입을 요구했을 뿐 아니라 일국 내에서도 조건정비가 되어 있지 않은 지역의 농민들이나 자금력과 기술 혹은 관개설비를 보유하지 못한 계층의 농민들은 이 품종을 쉽게 도입하기 어려웠던 것이다. 그에 비해 대농·지주 등 사적 관개시설을 보유할 수 있는 계층, 비료와 농약 등 근대적 투입자재를 사용할 수 있는 자금력을 가진 계층 그리고 새로운 기술이나 지식 및 정보를 가졌거나 습득할 수 있는 계층은 이 품종의 도입을 선호했다. 이에 따라 HRV를 재배한 지역 혹은 계층과 그렇지 못한 농촌 지역의 빈곤계층 간에 경제적 '격차'가 발생할 수밖에 없었다.

한편 개도국 정부들은 경제적 소득증대와 식량자급률 향상을 위해 정책적으로 HRV를 전농민에게 보급하고 이를 보다 효과적으로 확산시키기 위해 행정력을 동원하여 강제적으로 농가에 보급하거나 HRV(예컨대 통일벼)에 한해서만 수매정책을 실시하여 가격을 유지시키는가 하면, 농업용수를 위한 댐건설 등 관개시설의 정비와 확충을 국가사업으로 채택하여 실시하고, 비료·농약 등 각종 농자재 산업에 대해서도 지원하여 농민들에게 저가로 공급할 수 있게 해나간다.

따라서 녹색혁명은 긍정적 측면의 기여에도 불구하고 사회적 측면에서는 부정적 영향이 많이 나타났다. HRV에 대한 가격지지적 수매정책으로 지주·부농층과 빈농층(소작인·소농·농업노동자) 간에 소득격차가 심화되었고 조건이 불리한 지역과 유리한 지역 간 그리고 도시와 농촌지역 간, 공업과 농업 간의 격차 또한 커졌다. 또 빈부격차가 심해지면서 지주와 부농층에 토지의 집중현상이 가속화되었으며, 빈농층이나 무토지 농민들은 도시로 떠날 수밖에 없었다. 이 같은 이농은 도시에서는 엄청난 문제를 야기하는 한편, 농촌에서는 노동력 부족현상을 초래하여 농작업의 기계화를 촉진하게 되는데, 전통적인 환경친화적 농업은 녹색혁명을 통해 중화학적 농업으로 변모해 갔다.

HRV를 재배하여 녹색혁명을 달성하기 위해서는 다국적 농업관련 기업으로부터 종자·비료·농약·농기계 등 다양한 생산 투입 자재를 공급받아야 하는데다 엄청난 관개시설의 정비와 관리가 필요했으므로, 이를 통해 다국적기업의 농업 침투·지배가 강화되는 길로 들어섰다. 또 녹색혁명에 의한 자본집약적 농업기술의 개발과 농자재 고투입 농업의 정착은 돈이 없으면 농사를 짓기 힘든 상황을 만들어냄으로써 농민들의 금융에 대한 의존도와 농업의 금융 종속성을 심화시켰다. 뿐만 아니라 HRV는 잡종 1대(F1)의 강세를 이용하여 개발한 종자이기 때문에 다수확을 유지하려면, 해마다 이 잡종 1대 종자를 다국적기업으로부터 구입해야만 한다. 결국 녹색혁명은 다국적기업에 대한 종자의 종속까지 심화시켰다.

녹색혁명과 관련해 필리핀은 여러 가지 부정적인 사례를 제공하고 있다. 60년대에 록펠러의 계열회사인 스탠더드 오일 사의 자회사 엑슨(Exxon)은 필리핀에 질소비료 판매 서비스센터를 400여 개 설립하고 작물종자·살충제·농기계 등의 판매사업을 전개했다. 그리고 필리핀 정부는 1973년 IRRI가 개발한 신품종 '마사가나 99(Masagana 99)'를 적극적으로 보급하기 위해 1973~78년에 일명 '마사가나 99 계획'(마사가나는 토착어인 타갈로그어로 '풍요롭다'는 뜻)으로 신용대출계획을 추진했다. 이 계획은 신품종을 재배하고 화학비료와 살충제, 제초제를 동시에 사용할 경우에만 농민들에게 낮은 금리의 융자를 해주는, 정부와 소농 간의 일괄거래 방식의 제도였다(우리나라에서 통일벼 계통에만 수매제도를 적용한 것과 유사함). 이로 인해 녹색혁명의 발상지인 필리핀에서 식량구입이 불가능한 사람들의 대부분은 식량 생산자들이라는 사실이 확인되었고 결국 계획기간 동안에 빈곤퇴치는 실패했다(김종채·공제욱, 1987, 29~50쪽).

인도의 경우 제8차 5개년계획(1990~95)의 결과에 따르면 아직도 빈곤선(poverty line) 이하의 인구가 총인구의 약 50%에 달하고 있다. 남아시아의 경우, 기아의 가능성은 대폭 감소했으나 영양부족·영양실조 인구는 증가하는 추세에 있으며 의식주를 비롯한 '인간의 기본적 필요(basic human needs)'를 충족할 수 없는 빈곤자가 대략 40% 정도에 이른다.

녹색혁명의 농법체계는 단작화·연작화·대규모화를 촉진함으로써 화학비료·농약·제초제의 대량살포와 대규모 관개를 하지 않을 수 없도록 한다. 따라서 이 같은 농법은 지력의 저하, 표토의 유실에 따른 토양의 황폐화를 낳고 물 부족현상을 가져왔다. 잔류

농약은 인체에 직접적으로 악영향을 미치는가 하면 자연 생태질서의 균형과 상생관계를 통한 작물의 생물 다양성을 파괴하기에 이르렀다. 필리핀의 녹색혁명 지대이자 최대의 곡창지대에 있는 라구나 호수는 다량 투입된 화학비료와 농약 그리고 축산·공장 폐수가 흘러들어 오염이 되어 담수어종이 대폭 줄어들고 어획량도 감소했으며, 호수 주변에 있는 경작지의 단위면적당 쌀생산량도 증가하지 않았다. 심지어 일부 전문가들은 호수 자체의 생명력이 21세기까지 지속되지 못할 것이라고 주장하고 있다.

결국 녹색혁명은 자연과학적인 측면에서 식량증산이라는 일정한 긍정적인 성과에도 불구하고 다국적기업의 농업에 대한 영향력을 증대시켰으며, 축산업의 장려로 식생활 습관의 변화 및 효과적인 물관리를 위한 댐건설과 비료·농약의 다량투입으로 농업생태계와 환경파괴를 불러일으켰다. 또한 계층간·지역간·부문간 빈부격차를 확대시키고, 부농층과 지주들에의 농지 집중화 현상은 빈농층의 이농을 급속히 촉진하는 중요한 요인으로 작용했다. 기아와 빈곤 해결, 소득증대를 가져온다던 HRV에 의한 녹색혁명이 오히려 빈부격차를 확대시킨 것이다.

한편 HRV에 대한 가격지지적 수매정책은 농민들로 하여금 소득증대를 위해 다른 작물의 재배를 포기하고 HRV를 재배하게 함으로써 콩·낙화생 등 단백질 작물의 재배면적이 감소되는 결과를 가져왔다. 그리고 단백질이 상대적으로 부족한 HRV의 특성을 보완하고 다수확 곡물의 더 많은 소비를 위해 축산장려정책이 시행되었는데, 축산장려정책은 당연히 사료곡물의 수입을 증가시켰으며, 이 역시 곡물 다국적기업의 활동무대를 새롭게 열어주는 계기가 되었다. 이를 통해 육식문화가 확산된 것은 주지의 사실이다.

이리하여 자연과 조화하고 지역 특성에 맞는 지역 내에서의 물질

순환을 강조해 온 전통적 농사철학과 농법 및 농사관행은 사라지고, 녹색혁명에 의해 새롭게 중화학적 농업이 확립·정착되었다. 이것은 상업적 농업, 시설이용형 농업, 농자재 다량투입형 농업, 환경파괴형 농업, 자본집약적 농업기술의 확산으로 이어졌으며, 이러한 현실을 바탕으로 도시를 쳐다보는 농업으로서 주산단지 농업정책, 규모화 농업정책, 대량 생산·유통의 농업정책이 채택·강화되었다. 녹색혁명으로 빚어진 이러한 현실적 조건 아래에서 농업을 영위하는 한, 농가경제는 '항상적인 농가부채의 구조화'로 귀결되었다. 즉 녹색혁명(Green Revolution)이 '녹색(=환경)농업(Green = Environmental Agriculture, 지속 가능한 농업)'을 파괴했던 것이다.

록펠러와 포드는 왜 국제벼연구소를 설립·지원했는가

IRRI의 한 관계자의 증언에 따르면, 이들에게는 비료산업에 투자해서 돈을 벌겠다는 차원이 아니라 한마디로 "세계를 우리 손에!"라는, 세계 식량생산의 목덜미를 장악한다는 장대한 장기전략이 있었다고 한다.

IRRI 창설 당시만 해도 미국 정부의 정책은 후진국 식량증산에 반드시 찬성하는 것은 아니었다. 그래서 미국국제개발국(ZUSAID)도 처음에는 IRRI에 출자를 하지 않았다(田原總一朗, 1978, 82쪽). 그후 미국 정부가 정책방향을 바꾸어 IRRI에 출자를 하고 일본·캐나다·영국·오스트레일리아·세계은행·AID 등에서도 출자를 하면서, 록펠러와 포드의 출자비율은 매년 예산의 약 20% 이하로 줄어들었다. 현재 IRRI는 세계은행 산하에 있는 CGIAR 내의 CIMMYT 같은 세계의 주요 농업연구소 8개 가운데 하나로 되어 있다.

미국이 '녹색'을 택하게 된 이유는 '적(赤)색'에 대항하기 위해서라고 한다. 과거 미국은 개도국 민중들이 기아문제에 대한 불만 때문에 민족해방운동 조직을 결성하여 '붉은 혁명'을 일으킬 것을 우려하여 무상에 가까운 식량원조를 하는 한편, 아시아를 '붉은 혁명'으로부터 수호하기 위해 미국 지배권의 최전선으로서 그린벨트를 구상하였다.

이렇게 핵우산과 식량우산이라는 2중의 우산으로 아시아를 미국의 진영 속에 묶어둠으로써, 미국은 베트남전쟁으로 인한 달러의 과잉유출을 방지하고 자국의 잉여농산물도 처리하면서 대(對) 아시아 지배비용을 별로 들이지 않고 붉은 혁명의 확산을 저지하는 말 그대로 1석 4조의 전략을 구사할 수 있었다. 레스터 브라운은 "개도국이 스스로의 손으로 식량을 증산하고, 그것을 지도하고 원조하는 것"이 녹색혁명이라고 선전하였지만, 그가 말하는 녹색혁명의 본질은 아시아 개도국의 경제 및 정치 구조를 완전히 장악하여 다국적 기업의 항구적 시장으로 성숙되도록 사육한다는 미국의 원대한 전략에 있었다.

그렇다면 왜 하필 록펠러와 포드인가? IRRI의 관계자에 따르면, 이 두 다국적기업이 IRRI에 투자한 목적은 '석유에 의한 농업의 다각지배' 또는 '석유를 통한 농업의 다중적 지배'를 위해서였다고 한다. 석유문명에 토대를 둔 근대화 농업기술로서의 화학비료, 농약, 농기계, 각종 농자재, 운반 및 동력 등은 선진국 농업을 대상으로 할 경우 시장확대에 한계가 있기 때문에 개도국의 농업기술 개발로 시장을 확대하고자 방향전환을 한 것이다. 농업개발이 진행되면, 당연히 운반을 위한 자동차ㆍ철도, 창고 등 저장시설에서부터 관개시설과 댐 등 대규모의 토목공사와 다양한 가공산업, 생산을 위한 투입재 산업, 유통기구, 그리고 패스트푸드와 같은 소비산업에 이르기까지 새로운 시장이 창출될 것인바 이 시장들을 록펠러와 포드의 기업들이 장악하겠다는 것이다.

농업의 배후에는 석유가 도사리고 있었다. 즉 농업 근대화라는 명분 아래, 석유는 농업의 내부에 강력하고도 깊이 뿌리박을 수 있었다. 결국 농업 근대화는 농업을 석유의 지배하에 포섭하는 것이며, 석유를 지배하는 자(다국적기업)가 실질적으로 농업을 지배하게 된다는 의미를 가지게 되었다. 이 지점에서 미국 정부와 석유 다국적기업의 의견이 멋있게 일치했다. 미국 정부는 개도국의 정치·경제 구조를 옴쭉달싹 못하게 속박할 수 있었고, 다국적기업은 석유를 통제함으로써 항구적인 시장을 확보할 수 있었던 것이다. 이러한 세계지배 모략의 검은 야합, 바로 이것이 녹색혁명의 실체였다.

여기서 진실로 중요한 것은, 개도국 사람들의 눈이 이러한 쪽으로 향하지 않도록 하는 것, 다시 말해 개도국 사람들의 눈을 혼란시키는 것, 이것이 녹색혁명이라는 것이다. 왜냐하면 IRRI 관계자가 강조한 것처럼, 개도국에서의 녹색혁명은 자립경제와는 정면으로 대립되는 것으로서 미국에의 의존도를 더욱더 높이고 미국 정부와 다국적기업의 세계지배 체제 속으로 보다 깊숙이 편입되는 것이었기 때문이다(같은 책, 87쪽).

녹색혁명이란, 한마디로 미국 정부와 다국적기업이 공모한 아시아 재점령 계획이었다. 그리고 이와 같은 미국의 '아시아 재점령 계획'을 넘겨받은 것이 일본의 기업, 특히 종합상사들이었는데, 이들이 중심이 되어 일본의 주도 아래 진행된 것이 동남아시아의 녹색혁명이었다.

농업관련 산업분야 다국적기업의 세계지배 전략과 그 한계

이제 다국적기업은 식량의 생산과 유통을 지배하는 중심 주체가 되었다. 그들은 우선 세계인의 음식문화를 분식과 육식 문화로 바꾸어나갔다. 이를 위해서는 무상원조에 이은 상업차관을 통해 아시아 개도국들에 밀이 수출되고 나아가 소맥과 사료곡물(옥수수 · 콩)의 증산 그리고 축산업의 장려가 촉진된다.

지역별로 주곡 식량을 보면, 인도대륙 서쪽에서부터 유럽 지역은 소맥을 중심으로 한 맥류, 인도대륙 동쪽에서 아시아 지역에 걸쳐서는 쌀, 그리고 아메리카 대륙에서는 옥수수, 아프리카와 동남아시아 일부 국가에서는 잡곡과 근채류가 주식이다. 게다가 미국은 잡종강세 효과(hybrid viger, F1 개발)를 이용하고 있는 데 비해 유럽은 교잡법에 의한 고정종(固定種)의 육종에 주력하여 종자의 특성 개량에 노력했다.

그런데 소맥의 생산성 증대효과는 쌀보다 훨씬 떨어지기 때문에, 식량부족 국가의 경우 식량자급을 위해서는 분식보다 쌀에 의존하는 것이 효과적이다. 중세부터 쌀의 증산효과는 밀보다 훨씬 높을 뿐 아니라,[8] 그후 품종개량과 화학비료의 다량투입으로 밀 수확량이 많이 증대했다고는 해도 쌀에는 미치지 못한다. 1990~92년 현재 ha당 단수 평균을 보면 쌀은 3.6톤, 밀은 2.5톤으로 쌀의 생산성이 여전히 높다. 또 밀의 단백질 함유량은 쌀보다 높지만 체내에 섭취되는 유효 단백질 성분치는 쌀이 소맥보다 2배 높으며, 쌀은 각종 비타민 종류도 풍부하게 함유하고 있다. 때문에 쌀을 주식으로 하는 경우, 소맥을 주식으로 할 때보다 축산물 섭취를 많이 필요로 하지 않는다. 그래서 중세 이래 유럽의 식생활은 빵을 주식으로 하면서 육류와 낙농제품을 보완 섭취하는 방식이었지만, 쌀을 주식으로 하는 아시아 국가들의 식생활은 쌀 이외에 채소와 약간의 물고기나

---

8) 중세에도 밀 한 알을 심어서 5~6알을 수확하면 쌀은 30배에 해당하는 150~180 알을 수확했다고 한다.

가금류만 곁들여지면 충분했다.

강한 생명력을 유지하기 위해서는 에너지가 높은 제1차 생산의 쌀·맥류·잡곡 등을 먹는 것이 바람직하다. 그러나 이 곡물들이 동물의 몸을 통과하여 계란이나 고기·우유로 되면, 에너지는 1/10로 감소한다. 또한 정어리를 먹여 양식한 방어를 회로 먹으면 에너지는 1/100로 감소한다. 따라서 소맥 중심의 식생활을 보완하기 위해 육식 중심의 음식문화를 정착시키려면 1차 사료곡물을 10배나 더 생산해야 한다.

이상과 같이 잡종 교배기술을 이용한 증산 시스템으로서 녹색혁명, 축산혁명이 추진되었으며, 이는 새로운 농법으로서 대량의 물과 관개시설, 비료와 농약의 다량 사용과 농업의 기계화(경지확대와 대규모화)를 초래했다. 거대한 생산능력은 대량생산과 대량유통, 대량소비에 의존하지 않을 수 없다. 그리고 이 거대한 시스템의 중심에는 농업관련 다국적기업이 있었다. 이들 다국적기업의 세계전략은 전세계를 판매시장으로 한 생산(global farm)과 유통·수출(global market)로서 곡물 원조·수출 정책을 통해 선진국과 개발도상국을 연결시키는 등 전세계를 하나의 시장으로 통합해 나갔다(關下稔, 1987, 215~89쪽). 이를 가능하도록 뒷받침한 것이 2차대전 직후의 경제적·군사적 힘을 토대로 확립된 팍스 아메리카나 체제였다.

결국 녹색혁명은 사료곡물의 증산을 통한 축산혁명을 야기했는데, 그 토대는 미국의 신농법인 잡종강세 기술에 의한 증산기술 개발이었다. 그런데 이 잡종강세 기술혁명은 잡종 1대의 우성을 이용한 품종개량으로서, 잡종 1대에 효과가 있는 것은 그 1대째에 한정되기 때문에 계속 다수확을 유지하기 위해서는 생산농민들이 종자회사들[9]로부터 그 종자뿐만 아니라 그 종자에 적합한 비료와 농약

등도 계속 함께 구입해야만 했다. 이러한 메커니즘은 축산에도 적용되었다. 또한 이것은 현재 문제가 되고 있는 유전자 조작 종자의 판매전략과도 동일하다. 따라서 다국적기업은 녹색혁명을 통해 잡종강세의 다수확 종자 및 종축-곡물(소맥)-사료곡물(옥수수·콩)-축산-분식과 육식을 결합한 가공식품·먹거리 문화라는 거대한 세계적 규모의 연쇄시스템을 완성했다.

식량부족 국가들이 쌀 대신 소맥 중심의 먹거리 문화를 정착시켜 가도록 뒷받침해 준 또 다른 요인은, 2차대전 후 소맥의 국제가격이 쌀보다 항상 낮았다는 점이다(小澤健二, 1995, 14~45쪽). 종자와 곡물을 지배하는 자가 세계를 지배하게 되었다. 그리하여 녹색혁명은 세계 속에 미국식 음식문화[10]와 미국식 식량생산 방법을 이식시켰다. 동일한 음식기호와 동일한 식량생산 시스템을 향해 나아가는 세계 각국은 잡종강세 종자, 종축, 소맥, 사료곡물, 경영방법 등을 항상적으로 미국에 의존하지 않을 수 없게 되었다. 이것이 미국을 모국으로 하는 다국적 농업관련 기업의 최대 목표이자 전략이며, 이를 뒷받침하는 것이 팍스 아메리카나 체제의 한 축인 GATT 체제와 그 뒤를 이은 WTO 체제이다.

이와 같이 녹색혁명은 고유한 전통적 먹거리 문화를 서서히 그리고 급속히 변화시켜 가고 있다. 먹거리 문화뿐만 아니라 주거문화도 사라져가고 있다. 한국의 경우, 통일벼의 보급으로 짚의 길이가 짧아 이엉을 이을 수가 없어서 농촌의 전통적 가옥이었던 초가집이 거의 사라졌을 뿐만 아니라 짚을 소재로 한 전통적 농촌문화 또한

---

9) 카길(Cargil), 몬산토(Monsanto), 파이어니어(Pioneer) 등 곡물 및 종자 다국적 기업들.

10) 분식문화와 육식문화가 결합된 것으로서, 이를 전파하는 대표적인 다국적기업은 맥도날드, KFC 등 레스토랑 체인점이다.

거의 자취를 감추었다. 녹색혁명은 농촌지역의 고유한 전통적 문화와 역사를 소멸시켜 가고 있으며, 이농으로 인해 농촌의 지역사회 그 자체의 유지가 문제로 되고 있다.

녹색혁명과 아시아 농업의 특징

아시아 농업의 특징은 공업화의 진전 정도, 녹색혁명의 진행과정, 기후 등에 따라 다양하게 나타나기 때문에 일률적으로 말할 수는 없지만, 공업화 정도와 관련해 말한다면 도시지역과 농촌지역 간에 자원배분을 둘러싼 갈등과 대립을 첫번째 유형으로 들 수 있다.

이 유형에 속하는 국가들은 대체로 외생적 경제발전 전략을 선택하여 공업화 · 도시화 · 선진화를 추구한다. 그래서 농업의 발전보다 공업화와 도시의 발전에 집중적 투자를 하며, 도시지역의 소득 증대는 분식과 육식이 결합된 미국식 음식문화의 확산으로 이어진다. 녹색혁명에 의해 증가된 곡물생산량도 육식문화를 위한 가축용 사료로 사용된다. 이에 따라 고소득 지역의 포식문화와 저소득 지역의 영양부족 인구가 공존하는 동시에, 인간과 가축 간에 곡물분배의 불평등성이 생겨난다.

동남아시아에서도 축산이 농가소득 증대를 위해 장려되고 있는데, 태국의 경우 축산장려로 수로마다 분뇨가 엄청나게 흘러내릴 정도이다. 게다가 무엇보다도 사료의 상당량을 선진국으로부터의 수입에 의존하므로, 태국에서는 이 사료비를 벌기 위해 옥수수 재배가 권장되고 옥수수 재배지를 조성하느라 삼림이 크게 파괴되고 있다. 20년대부터 80년대 중반까지 전국토의 50%를 차지하던 삼림이 지금은 24%로 줄어들었다. 이러한 삼림파괴는 물 부족현상을 초래하고, 결국 쌀생산에 영향을 준다. 또 삼림을 훼손하여 조성된 농지는 지주나 부농에게 집중되어 간다. 태국에서 다국적기업의 세계전략은 이러한 모습으로 나타나고 있다. 이 같은 실상은 비단 태국만이 아니다. 똑같은 사례가 인도네시아, 스리랑카, 방글라데시, 필리핀, 대만 등지에서도 나타나고 있다(한국농어촌사회연구소, 1996; 辻井博, 1995, 106〜29쪽).

두번째 특징은 지주·부농층과 토지가 적거나 없는 농민들 간에 토지를 둘러싼 갈등이 있다는 점이다. 아시아에서는 녹색혁명이 부농이나 지주 등 지배계급을 통해서 수행됨으로써, 지역간·계층간 격차를 더욱 심화시켰다. FAO의 자료에서 21세기 초가 되면 전체 농민의 3/4이 자신의 토지에서 먹고 살 수 없는 상태가 될 것이라고 추정할 정도로, 녹색혁명은 무토지 농민을 증대시켜 왔다. 이렇게 되면 제한된 경작지를 둘러싸고 지주·부농과 무토지 농민 간의 대립은 더욱더 격화될 것이고 농지개혁의 요구 또한 높아질 것이다.

필리핀의 아키노 정권은 최대 과제로 농지개혁을 제시하고 이를 신헌법에 명시하여 1987년 7월 '포괄적 농지개혁계획'을 발표하여 추진했으나, 지주와 부농층 출신이 다수인 국회의 논의과정 등에서 철저히 다루어지지 못함으로써 큰 성과 없이 끝나고 말았을 뿐 아니라, 오히려 수출을 지향하는 농장이나 기업형 농장은 보호를 받는 결과를 가져왔다. 관심을 모았던 아키노의 6천ha 규모의 농장도 개혁에서 제외되어 버렸다. 이런 상황에서 선진국의 농업관계 원조는 오히려 지주나 대농을 지원하는 것으로 변질되어 버렸다.

세번째 특징은 환금성이 높은 작물(cash crop)을 중심으로 한 상업적 수출농업과 생존용 식량농업 간의 갈등구조이다. 거의 모든 아시아 국가들 농업의 가장 큰 특징이라고 할 수 있는 현상이 바로 환금성 높은 상업적 농업의 확산이다. 생존용 식량생산의 억제를 통한 상업적 농업의 확산구조는 녹색혁명이 가져온 커다란 영향 중의 하나이다. 물론 아시아 국가들 가운데서도 상업적 농업은 많이 확산되어 있으면서도 수출농업의 비중이 아직 미약한 국가도 있지만, 기본적인 정책방향은 여전히 수출농업에 두고 있다. 아시아 국가들의 수출농업 품목은 열대농업의 산물 혹은 가공용 원료농산물이 주종을 이룬다.

이처럼 상업적 농업의 확대로 농민들은 환금성 높은 다수확·고소득 작물을 선호하게 되고 또 이것은 비료·농약 같은 농자재의 다량투입을 요구함으로써, 여러 가지 측면에서 심각한 환경파괴를 낳는다. 뿐만 아니라 농업을 전체적으로 '유기적 순환의 위기'로 몰아가면서, 결국은 생존용 식량작물 재배면적의 축소로 나타나게 된다. 이 같은 상업적 농업이 부유한 국가의 식료품을 제공하기 위한 수출농업으로 이어질 경우, 그 부정적 영향은 아시아 국가의 농촌·농민 속에서 더욱 증폭되어 나타난다. 왜냐하면 이런 계획들은 대개 외국 원조와 차관에 의해 이루어지기 때문이다(西川潤, 1993, 165~77쪽).

3. 오도된 신화, 녹색혁명으로부터의 해방

FAO의 아시아태평양지역 사무소장 칸(O. Kan)은, 경종(耕種)농업이든 축산이든 녹색혁명의 모델은 단수 감소와 투입자재 비용의 증가를 초래하고 있으며 1993년 이후 아시아 지역에서도 녹색혁명을 이용한 쌀 경작체계가 감소하고 있다고 말한다. 나아가 아시아 지역에서는 이제 녹색혁명의 한계와 결점에 대한 인식이 확산되고 있음에도 불구하고, 그것이 안고 있는 무수한 문제들을 지적하지 않고 이 지역에서 거둔 성과만 나열하고 있다고 녹색혁명을 비판한다(Khor & Kok, 1996, pp. 64~66). 또 녹색혁명 모델에 의한 기적의 작물이 더 이상 식량증산 요구를 충족시키지 못함에 따라 다국적기업과 원조제공자들은 새로운 기적의 작물을 개발하기 위하여 유전자 조작 기술 등 생명공학 기술에 사로잡혀 있다는 경고도 있다.

GMO 등 유전공학의 이익에 대해서는 지금까지 증명된 것이 없지만, 그것의 실재적·잠재적 위험에 대한 증거들은 계속 나타나고 있다는 사실을 염두에 둘 필요가 있다. 유전공학에 의한 식물의 전이와 변형·조작은 야생식물과 작물의 다양성을 위협하고 생물 다양성 상실을 더욱 가속화시켜 생태계를 파괴할 위험이 있다. 따라서 증산을 위한 만병통치약으로서 새로운 생명공학의 개발에 엄청난 노력을 투입하는 것은 녹색혁명으로부터 얻은 값진 교훈을 헛되이 하는 것이라고 칸은 경고하면서, 지금이야말로 아시아 지역도 생태적·사회적으로 지속 가능한 형태의 농업으로 이행해야 할 시점임을 강조하고 있다.

녹색혁명이 가져다 준 또 다른 교훈은 다음과 같은 사실이다. 광범하게 이용되어 오던 전통적인 여러 가지 재래종자들이 소수의 녹색혁명 종자들로 대체됨으로써 농작물의 생물 다양성이 파괴되고 단작화가 초래되었다. 또한 토질의 척박화, 농지와 수자원의 화학적 오염, 살충제 오염 등이 심각한 상태이며, 특히 살충제·제초제에 대한 면역성 증가로 해충이 만연하고 잡초가 더욱더 극성을 부리고 있다.

녹색혁명으로 인해 발생한, 생태질서와 인체 및 먹거리에 대한 위험들은 이제 더 이상 녹색혁명의 생산시스템이 초래할 수도 있는 불가피한 부작용 정도로 인식되어서는 안 된다. 그리고 이러한 위험들이 특정 지역에서 나타난 사소한 개별적인 사례로서 취급되어서도 안 되며, 그 기술체계 자체가 퇴조하고 있는 징후로 파악되어야 할 것이다. 인간에게 먹거리를 공급하는 생산시스템이 인체나 동물·생태계에 엄청난 위험을 초래하고 있다는 것은 결코 사소한 문제가 아니라는 것이다. 즉 녹색혁명으로 인한 폐해의 발생을 문제삼을 것이 아니라 녹색혁명 그 자체가 문제시되고 있다는 것이다. 따라서 녹색혁명의 기술체계=생산증대의 기술체계, 즉 인체나 동물, 생태계에 '위험'을 공급하는 생산시스템은 물리적으로 그리고 인식론적으로 전환되어야 할 필요성이 강력히 제기된다.

문명사적으로 본다면 20세기 후반의 자본주의 공업문명의 발전은 그 철학적 기반을 요소환원주의 또는 방법론적 개인주의에 기초한 19세기의 과학주의에 두고 있다.[11] 20세기 후반기의 자본주의 공업문명 구조는 인간에게 물질적 편익을 상당히 가져다 주었지만 그 대신 사람·동물·자연생태계의 '생명을 죽이는 문명구조'였다. 이 같은 구조는 농업분야에서도 동일하게 나타났다.

21세기를 시작하면서 환경보전형 농업(sustainable agriculture)을 고려함에 있어서 가장 중요한 것은 인식체계의 전환, 즉 '시스템 전환의 방향성'이라고 하겠다. 따라서 21세기를 향한 시스템 전환의 방향성은 우선 '살리는 문명구조'의 창출이어야 하며, 이를 위해서는 '오도된 신화'=녹색혁명으로부터의 해방에서부터 출발해야 할 것이다. 그럼에도 불구하고 녹색혁명의 생산기술 체계를 개발하고 그것을 보급·확산·정착시켜 온 논리구조와 거의 유사한 방식으로, '제2의 녹색혁명'을 자부하고 있는 GMO 개발이 마찰음을 내면서도 줄기차게 시도되고 있다.

---

11) 富山和子(1974, 44쪽)는 "물이라고 하면 물밖에 보지 않는 무기화(無機化)된 자연관"이라고 하여, 19세기 과학주의적 방법론이 가지고 있는 맹점인 "종합적이고 유기적인 관련성하에서 연구·분석을 하지 않는 방법론"을 비판하고 있다. 그리고 Georgescu-Roegen(1971, p. 13)은 "조합에 의한 신기성(新奇性)의 발생(the emergence of novelty by combination)"을 강조하면서 19세기 과학주의적 방법론을 강하게 비판하고 있다.

순환성의 지속, 다양성의 전개, 관계성의 재생

GMO 문제에 대한 최고의 대안으로서의, 유기농업을 포함한 환경보전형 농업은 순환성의 지속과 다양성의 전개, 관계성의 재생(이 책의「유전자 조작의 철학」참조)이라는 관점에서 재조명되어야 할 것이다. 환경보전형 농업의 개념에 대한 논의는, 1980년 유엔환경계획(UNEP), 국제자연보호연합(IUCN), 세계야생동물기금(WWF)이 공동으로 '지속 가능한 개발'이라는 개념을 제출한 것을 시작으로 UN을 비롯한 각종 국제기관을 중심으로 진행되어 왔다.

환경보전형 농업은 농업 그 자체의 지속 가능성만이 아니라, "농법 차원의 지속 가능성을 보장해 줄 수 있도록 농업과 농촌이 경제적·사회적으로도 지속 가능해야 한다"는 것을 의미한다. 중장기에 걸쳐 조건이 불리한 지역에서 지력이나 생산력이 유지되어도 다른 조건에 의해 지역사회가 붕괴된다면 농업이 붕괴되고 경제·사회적 측면에서도 큰 타격을 받게 된다는 것이다. 특히 환경보전형 농업은 조건이 불리한 지역과 결합되어 이루어져야 한다. 즉 조건이 불리한 중산간지역에 대한 정책은 환경보전형 농업을 중심축으로 해서 추진되어야 이 지역사회의 유지·발전이 가능하다.

따라서 환경보전형 농업이란 '지속 가능한 농업'을 의미한다고 할 수 있다. 원래 농업이란 하늘〔天〕, 땅〔地〕, 사람〔人〕, 이 세 가지 요소가 제 역할과 기능을 제대로 하면서(지속 가능성) 서로 오묘하게 유기적으로 어우러질 때 올바른 농산물을 생산할 수 있는 것이다. 여기서 '제 역할과 기능을 제대로 하게 하는 것'이 환경보전이며 그렇게 되면 지속 가능성이 담보된다고 하겠다. 따라서 지속 가능한 농업이란 이 세 가지 요소들간의 다양성을 보장하는 속에서 순환성을 회복하고 관계성을 재생시키는 것이라고 할 수 있다. 또한 지속 가능한 농업은 경제적으로 지속되는 생산시스템이어야 하며, 이를 토대로 하는 지역사회가 지속 가능해야 함을 의미한다. 따라서 광범하고 다양한 생태적·문화적·역사적·경제적 조건을 고려한 농촌의 '동태적이고 유기적인 발전과정'의 일환이라고 할 수 있다.

여기서 지속 가능성(sustainability)이라는 것은, 첫째 경제적으로 성립 가능한 농업생산 시스템이라는 측면에서의 '경제적 지속성', 둘째 생산물의 질이라는 측면에서 소비자에게 안전한 농산물을 공급하는 '소비자의 소비 지속성', 셋째 농업 이외의 생태계를 포함한 농업생산의 환경이 파괴되지 않고 환경에 대한 부하를 줄이면서 생산력을 높여가는 '생산의 지속성', 넷째 자원(특히 토지자원)의 유한성 측면에서 논농사를 중심으로 하는 지속적 토지이용 시스템의 확립을 통한 '생태적 균형 및 생물상(生物相)의 지속성'을 의미한다. 따라서 당연히 이것들은 지역사회를 토대로 하여 이루어지며, 이상 네 가지의 지속 가능성이 상호 유기적으로 밀접한 관계를 맺으면서 추구될 때 지역사회 자체의 지속 가능성이 보장되는 것을 의미한다.

그렇기 때문에 지속 가능한 농업은 모든 농법이 최소한 '저투입 농업(low-input sustainable agriculture, LISA)'이 되어야 하고 LISA는 '합리적 투입 지속 가능한 농업(reasonable-input sustainable agriculture, RISA)'이 되어야 한다. 요컨대 환경보전형 농업은 하나의 농법 차원(예컨대 유기농업)에 머물러서 그것의 지속 가능성만을 추구하기보다는 "다양한 농법의 지속 가능성을 보장해 줄 수 있도록 농업과 농촌이 지역 차원에서 경제적·사회적으로 지속 가능해야 한다"는 것이다. 따라서 환경보전형 농업은, 앞에서 언급한 바와 같이 "환경에 대한 부하가 큰 시스템에서 보다 작은 시스템"으로, 개별 농법 차원을 뛰어넘어서 지역 내의 합리성에 기초하고 지역 내의 물질순환을 토대로 한 다양한 순환적 농법 차원의 시스템으로, 개인 차원에서 지역 차원으로, 즉 "지역에 토대를 둔 순환적이고 종합적이며 체계적인 전략적 시스템"을 지향하는 것이다. 한마디로 하늘(기후), 땅 그리고 사람이 제각각 혹은 상호 유기적인 관련 속에서 제 역할과 기능을 발휘하도록 하는 '복잡계'라고 할 수 있다. 여기서 무엇보다도 중요한 것은 복잡계의 주체인 사람의 지향성, 다시 말해 이념 또는 철학이다. 어떤 농법을 택하든 사람의 철학, 즉 '시스템 전환의 방향성'이 결여되면 곤란하다.

4. 녹색혁명을 통해 GMO 문제를 본다

생명이란 정상 개방계이며, 살아 있는 계(係)이다(이 책의 「유전자 조작의 철학」 참조). 생태학의 기초는 엔트로피 법칙이다. 엔트로피 법칙은 생명체에서 순환의 중요성을 가르쳐준다. 생명의 순환을 유지하기 위해서는 여분의 물(物) 엔트로피(폐기물)와 열 엔트로피(폐기열)를 생명체 밖으로 버려야 한다. 지구상에 생명의 존재를 보증하는 것은 생물순환과 물순환, 대기순환이 있기 때문이며, 이러한 순환은 '속도와 위치공간'을 필요로 한다.

이 같은 순환을 파괴하는 것이 석유를 에너지원이나 원재료로 사용하는 석유문명이다. 석유문명은 지하자원을 에너지원이나 원재료로 사용하므로 그 결과 발생한 폐기물은 지상에 흩뿌려지게 된다. 그 폐기물을 모두 모아 다시 지하로 보내는 방법이 없기 때문에, 문명이 건설된 지상의 도시와 그 주변에는 회복하기 어려운 오염이 남게 된다. 지상의 도시문명에는 순환은 없고 일방적인 엔트로피 증대만 있을 뿐이다(Georgescu-Roegen, 1976). 대체에너지라고 일컬어지고 있는 원자력 역시 석유문명에 토대를 둔 것이며, GMO를 포함한 생명공학(이 책의 「유전자 조작의 철학」 각주 3) 참조)도 그 에너지원은 석유이다.

녹색혁명은 석유에 토대를 둔 문명이다. 석유는 녹색혁명을 통해 농업도 점령했다. 동력·비료·농약·제초제·동물약품·비닐·PVC자재·포장재 등 석유가 없다면 대부분의 농산물은 구하기가 어렵다. 때문에 기본적으로 생물순환과 물순환을 왜곡시키고 파괴시킬 수밖에 없는 석유문명에 토대를 둔 녹색혁명은 그 결과적 영향을 20~30년 후에 현상적으로 드러내고 있는 것이다. 녹색혁명은 유전자 조작은 하지 않고, 잡종 1대의 강세를 이용한 신품종의 개발이었는데도 사회·경제·문화적으로 갖가지 엄청난 부작용을 초래하고 있다.

안정적 생물순환 구조를 가지고 있지 않은 유전자 조작된 새로운 생명체들은 그것을 중심으로 한 생물순환과 물순환이 앞으로 어떻게 이루어질 것인지 아직 아무도 모른다. 더욱이 GMO를 중심으로 한 생물순환과 물순환이 재앙으로 나타날 경우, 엔트로피 법칙에 따르면 역사나 생명활동의 불가역성 또는 재귀 불가능성이 있기 때문에 그 재앙을 다시 현재의 순환으로 되돌릴 수는 없다(Georgescu-Roegen 1971, 'Appendix G' 참조). 제초제 및 농약에 내성을 가지도록 유전자 조작된 농작물의 재배를 위한 외부조건은 강력한 제초제를 친다든지 강력한 농약을 살포하도록 되어 있기 때문에, 녹색혁명에 있어서의 외부조건과 전혀 변함이 없으며 따라서 석유문명에 기초하고 있다는 점에서 공통적이다. 결국 GMO의 외부 순환은 석유문명에 기초한 녹색혁명과 동일한 토대 위에 있기 때문에, 생물순환과 물순환을 파괴하고 있을 뿐만 아니라 내부의 생물순환도 유전자 조작에 의해 그 안정성이 전혀 보장되고 있지 않다는 것이 GMO의 자연과학적 본질이라고 할 수 있다.

생명체에 대한 물질특허를 가진 종자 다국적기업이 지적 소유권이라는 독점적 지위와 시장기구를 활용해서 GMO 상품을 판매하는 전략 역시 녹색혁명의 그것과 대동소이하다. 예를 들어 이윤 극대화를 위해 제초제와 유전자 조작 콩을 한 세트로 판매하고 있는 것이 대표적인 사례이다. 또한 많은 사람들은 녹색혁명을 기술혁신이라고 보고 있는바, 훌륭한 과학기술 혁명인 녹색혁명은 사회문제를 잘 해결해 갈 것으로 기대하고 있다. 과학기술에 대한 환상(追田敦, 1993; 1994, 특히 제6장 이하 참조)은 GMO에 대해서도 동일한 기대를 가지게 한다. 이와 같이 GMO 문제는 실패한 녹색혁명에서 추구했던 것과 같은 명분을 다시 내걸고 다국적기업들이 새롭게 추구하는 사적 이윤 증대전략이라는 면에서는 녹색혁명과 유사하지만, GMO가 초래할 사회·경제·문화·생태 및 생명에 대한 영향은 녹색혁명과 비교가 안 되는 가공할 만한 수준이라고 할 수 있다.

GMO는 시장에서 거래되는 상품이다. '시장'은 안전성을 보장하지 않는다. 더욱이 생명은 시장에 의해 보장되지 않는다는 사실을 반드시 명심해야 할 것이다.

"농업은 문화다." 그런데 GMO를 생산하는 다국적기업은 문화를 유전자 조작하고 있다. 녹색혁명이 '무기(無機)의 자연관'에 기초한 장기간의 시행착오의 과정이었던 것처럼, GMO 역시 그럴 것이다. 그러나 녹색혁명의 결과는 실패였다. 녹색혁명의 추진에는 '지역농업론'(권영근, 1996; 宇野重昭·鶴見和子, 1994; 鶴見和子·新崎盛暉 編, 1990; 鶴見和子, 1996)적인 관점이 결여된 채, 다국적기업이 전세계에 공통적으로 재배할 수 있는 공산품처럼 규격화된 상품으로 종자를 만들어서 판매하려는 관점과 그 종자에 적합한 석유소비에 기초한 농자재를 판매하려는 관점만 있었다. 따라서 그 종자가 재배되는 지역의 기후와 풍토 및 토양조건, 그중에서도 토양조건이 무시된 채 개발되었기 때문에 엄청난 부작용을 가져왔다. GMO도 이 점에서 똑같다고 하겠다. 따라서 GMO도 연속되는 시행착오 과정에서 엄청난 부작용을 불러일으킬 것이다. 이를 방지하기 위해서 기후·풍토·토양조건이 다른 각각의 지역의 특성에 적합한 유전자 조작 종자를 개발해서 보급하려면, 채산성이 맞지 않아 다국적기업은 포기해야 할 것이다.

녹색혁명의 HRV를 개발한 과학방법론도 지역농업론적인 방법론이 아니기 때문에 문제이며, GMO도 역시 동일하다. 요컨대 녹색혁명을 위한 신품종 개발이나 GMO의 개발은 철학적 방법론의 토대가 동일하다는 것이다. 석유에 토대를 둔 문명에서 과학기술이란 석유를 사용하는 기술이라는 점을 인정할 필요가 있다. 결국 과학기술이란 석유가 가지는 능력의 범위 내에서는 무엇이든지 가능하지만, 석유가 갖는 능력을 뛰어넘어서는 아무것도 할 수 없다. 이는 기술이라는 것이 대상물에 이미 존재하는 능력을 초월해서는 발휘될 수 없기 때문이다.

여기서 문제는, GMO를 개발하는 현재의 방식이 기계적 세계관과 19세기의 과학주의적 방법론(요소환원주의 또는 방법론적 개인주의) 그리고 무기화(無機化)된 자연관에 토대를 둔 과학기술에 무한한 신뢰를 보내는, 과학기술 신앙이라는 종교로 되고 있다는 점이라고 하겠다. 농산물 생산량 증대를 위한 방법은 여러 가지가 있다. 윤작·혼작·간작 등 종자를 심는 방법 개량, 농지 경운 방법, 식물보호의 방법, 농지에서의 제초방법의 개선, 토양구조의 개량, 재래종 종자의 개량 등등 여러 가지가 있으나, 녹색혁명에서는 태양과 물 그리고 석유에 기초한 화학비료를 보다 교묘히 이용하고 병충해의 만연에 저항할 수 있는 HRV에만 의존해서 수확증대를 실

현시키려고 했다. 이와 같은 방식은 예컨대 GMO가 제초제 내성에
만 초점을 맞추어 개발되는 것과 똑같은 것이다.

과학적 기술개발이라는 미명 아래 인간의 손에 의해 자연이 일단
조작되면, 자연의 중립성은 상실되어 버린다. 녹색혁명의 신품종
개발이든 GMO의 개발이든 이것들이 사회적 진보에 기여하는 바가
있다고 한다면, 이를 전면적으로 규정하는 것은 누가 그것을 개발
하고 또 누가 그것을 지배하는가 하는 사실에 달려 있다고 하겠다
(鶴見宗之介 譯, 1982, 127쪽).

참고문헌

권영근 (1996), 『'지역농업' 발전을 위한 농협의 역할에 관한 연구』, 농업협동조합
　　　중앙회.
　　　(1997), 「지방자치단체, 농협, 유관기관의 지역농업 개발전략」, 전북농협지
　　　역본부 주최 지역농업개발 세미나 기조발제 논문.
　　　(1999), 「'지역농업론'의 실천방향」, 사단법인한살림 생산자연수회 자료집.
김종채 · 공제욱 (1987), 「필리핀의 사회구성과 계급구조」, 공제욱 외, 『필리핀 2월
　　　혁명』, 민중사.
대외경제정책연구원 (1996), 『말레이시아 편람』.
박진환 (1993), 『국제 쌀시장의 성격에 관한 연구』, 농협대학.
최윤희 옮김 (1981), 『세계의 곡물재벌들』, 시인사. (Dan Morgan, *Merchants of
　　　Grain*.)
한국농어촌사회연구소 (1996), 『지속 가능한 농업발전을 위한 아시아 4개국 환경농
　　　업 민간단체 연합심포지엄 자료집』.
關下稔 (1987), 「多國籍アグリビジネスの世界戰略と途上國」, 本山美彦, 『南北問題
　　　の今日』, 同文館.
久宗高 外 (1993), 『環境保全型農業と世界の經濟』, 農山漁村文化協會.
宮本憲一 (1991), 『環境經濟學』, 岩波書店.
農林水産省 農業環境技術研究所 編 (1995), 『農林水産業と環境保全 ──持續的發展

を目指して』, 養賢堂.

大內力・佐伯尙美 編 (1995), 『搖れ動く世界の米需給』, 家の光協會.

大野辰美 (1983), 『種子戰爭が始まっている』, 東洋經濟新報社.

本山美彦 (1987), 『南北問題の今日』, 同文館.

______ (1990), 『環境破壞と國際經濟』, 有斐閣.

富山和子 (1974), 『水と綠と土』中公新書 348, 中央公論社.

寺西俊一 (1992), 『地球環境問題の政治經濟學』, 東洋經濟新報社.

山下惣一 (1986), 『土と日本人』, 日本放送出版協會.

西川潤 (1993), 「發展途上國の食料・人口問題と農業開發」, 『環境保全型農業と世界
　　の經濟』, 農文協.

小浜裕久・柳原透 (1995), 『東アジアの構造調整』, 日本貿易振興會.

小澤健二 (1995), 「世界の米 —— 薄く不安定な國際市場」, 大內力・佐伯尙美 編, 『搖
　　れ動く世界の米需給』, 家の光協會.

手塚眞 (1988), 『米國農業政策形成の周邊』, 御茶の水書房.

岩田進午 (1988), 「現代資本主義と農業技術革新 —— エネルギー消費型農業が土に
　　もたらすもの」, 『經濟』, 3月號.

宇野重昭・鶴見和子 (1994), 『內發的發展と外向型發展 —— 現代中國における交錯』,
　　東京大學出版會.

「赤旗」取材班 編 (1983), 『食糧危機の時代』, 新日本出版社.

田原總一朗 (1978), 『穀物マフィア戰爭』, 實業之日本社.

井野隆一 (1988), 「多國籍アグリビジネスの支配と戰略」, 『經濟』, 3月號.

芝山水次郎 (1995), 「持續型 農業と雜草管理」, 農林水産省 農業環境技術研究所 編,
　　『農林水産業と環境保全 —— 持續的發展を目指して』, 養賢堂.

辻井博 (1995), 「タイの米 —— 自給的米輸出大國の選擇肢」, 大內力・佐伯尙美 編,
　　『搖れ動く世界の米需給』, 家の光協會.

追田敦 (1993), 『資源物理學 入門』, 日本放送出版協會.

______ (1994), 『エントロピーとエコロジー』, ダイヤモンド社.

八木宏典 (1992), 『カリフォルニアの米産業』, 東京大學出版部.

鶴見宗之介 譯 (1982), 『食糧第一』, 三一書房. (Lappe, F. M. & J. Collins, *Food
　　First: Beyond the Myth of Scarcity*, Ballantine, 1979.)

鶴見和子 (1996), 『內發的發展論の展開』, 筑摩書房.

鶴見和子・新崎盛暉 編 (1990), 『地域主義からの出發』玉野井芳郎 著作集 第3卷,
　　學陽書房.

黑木壽時 譯 (1981), 『武器としての食糧』, TBSブリタニカ. (Garreau, Gěrard, L'Agrobusiness, Calmann-Lěvy, 1977.)

Conway, G. & E. Barbier (1990), *After the Green Revolution: Sustainable Agriculture for Development*, London: Earthscan Publication Ltd.

George, S. (1977), *How the Other Half Dies: The Real Reasons for World Hunger*, Pelican Books. (小南祐一郎 外 譯, 『なぜ世界の半分が飢えるのか』, 朝日新聞社, 1980. 편집부 옮김, 『세계식량위기의 구조』, 동녘, 1982.)

Georgescu-Roegen, N. (1971), *The Entropy Law and the Economic Process*, Cambridge, MA: Harvard University Press.

_______ (1976), *Energy and Economic Myths: Institutional and Analytical Economic Essays*, NY: Pergamon Press Ins..

Khor, M. & Peng Kok (1996), "The Knowledge We Need Is There for the Asking," *Ceres*, 1/2, FAO. (「농업개발원조에 대한 비판적 재검토와 새로운 방향설정」, 『국제식량농업』 제401호.)

OECD (1979), *The Impact of the NICs on Production in Manufacture*.

Parsons, T. (1961), "An Outline of the Social System," T. Parsons, et al., eds., *Theories of Society*, the Free Press.

Rifkin, J. (1980), *Entropy: A New World View*, NY: The Viking Press. (김명자 · 김건 옮김, 『엔트로피』, 동아출판사, 1995.)

생명공학과 농업문제[*]

박민선

1. 머리말

생명공학(biotechnology)과 관련된 기술개발이 활발히 이루어지면서, 생명공학은 21세기에 가장 큰 부가가치를 낳을 산업으로 평가되고 있다. 이러한 고부가가치 산업에서 우위를 차지하기 위해 초국적 의약품기업이나 농화학기업들은 유전공학 부문에 막대한 투자를 하는가 하면, 벤처기업의 이 분야에 대한 진출도 활발한 것으로 알려지고 있다. 특히 농업분야에서는 생명공학을 적용한 농산물이 시판되고 있을 뿐만 아니라 우리나라에도 유전자 조작 콩과 옥수수가 수입되면서 시민단체들을 중심으로 유전자 변형 농산물 반대운동과 표시제에 대한 많은 관심이 고조되고 있다.

농업 생명공학을 둘러싼 논의는 주로 유전공학과 관련된 식품의

---

*『농민과사회』(1998년 겨울)와 『농촌사회』(제9집, 1999)에 실린 글을 재수록했음.

안전성 문제와 이것이 환경에 미치게 될 영향에 관한 것이 중심이 되고 있다(유네스코한국위원회, 1998). 그러나 유전공학이 미치게 될 영향은 결코 식품의 안전성 문제와 환경문제에만 한정되지 않을 것으로 전망된다. 생명공학은 앞으로 농업과 농민·농촌의 구조를 근본적으로 바꿀 것으로 보인다. 특히 생명공학은 다국적 거대기업에 의해 주도됨으로써 비단 농업의 기술적 문제뿐만 아니라, 유전공학을 둘러싸고 다국적기업과 생산농민의 관계, 유전자와 같은 유전자원에 대한 생산농민의 권리와 다국적기업의 지적 소유권을 둘러싼 갈등, 그리고 생명공학을 통해 식량문제를 해결하겠다는 선진국의 논리와 식량수입국 간의 갈등과 같은 첨예한 문제를 안고 있다.

이 글에서는 농업 생명공학에 한정하여 농업 생명공학이 농업과 농촌에 미칠 영향을 중심으로 살펴보도록 하겠다. 특히 이 글에서는 농업에 대한 자본의 지배라는 관점에서 다국적 농(農)관련 기업의 농업 생명공학에 대한 진출을 살펴보고자 한다. 그 이유는, 이미 생명공학이 다국적 대기업에 의해 주도되고 있을 뿐만 아니라, 이것이 앞으로의 생명공학 개발방향을 조건짓는 데 결정적인 영향을 미칠 수밖에 없기 때문이다.

이러한 관점에서 이 글에서는 첫째로 농업 생명공학의 개발현황과 그 보급현황을 간략히 살펴보고, 둘째로 다국적 농관련 기업의 생명공학에 대한 진출현황과 그것이 농민층의 분화와 농업에 미치게 될 영향을 살펴보기로 한다. 그리고 마지막으로, 생명공학을 매개로 한 전세계의 식량과 유전적 자원에 대한 다국적기업의 지배현황에 대해 살펴보기로 한다.

2. 농업 생명공학의 현황

농업 생명공학의 개발

생명공학은 살아 있는 동물과 식물 그리고 미생물을 활용하는 기술을 의미한다. 인류는 오랜 세월 미생물을 활용한 기술을 발전시켜 왔지만, 최근의 생명공학은 세포생물학이나 분자생물학·유전공학의 발전에 힘입어 유전자를 변형하거나 재조합하는 기술(rDNA)이 핵심을 이루고 있다. 유전자 변형·재조합 기술은 유전자의 기능과 속성을 밝혀서 바람직한 형질을 가진 유전자를 찾아내고 그 유전자를 다양한 방법으로 동·식물과 미생물에 주입하여 유전자를 변형하는 기술이다. 이러한 기술을 통해 전통적인 육종법 ─ 암수의 교배를 통해 여러 세대에 걸쳐 바람직한 형질을 개량한다 ─ 에서는 얻기 어렵거나 종간의 경계 때문에 불가능했던 새로운 생물까지도 만들어내고 있다. 또한 유전자 복제(clonning) 기술이 발전함으로써 동일한 유전자를 가진 생물을 무제한 만들 수 있게 되었다.

세포배양이나 조직배양의 방법 역시 농산물 가공분야에 획기적인 영향을 미칠 것으로 예상된다. 지금까지는 식물로부터 특정 성분을 얻기 위해서 식물을 재배·가공하여 그 특정 성분을 추출하는 방법을 사용하였다. 그러나 단일세포로부터 전체 식물을 재생할 수 있는 조직배양 기술을 활용해서 실험실 안에서 특정의 성분을 단기간 내에 대량생산하는 것이 가능해졌다. 이것은 농업생산을 들판에서 실험실로 옮겨온 것이라고 평가되고 있는데, 예를 들어 바닐라콩에서 채취하던 바닐라향이 조직배양의 방식을 통해 대량생산되는가 하면 가공식품에 단맛을 내기 위해 설탕 대신 옥수수 같은 값싼 원료의 전분으로 만든 과당을 만들어낸다. 이처럼 조직배양은 식물의 생산과정에 의존하지 않고 실험실에서 특정 성분을 배양하기도 하고 값비싼 원료를 값싼 원료로 대체하는 식물들간의 대체성을 높이는 데 활용되고 있다. 이러한 기술은 특히 값비싼 의약품의 원료나 향료·향·염색제 등을 얻는 데 사용될 것으로 예상된다.

식물분야에서 이루어지고 있는 생명공학은 크게 두 가지 측면으로 구분할 수 있다. 하나는, 해충이나 바이러스에 저항력을 가진 종자나 특정 제초제에 내성을 가진 종자의 개발과 같이 최종 생산물의 특성은 그대로 유지하면서 외관상으로는 기존의 품종과 차이를 보이지 않는 생산량 측면에 초점을 둔 기술이다. 또 하나는 식물의 영양가치를 변형하거나 가공을 용이하게 한다거나 혹은 식품의 저장·진열 기간을 연장하는 등 최종 생산물의 특성을 변형하는 데 초점을 두는 기술이다. 전자는 1세대 생명공학으로, 후자는 2세대 생명공학으로 부르기도 한다(Riley, et al., 1998). 아직까지는 1세대 생명공학의 개발이 활발하였으나 앞으로는 2세대 생명공학의 개발도 활발할 것으로 예상된다.

구체적으로, 동물 생명공학 분야에서는 우유의 생산량을 늘리기 위해 유전공학적으로 만들어진 성장호르몬이 미국에서 상품화되기 시작하였으며, 동물의 질병을 진단하고 치료할 목적의 각종 백신이 개발되었고, 복제기술을 포함한 가축의 재생산(임신과 출산)과 관련된 기술도 개발되고 있다. 특히 동물 생명공학은 인슐린·백신 같은 의약용 단백질 생산이나 사람의 유전자를 주입하여 장기이식에 쓰일 장기의 생산 같은 의학이나 약학 분야에서 더욱 활발하다. 이처럼 생명공학 개발의 초기에는 동물 생명공학의 성장이 식물분야보다 빠를 것으로 예상했지만, 식물 생명공학의 개발과 보급 또한 예상외로 빠르게 확산되고 있다(OTA, 1989).

우리나라에서는 생명공학을 활용한 농산물 가운데 아직 상품화
된 것은 없으나, 쌀에 대한 연구가 진행되고 있으며 담배와 딸기와
같은 원예작물에 대한 연구가 진행중이다.

유전자 조작 농산물의 재배현황

1994년 유전자 조작에 의해 과숙을 방지함으로써 상품 진열기간
을 연장시킨 무르지 않는 토마토 플라브르 사브르(Flavr Savr)의 상
업화가 허용된 이후로, 생명공학을 활용한 농산물 재배가 빠르게
확산되고 있다. 정확한 규모를 파악하기는 어렵지만, 재배면적이
1995년 120만ha에서 1996년에는 280만ha로 늘어난 데 이어 1997
년에는 1,280만ha에 이르는 것으로 알려지고 있다(James, 1998). 그
리고 1998년에는 유전자 조작 농산물의 재배면적이 3천만ha에 이
르는 것으로 추산되어 증가속도가 매우 빠른 것으로 나타났다(Riley,
et al., 1998).[1]

1997년 식부(植付)면적을 기준으로 보면 작물별로는 대두가 가
장 많고 옥수수, 담배, 면화의 순이다. 종자 특성별로는, 제초제 저
항성을 가진 품종이 690만ha로 전체 식부면적의 53.9%를 차지하며
해충에 저항성을 가진 품종이 400만ha, 바이러스 저항 품종이 180

---

1) 한 자료에 따르면 유전자 변형 농산물의 전세계 식부면적은 1997년 1,100만ha에
   서 1998년 2,780만ha로 증가하였다. 이중 미국이 2,050ha로 전세계 식부면적의
   74%, 아르헨티나가 430만ha로 15% 그리고 캐나다가 280만ha로 10%를 차지한
   다. 품목별로 보면 대두가 52%, 옥수수가 30%에 이르며 면화와 카놀라가 각각
   9%로 3위를 차지하고 있다. 특성별로 보면 1997년 가장 많은 비중을 차지했던
   제초제 저항성 작물이 63%에서 1998년에는 71%로 증가했으며, 해충 저항성 작
   물은 36%에서 28%로 축소되었다. 또한 제초제와 해충에 동시에 저항성을 가진
   작물은 1997년 0.1%에서 1998년 1%로 증가하였다(James, 1999).

만ha에 이른다. 그리고 국가별로 보면 미국이 63.2%인 810만ha로 가장 많고 중국, 아르헨티나, 캐나다의 순으로 나타나고 있다. 이처럼 유전자 조작 농산물은 주로 미국을 중심으로 빠르게 확산되고 있으며 대두·옥수수·담배·면화처럼, 미국이 국제경쟁력을 가진 품목에 집중되어 있다.[2] 미국에서 이처럼 빠르게 유전자 조작 농산물이 확산되고 있는 것은 기술적으로도 앞서 있을 뿐 아니라 상대적으로 규제가 약하다는 이유 때문이다.

미국 내 재배상황을 보면(같은 책), 대두는 몬산토 사가 개발한 제초제인 '글리포세이트(상품명 라운드업)'에 저항성을 가진 콩만 1997년 367만ha, 1998년 816만ha에 식부하여 미국 전체 콩 재배면적의 30%를 차지한 것으로 추정되며, 2000년에는 전체 콩 식부면적의 50%를 이 종자가 차지할 것으로 보고 있다. 한편 옥수수좀벌레의 피해를 막기 위해 개발된 Bt 옥수수[3]는 1997년에는 200만ha에 불과했지만, 1998년에는 미국 전체 옥수수 재배면적의 약 20%에 달하는 610만~730만ha에 달할 것이라고 보고 있다. 면화의 경우, 1997년 미국 면화 재배면적의 25%인 약 140만ha가 유전자 조작 면화를 심었다.[4]

이처럼 유전자 조작 농산물이 빠르게 확산되고 있는 이유로는, 우선 유전자 조작 농산물이 대형 농기계나 자동화 설비 등과 같이 고정자본의 투자를 요하지 않는 점을 들 수 있다. 생명공학은 농민에

---

2) FAO에 따르면, 1996년 미국이 전세계 대두 생산량의 46%를 차지하고 있으며, 옥수수는 36%를 차지하고 있다.

3) Bt 옥수수는 특정 곤충류만 죽이는 단백질을 생산하는 바실루스 수링기엔시스 (Bacillus thringiensis)라는 토양박테리아에서 추출한 유전자를 주입하여 병해충에 저항성을 가지도록 개발한 품종이다.

4) 이 글에 따르면, 미 농무성은 공식적으로 식부면적을 집계하지 않고 관련업계를 통해 수집한 추정치를 발표한다.

게는 상대적으로 규모중립적인 기술이므로(Molnar and Kinnucan, 1989), 소규모 농가들도 손쉽게 도입할 수 있다. 그리고 설사 종자구입에 많은 비용을 투입한다 해도 다른 생산요소 투입비용을 절감할 수 있기 때문에, 농민들은 유전공학적으로 개발된 종자를 선호한다. 예를 들어 콩을 재배한다면 종래에는 여러 종류의 제초제를 여러 번 뿌려야 했지만, 몬산토의 제초제 저항성 콩을 심을 경우 몬산토의 제초제를 한 번만 뿌리는 것으로 제초문제를 해결할 수 있다. 이렇게 해서 지역 혹은 영농방식에 따라 대략 10~40%의 농약비용을 절감하는 것으로 나타났다(Riley, et al., 1998). 그리고 해충에 저항성을 가진 면화의 경우는 ha당 140~280달러의 살충제 절감효과를 가진 것으로 나타나고 있다(James, 1998; 유장렬, 1998).

〈표 1〉 유전자 조작 농산물의 식부면적

(면적 단위: 만ha)

작물	1996			1997			증가율 (%)
	면적	비율(%)	순위	면적	비율(%)	순위	
대두	50	18	3	510	40	1	1,020
옥수수	30	10	4	320	25	2	1,066
담배	100	35	1	160	13	3	160
면화	80	27	2	140	11	4	175
유지작물	10	5	5	120	10	5	1,200
토마토	10	4	6	10	1	6	109

* 자료: 『농민신문』, 1998. 9. 2.

다국적기업의 농업 생명공학 진출

생명공학 연구에는 주로 대학의 전문 연구인력이 창업한 벤처기업과 대학 연구기관, 그리고 다국적 대기업이 참여하고 있는데 주로 농관련 화학기업이나 식품가공 · 제약 기업이 중심이 되고 있다. 생명공학 연구는 사기업을 중심으로 이루어지고 있으며[5] 다른 기술에 비해 조기 상업화된 기술로 평가되고 있다(Buttel, 1989). 최근 (농)화학기업이나 제약기업이 생명공학에 진출하는 것은 생명공학의 엄청난 부가가치를 인식한 것 때문이기도 하지만, 생명공학을 계기로 업종간의 기술적 경계가 크게 무너져버리게 된 것도 하나의 이유이다. 대기업의 참여방법은 벤처기업에 대한 투자, 합작투자, 연구 파트너십의 형성, 대학 연구기금에 대한 지원 등을 통해서 벤처기업이나 대학의 연구를 통제하는 방식을 취하거나, 기업 내부의 연구개발 부문에 대한 직접투자의 방식을 취하기도 한다. 사실 선도적이거나 작은 규모의 생명공학 기업이라 할지라도 그 범위와 영향력 면에서는 다국적기업과의 연계를 통해 전지구적이다(Goodman and Redcliff, 1991).[6]

대학연구도 사기업의 자금지원에 크게 의존하고 있는데, 자금을 지원한 기업에 대해 독점적 특허 제공, 연구결과의 사전승인, 연구결과 발표의 지연 등과 같은 여러 조건들을 수용하게 되어 결국 사기업의 통제로부터 결코 자유롭지 못하다. 또한 대학연구자가 기업의 연구자문직을 받아들이거나 주식보유와 같은 형태로 기업은 대학과 밀접한 연계를 맺고 있다(Kloppenburg, 1988; Lacy and Busch, 1989).

다국적 농화학기업은 생명공학에 진출하면서 유전자 조작을 최종적으로 제품화하는 데 필요한 종자회사를 활발하게 인수 · 합병

---

5) 한 연구에 따르면 생명공학 연구의 75%는 사기업에 의해 주도되고 있다.
6) 예를 들어 미국의 선도적 바이오테크 기업인 지넨테크(Genentech)는 로시 · 몬산토 · 코닝 · 휴렛 패커드 · 플로어 코퍼레이센 · 볼보 같은 다른 업종의 다국적 기업들과 지속적으로 연계를 맺고 있다(Kloppenburg, 1988).

하는 데 주력하였다.[7] 종자회사의 합병은 그 기업이 보유하고 있는
육종능력과 유통판매망을 활용하고 또 그간 축적해 온 유전적 자원
을 인수한다는 점에서도 중요하다.[8] 한편 종자회사는 생명공학에
투자되는 막대한 연구·개발 자금이나 포장실험과 특허를 얻는 데
투자해야 하는 많은 시간과 자금 등의 어려움을 해결하기 위해 자
본력이 우세한 다국적기업과의 합병을 받아들이는 형편이다. 최근
들어 전세계적으로 다양한 업종의 기업들이 생명공학과 관련된 인
수·합병을 둘러싸고 더욱 치열한 경쟁을 벌이고 있다.[9]

생명공학이 사기업, 특히 농화학기업과 식품가공기업에 의해 주
도되고 있다는 것은 농업 생명공학의 개발방향을 결정하는 데 중요
한 변수로 작용한다. 이들 사기업의 연구개발 초점은 상품화 가능
성과 기업의 이윤 가능성이기 때문이다. 그 단적인 예로, 지금까지
생명공학 연구가 가장 활발하게 이루어진 분야가 제초제 내성을 가

---

7) Kenney, et al.(1983)은 60년대 중반부터 80년대 초까지 전세계적으로 화학·제
   약·석유 기업이 120여 개의 종자회사를 인수했다고 쓰고 있다.

8) 예를 들어 미국 최대 종자생산업체인 파이어니어 하이브리드는 미국 녹색혁명을
   주도한 교배종 옥수수 개발을 계기로 성장한 기업인데, 전세계 90여 개국에 종자
   를 판매하고 있으며 9개국에 연구센터를 두고 있다. 종자회사들이 거의 대부분
   다국적기업에 합병되었음에도 불구하고, 이 회사는 유일하게 독립을 유지하고
   있는 회사였다(Kloppenburg, 1988). 그러나 1988년 듀퐁은 이 회사와의 합작회
   사에 17억 달러를 투자함으로써(『중앙일보』, 1998. 5. 31), 파이어니어 사가 가
   지고 있는 전세계의 판매망과 그 연구센터가 보유하고 있는 각종 유전적 자원에
   접근할 수 있게 되었다.

9) 생명과학 기업들은 생명공학의 막대한 잠재력을 이용하기 위해 혈안이 되어, 연
   구개발과 라이선스 협약에 막대한 연구비를 쏟아붓고 있다. 근래 기업 내 생명공
   학 프로그램에 대한 투자규모가 연간 약 75억 달러에 이르고 있다. 또 전세계적
   규모의 의·약학 기업들은 1995년에 생명공학 기업을 매입하는 데 35억 달러를
   썼다. 이런 노골적인 인수 외에도 이들 생명과학 거대기업들이 1995년 생명공학
   기업과의 라이선스 협약 체결에 투입한 자금도 약 16억 달러에 이른다(Rifkin,
   1998).

진 종자의 개발이었다는 점을 들 수 있다. 지금까지 25개 이상의 농화학기업이 이 제품 개발에 뛰어들었으며 대표적 기업으로 몬산토, 시바-가이기,[10] 듀퐁, 스터퍼 캐미칼 등을 들 수 있는데, 이 가운데 몬산토는 이미 지적한 자사의 제초제인 라운드업에 내성을 가진 콩을 개발하였고 시바-가이기는 자사의 애트라진(Atrazine) 제초제에 내성을 가진 콩과 옥수수 개발을 지원하였다(Hynes, 1991, pp. 107~10).

이처럼 각 기업이 제초제에 저항력을 가진 종자 개발에 열중하는 것은 새로운 제초제 개발을 위한 연구투자비보다 제초제 저항 종자 개발비용이 훨씬 저렴할 뿐 아니라(Molnar and Kinnucan, 1989), 자사 제초제에 내성을 가진 품종을 개발함으로써 농민들에게 자사의 제초제와 종자를 세트로 판매할 수 있어서 종자와 제초제의 시장점유율을 높일 수 있기 때문이다. 이를 두고 클로펜버그는 "종자와 함께 (제초제를) 판매하는 것을 넘어서서 종자의 일부로서 (제초제를) 판매하는 것"이라고 표현하고 있다(Kloppenburg, 1988). 실제로 시바-가이기는 애트라진 내성 콩과 옥수수 개발을 계기로 제초제 판매가 연간 1억 2천만 달러 증가했으며, 몬산토 사는 자사의 제초제인 글린과 오스트에 내성을 가진 담배 개발로 지금까지 곡물에만 사용되어 왔던 글린을 담배 제조농가에도 판매할 수 있는 계기를 마련하였다.

지금까지 자본주의 사회에서 종자산업의 발전은 두 가지 장애 때

---

10) 스위스의 농화학기업인 시바-가이기는 약학기업인 산도즈와 합병하여 노바티스 사가 되었다. 노바티스는 세계에서 가장 큰 농화학기업이며 세계 2위의 약학기업이자 4위의 수의학기업이다(Rifkin, 1998). 그리고 노바티스 사는 우리나라의 화학기업인 동약화학의 농약사업부를 인수한 것 외에도 종자회사인 서울종묘를 인수했다. 인수되기 전 서울종묘는 세리나스에 인수된 홍농종묘에 이어 두번째로 시장점유율이 높은 기업이었다.

문에 제약을 받았다. 그 하나는 생물학적인 것이며 또 하나는 제도적인 것이다. 종자가 가진 재생산 가능성은 종자의 상품화를 방해한다. 종자는 스스로 재생되는 성격을 가지고 있기 때문에 농민은 종자기업의 일차적인 경쟁자라고 할 수 있다.[11] 그리고 종자의 이 같은 성격으로 인해 사기업의 진출이 활발하지 않았기 때문에, 국가가 종자의 개발과 보급에 깊이 관여하는 것이 각국의 관례였다. 예를 들어 미국에서는 연방농업연구서비스 · 진흥청 · 주립대학(Land grant university)의 체계를 가지고 유전자원을 수집하고 종자개발에 직접 참여해 왔다. 즉 국가가 자본에 의한 식물육종의 방해물이었던 것이다.

그런데 미국에서는 30년대에 교배종 개발을 계기로 사기업이 종자산업에 진출하게 되었는데, 그것은 다음 몇 가지 이유 때문이었다. 우선 교배종의 경우 F1에서는 나타나지 않는 부모세대의 특징이 F2세대에서 다시 나타나기 때문에 F2세대에서 수확량이 크게 떨어진다는 점이었다. 그리고 교배종은 부계와 모계의 적절한 조합을 통해 만들어진 종자이기 때문에 모방이나 복제가 어려워 자연적으로 지적소유권과 동일한 권한을 부여하는 점이었다(Kloppenburg, 1984). 또 이것은 농민들에게 생산량 유지를 위해 매년 종자를 새로 구입하게 하고 다른 종자기업이 교배종을 쉽게 무방할 수 없게 하는 특성을 부여한다. 이렇게 해서 종자산업에 진출한 사기업은 교배종이 가진 이 같은 기술적 특성 외에도, 각종 로비활동을 통해 정부가 최종제품, 즉 종자생산을 중단해야 한다고 주장하기에 이르렀다. 이렇게 해서 교배종 생산을 계기로 종자개발에서 공공부문은

---

11) 클로펜버그는 종자는 생산물인 동시에 생산수단이라고 말한다. 종자가 가지는 이러한 성격 때문에 농민은 해마다 종자를 시장에서 구입하지 않아도 되는 것이다(Kloppenburg, 1988).

기초연구를 담당하고 사기업은 최종종자를 개발·보급하는 분업체계가 이루어졌다.

이러한 분업체계는 생명공학의 개발을 통해 더욱 확고해졌다. 생명공학 기업측은 각종 로비활동을 통해 기초연구는 공공부문이 담당하고 상용화에 필요한 연구개발은 국가가 맡아야 한다는 주장을 하여 이를 관철시킴에 따라, 각국 정부는 고부가가치를 생산하는 첨단산업 부문에서의 국가경쟁력 강화 방안이라는 관점에서 업계의 이 같은 주장을 수용하게 된다. 즉 생명공학 개발을 계기로 공공부문의 기초연구와 사기업의 상용화 연구라는 분업체계가 더욱더 확고하게 자리잡게 되었던 것이다. 미국의 경우 1982년 록펠러센터가 발표한 '권고안'으로 정리되어 80년대 초반에 이미 사기업 주도의 생명공학 연구 분위기가 지배적인 것으로 굳어졌으며(같은 책), 영국은 80년대 중반 미국과 유사한 권고안을 담은 화이트페이퍼(White paper)가 두 번에 걸쳐 발표되고 이것을 받아들여 국영 종자기업의 민영화가 진행되었다(Goodman and Redcliff, 1991).

다국적기업의 생명공학을 활용한 종자시장 지배는 두 가지 측면에서 나타나고 있다. 하나는 지적소유권제도의 확립이다. 1980년에 최초로 살아 있는 생명체에 대한 특허가 인정된 이후 생명공학을 활용한 제품에 대한 특허가 광범위하게 인정되고 있다. 이렇게 해서 농민들은 수확 후 종자를 남겨서 다음해에 다시 파종하는 것은 불법이며 매년 종자를 시장에서 구입하지 않을 수 없게 되었다. 또한 우루과이라운드를 계기로 국제적으로도 지적소유권제도가 확립됨에 따라 이제 다국적기업들은 세계적으로 종자산업에 진출할 수 있는 제도적 기반을 마련했다고 할 수 있다. 토지·노동처럼 시장메커니즘을 통해 자유롭게 생산할 수 없는 것을 상품화하기 위해서는 그것을 제도화하는 장치가 필요한 것처럼(Polanyi, 1957), 종자는 스스로 재생되는 성격을 가지므로 이것을 상품으로 유통시키기 위해서는 지적소유권과 같은 제도적 장치를 필요로 한다. 지적소유권의 확립을 계기로, 기업은 매년 농민들을 종자시장으로 불러들이고 종자생산에 참여할 수 있는 수단을 가지게 된 것이다.

종자시장에 대한 자본의 진출을 보장하는 두번째 방법은 생명공학의 기술적 측면을 활용하는 것이다. 그 전형적인 예에 해당하는 것이 이른바 터미네이터 기술일 것이다. 이 기술은 1세대(F1)에서는 씨앗이 정상적으로 발아되어 수확을 할 수 있지만 2세대(F2)부터는 독소유전자가 작용하여 씨앗의 발아 자체가 안 되거나 되더라도 정상적 수확이 불가능하도록 종자에 식물의 독소유전자와 독소작용을 돕는 유전자를 주입하는 것을 말한다. 터미네이터 기술은 미국 농무부와 델타 앤드 파인랜드 사[12]가 공동개발해서 1998년 미국에서 특허를 받았으며 2000년 이후에는 면화와 담배에도 적용될 것으로 알려지고 있다. 일부에서는 이러한 기술을 품질향상과 생산수량 저하를 막을 수 있는 바람직한 기술로 평가하고 있지만, 유전자를 조작함으로써 농민의 자가채종을 원천적으로 배제하는 기술개발을 통해 기업은 생명공학 분야의 투자와 수익을 보장할 수 있는 기반을 가지게 되었다. 최근 몬산토 사는 제3세계 농민의 저항에 부딪혀서 터미네이터 기술의 포기를 선언하였지만, 그외 기업들이 이 기술을 채용할 것인지 여부는 아직 판단하기 어렵다.

---

12) 이 회사는 1998년 몬산토에 흡수합병되었다.

3. 생명공학과 농업 · 농민 문제

생명공학과 농업문제

생명공학이 농업에 미치는 영향은 매우 클 것으로 예측되고 있는
데, 특히 생명공학이 다국적 농관련 기업에 의해 주도되고 있다는
점은 매우 주목되어야 할 것이다. 고전적인 농업문제는 소생산자인
농민이 자본가와 노동자로 분화해 가는 과정을 둘러싼 논의였다.
그러나 선진자본주의 국가에서도 여전히 소생산자인 농민은 존속하
고 있기 때문에, 농업문제를 둘러싼 논의는 결국 자본주의 사회에서
왜 소농이 잔존하는가라는 문제를 해명하지 않으면 안 되었다.

소농의 잔존은 다음 두 가지 측면에서 설명될 수 있다. 첫째는, 농
업생산이 토지에 기반을 두고 있기 때문에 토지에 의한 제약과 그
로 인한 지대의 발생이 농업의 대규모 집중을 어렵게 만들고 자본
투자를 제한함으로써 다른 산업에 비해 농업의 자본진출은 제약을
받는다는 점이다. 둘째로, 농업의 자연적 성격이 자본의 진출을 제
약한다는 점이다. 생육과정을 기다려야 하는 농업생산의 특성으로
인해 생산노동과 노동시간의 차이가 발생하고,[13] 농업생산의 계절
성으로 임노동을 확보 · 유지하기 어렵고 농업생산이 넓은 공간에
서 이루어짐으로 해서 노동의 관리 · 조직화가 어렵다. 또한 유통과
정에서 부패가 쉽고 변덕스러운 기상조건의 제약을 벗어나기 어렵
다는 점도 자연제약의 하나이다.

---

13) Mann and Dickinson(1978)은 마르크스의 노동가치론 관점에서 오직 (사람의)
　　노동만이 잉여가치를 생성하는데 전체 생산시간 가운데 노동이 중단되는 시기
　　에는 잉여가치의 생산이 이루어지지 않는다고 주장하면서, 이것이 다른 산업에
　　비해 농업에 자본의 진출을 제한하는 이유라고 말한다.

　그러나 과학과 기술이 발전하면서, 자본은 농업에 대한 진출을 부분적으로 그리고 지속적으로 확대해 왔다. 굿맨 등은 이와 같이 자본이 농업을 지배해 가는 과정을 전유(appropriation) 및 대체(sustitution)로 개념화하고 있다(Goodman, et al., 1987). 전유는 농업의 일부분이 산업활동으로 전화되는 과정을 말하는데, 농기계·제초제·농약의 개발은 농업노동의 많은 부분을 기업의 생산활동으로 바꿈으로써 기업은 임노동을 고용하여 과거에는 농업생산 과정이었던 것의 일부를 직접 생산하게 되었지만 자본이 생산한 제초제나 농약 등은 농업생산을 위한 원자재로서 농민에 의해 구입되어 농업과 재결합하게 된다. 역사적으로 자본은 농업의 특수성 때문에 불연속적이지만 끊임없이 농업의 일부를 전유해 왔다고 할 수 있다. 한편 공업생산은 농업을 부분적으로 전유할 뿐 아니라 농업생산 과정 전체를 완전히 대체해 버리기도 한다. 예를 들어 공업적으로 생산된 화학섬유는 천연섬유의 생산을 상당 부분 대체했으며, 옥수수 전분으로 만들어진 인공 감미료는 설탕생산을 대체했다. 이로써 지금까지 농업부문에서 생산한 원재료에 의존하던 가공분야는 특정 농산물에 대한 의존성이 크게 낮아지거나 그것이 필요없게 되었다. 이상과 같은 전유와 대체 두 과정은 농업에 모순적 결과를 가져오게 되는데, 전유는 농업용 자재의 개발을 통해 농업생산성을 높이는 기능을 하지만 대체는 농업생산을 점차로 무의미하게 만든다.

　이처럼 농업은 서로 모순되는 두 과정을 거치면서 꾸준히 자본에 의해 산업화됨으로써 전체 농업에서 영농이 차지하는 부분이 크게 축소되는 결과를 가져왔다. 80년대 들어와 미국의 경우 이미 영농이 차지하는 비율이 농업부문 전체 가치생산의 10%에 불과한 데 비해, 40%의 부가가치는 영농 이전의 상업적 투입재 생산단계에서 나오고, 50%는 수송 · 가공 · 유통 부문과 같은 영농 이후의 단계에서 나온다(Kloppenburg, 1984, p. 294).

전체 농업 가운데 영농이 차지하는 비중이 크게 축소되고 있는 점을 감안하면, 농업생산 과정에서의 자본-임노동 관계의 성립을 농업의 자본주의화로 설정해 온 고전적인 의미의 농업문제는 지나치게 협소한 문제설정이라고 볼 수 있다. 자본은 이미 다양한 우회적인 방법을 통해 농업과 농민을 지배하고 있다.[14] 이제 농업문제는 한정된 영농과정에서의 자본-임노동 성립이라는 제한된 시각에서 벗어나 식품생산을 둘러싼 원자재생산, 유통 · 가공과 생산에 대한 농관련 자본의 다양한 지배형태가 농업부문에서 어떤 형태로 나타나고 있는지를 살펴보아야 할 것이다.

한편 생명공학은 농업문제에서 논의되어 온, 농업이 가지는 토지제약과 자연적 제약을 크게 완화함으로써 자본의 농업 지배를 확대하는 계기를 제공하게 될 것이다. 생명공학은 지금까지 자연의 영역으로 간주되어 온 생명체를 유전자 수준에서 공학화하는 기술을 통해, 염도가 높은 토지에서 생산이 가능한 종자의 개발, 냉해의 피해를 줄일 수 있는 종자 개발과 같이, 농지의 질과 토지생산성에 영향을 미치는 물리 · 화학적 환경의 영향을 크게 줄이게 될 것이다(Goodman, et al., 1987, pp. 115~16). 동시에 이것은 농업생산의 일부를 농기업 활동으로 전환시킴으로써 기업의 농업전유에 새로운 기회를 제공하고, 2세대 생명공학처럼 동 · 식물의 특정 성분을 인위

---

14) Mooney는 외형적으로 소생산자로 남아 있는 농민은 여러 가지 우회적인 방법을 통해 임노동자로 전화되는 것을 피하려 했다고 설명한다. 즉 신용자본의 농민 지배는 부채농, 자본에 의한 자본의 지배는 소작농, 가공 및 유통 자본의 농민 지배는 계약재배농가를 양산해 왔다. 이러한 농민의 계급적 성격을 그는 '모순적인 계급'으로 설명하고 있다.

적으로 변형하거나 조직배양하는 등의 생명공학은 농업과 농산물의 자연적 속성을 크게 완화함으로써 생산 후 가공·판매 과정에서의 자본의 지배를 더욱 강화하게 될 것이다.

다국적 농식품관련 기업과 화학기업의 생명공학 진출이 활발한 이유는 바로 여기에 있으며, 이들 기업의 이해가 앞으로 농업 생명공학의 방향을 결정하는 주요한 요인이 될 것이다. 농자재기업이나 곡물메이저들이 농업의 전유과정에 관심을 가진다면, 식품가공기업이나 제약기업은 대체의 과정에 더욱 관심을 가질 것으로 예상된다. 그리고 전체 식품의 생산과 유통을 둘러싼 이윤을 장악하기 위해 기업들의 경쟁도 치열해질 것이다.

생명공학과 농민의 분화

생명공학이 한편으로는 자본에 의한 농업의 전유와 대체를 확산시킴으로써 농민에 대한 자본의 지배를 더욱 확산시켜 나가겠지만, 그 영향이 모든 농가에 동일하게 미치지는 않을 것이다. 생명공학이 농가에 미치는 영향은 계층에 따라 다르게 나타날 것이며, 또 생명공학 제품의 성격에 따라서도 차별인 영향을 미칠 것으로 예상된다.

앞에서 이미 살펴본 것처럼, 현재 개발되고 있는 생명공학은 그 도입에 있어서 규모중립적이다. 그러나 장기적으로 볼 때, 1세대 생명공학처럼 생산량 증가에 초점이 맞추어질 경우에는 생산증가로 인한 가격하락을 버텨낼 수 있는 농가가 유리하다. 개별적으로 생산활동에 참여하는 농민들은 시장가격을 수용할(price-taker) 수밖에 없기 때문에, 새로운 기술을 먼저 받아들여 생산비를 낮춘 농민이 시장가격과의 차이에 해당하는 플러스 잉여를 누리지만 새로운 기술이 보편화되면 시장가격이 낮아져서 신기술을 채택하지 않은 농민은 마이너스 잉여를 부담하게 된다. 따라서 농가의 신기술 채용은 살아남기 위한 불가피한 선택이 된다(Cochrane, 1993). 결국 유전공학적으로 생산된 작물과 일반작물이 각각 별도의 시장이 형성되지 않는 한, 농민들은 생산량을 늘림으로써 생산비를 낮출 수 있는 생명공학을 수용할 수밖에 없게 되며, 또 기술에 따른 가격하락을 견디어낼 수 있는 농가가 당연히 유리한 위치에 있기 때문에 규모가 큰 농가를 중심으로 생산의 집중이 일어날 것이다.

1986년 미국 기술평가국(Office of Technology Assessment, OTA)은, 2000년 미국 농업구조는 생명공학과 정보 기술 등 신기술 도입으로 농가의 집중이 심화되어 연간 총판매액이 50만 달러 이상인 초대형 농가와 20만~50만 달러의 대규모 농가 비중이 전농가의 4.0%에서 14.0%로 증가하고 전체 농가의 4%에 해당하는 규모가 가장 큰 5만의 농가가 전체 농업생산의 75%를 담당하는 것으로 변화할 것으로 예측하고 있다(OTA, 1986, pp. 8~9). 그리고 이미 생산 과잉 상태인 농산물의 경우는 집중경향이 더욱 심하게 나타날 것이다. 1994년 미국에서 우유생산을 늘리기 위해 도입된 성장호르몬의 사용이 허용되었을 때,[15] 버몬트 주와 위스콘신 주 농민과 농민단체들은 성장호르몬의 판매를 저지하기 위해 몬산토와 아메리칸 사이나미드, 릴리, 업존 제품의 불매운동을 전개하였다. 더구나 당시는 낙농제품의 과잉생산으로 생산감축이 논의되고 있던 시기였다. 또 영국의 경우에는 성장호르몬이 도입되었다면 1994~95년에 10% 이상의 낙농가가 폐농했을 것으로 추산되고 있다(Steinbrecher, 1996).

또한 생명공학은 농업생산 과정에 대한 기업의 지배력을 높이게

---

15) 우유를 생산하는 젖소에 성장호르몬을 주사할 경우 우유의 생산량이 10~40% 증가하는 것으로 평가되고 있다.

될 것이다. 유전적으로 공학화된 종자는 식물이 성장하고 환경에 적응하는 과정을 통제할 수 있는 유전자를 종자에 입력한 것이기 때문에, 식물의 생육과정에 대한 관리의 많은 부분이 농민의 손에서 종자를 개발한 기업의 공학자와 그들이 개발한 종자에게 넘어가게 될 것이다. 예를 들어 특정 병충해에 저항력을 가진 종자의 개발은 농민들의 방제기술과 노하우를 불필요하게 만들어버린다. 1996년 Bt 옥수수를 최초로 식부한 미국 남부지역에서는 농민들의 기대와 달리 옥수수좀벌레의 피해를 막지 못했다. 이는 이상고온으로 벌레의 증식에 적합한 기후가 형성되었기 때문인데, 이 종자를 개발한 몬산토는 농민들에게 농약을 살포할 것을 권고하였다(Kaiser, 1996). 또 성장호르몬을 주사한 젖소는 건강상 많은 문제를 가지게 되어 농민은 젖소 사육관리 과정에서 성장호르몬을 판매한 기업의 지도에 크게 의존하지 않을 수 없게 된다. 이러한 예에서 나타나는 것처럼 이제 동·식물의 생육관리는 점차 농민의 손에서 벗어나 기업에 넘어가게 될 것이다. 따라서 자신의 노동에 대한 독자적인 결정력과 판단력을 가진 경영자로서의 농민의 성격은 크게 약화된다. 이러한 농민을 다국적 거대기업에 토지와 노동력을 제공하는 '토지 가진 노동자(propertied laborer)'라고 부르기도 한다(Kloppenburg, 1988, pp. 280~83).

 식물의 특정 기능을 강화 또는 약화시킨 2세대 생명공학이 활발해지면, 식품 가공·판매 기업에 대한 농민의 종속은 더욱 커질 가능성이 높다. 예를 들어 토마토 페이스트로 가공하기 위해 개발된 수분함량이 적은 토마토는 일반 소비자를 대상으로 한 시장판매가 불가능하기 때문에, 농가는 가공기업과 계약재배 혹은 출하계약 방식으로 계약관계를 맺지 않을 수 없다. 이렇게 해서 농관련 기업과 농가의 수직적 계열화는 더욱 촉진될 터인데, 식품대기업은 가공목적에 따라 유전적으로 조작된 종자를 개발해서 종자 공급 및 판매까지 독점하는 계열화·수직화 과정을 강화시켜 나가며 이 과정에서 생산과정과 제품의 질을 통제하려는 기업의 요구는 더 커지게 될 것이다. 또 식품기업에 의한 수직적 계열화는 안정적이고 균질한 원료를 공급받기 위해 대규모 농장을 중심으로 이루어질 것으로 예상되므로(OTA, 1986), 수직적 계열화와 함께 생산의 집중은 더욱 심화되어 갈 것이다.

한편 이미 지적한 것처럼 조직배양이나 세포배양은 필요한 성분을 실험실에서 대량제조하는 방법을 통해 농장생산의 중요성을 크게 약화시키는 동시에, 지금까지 특정 농산물 원자재에 대한 대체성을 높여 식품이나 의약품의 농업의존도를 크게 낮추게 될 것이다. 앞서의 바닐라콩 예처럼 농장에서의 농업생산 자체를 필요 없게 만들거나, 과당의 예처럼 설탕처럼 값비싼 원자재를 값싼 옥수수로 대체하는 경우도 있다. 지금까지는 이 기술이 처음의 예상과는 달리 빠른 속도로 진행되고 있지는 않은데(Sorj and Wilkinson, 1994), 그것은 경제성에 따른 고려 때문이다.[16]

그러나 특정 농작물 수출이 국가경제에서 차지하는 비중이 매우 큰 농산물 수출국의 경우에는 이러한 기술이 국가경제와 생산농가에 미치는 영향은 엄청나게 크다. 인공 바닐라향의 개발로 바닐라콩의 재배 필요성이 크게 줄어듦으로써 마다가스카르는 연간수출량이 5천만 달러나 격감했고 7만 명의 농민이 생존을 위협받게 되었다. 또한 FAO의 추계에 따르면, 대체감미료의 개발로 전세계 800만~1천만 명에 이르는 사탕수수·사탕무 생산농민이 위협을 받게

---

16) 80년대 중반에 씌어진 Goodman, et al.(1987, p. 275)에 따르면, kg당 250~500달러의 가치를 가진 제품만이 조직배양에 의해 경제적으로 생산될 수 있지만, 기술개발에 의해 생산비는 계속 낮아질 것으로 전망되고 있다.

되었다. 필리핀의 경우 대체감미료로 인해 1980년 62억 달러의 수출규모가 불과 4년 후인 1984년에는 24억 달러로 급격히 위축되었는가 하면, 50만 명의 농민이 직업을 잃은 것으로 추정되고 있다(FAO, 1996). 이와 같이 농작물의 대체성을 높임으로써 농산물 원자재의 국제가격이 불안정해지고 이로 인한 피해는 세계적 차원에서 농민의 생존을 위협하는 요인이 되고 있다.

4. 세계식량과 유전자원에 대한 다국적기업의 지배

세계식량에 대한 지배

생명공학 옹호론자들은 생명공학을 세계의 기아를 해결할 수 있는 거의 유일한 대안이라고 주장하고 있다. 현재와 같이 인구가 폭발적으로 증가하고 육류소비의 증가 같은 식품소비의 고도화가 이루어지고 지구온난화 같은 환경오염이 지속될 경우, 세계 식량문제는 심각하게 위협을 받을 것으로 예상된다. 생명공학이 주목을 받는 이유는 30년대 이래로 농업생산성의 혁신이 점점 정체되고 있고, 특히 제3세계에서의 녹색혁명이 잠재력이 크게 떨어지고 있는 점 때문이다. 즉 기계 및 화학 의존형 농업생산력 증가의 잠재력은 소진된 것으로 평가되고 있는 것이다.[17)]

OTA는 80년대 중반 이후 20년간 연평균 식량생산 증가율이 1.8% ——0.3%는 토지증가에 의해 1.5%는 기술개발에 의해—— 에

---

17) 미국의 농업생산력은 먼저 농업기계의 개발, 즉 물리적 기술을 활용한 기술에 의해 주도되고 그리고 농화학약품의 개발, 즉 화학적 기술에 의해 주도된 다음 이제 생물학적 기술, 다시 말해 생명공학에 의해 주도될 것으로 기대되고 있다.

이를 것으로 전망했다. 이와 같은 전망이 적중한다면 향후 20년 동안의 인구증가를 고려할 때 예상되는 소비증가율 1.8%를 충족시킬 수 있을 것으로 예측하고 있다. 그러면서 OTA는 이러한 세계농업 전망에 비추어 미국 농업은 국가경쟁력 관점에서 생명공학에 대한 규제와 허용 간의 균형을 적절히 맞추어야 할 것이라고 제시하고 있다(OTA, 1989).

그러나 생명공학이 전세계 식량문제를 극복하는 수단이 될 것이라고 보는 것은 식량문제를 지나치게 단순화한 발상이다. UN 세계식량프로그램에 따르면, 이미 세계는 전세계 인구에게 적절한 영양을 공급할 수 있는 식량의 1.5배를 생산하고 있다(The Corner House, 1998, p. 4). 따라서 제3세계의 기아문제는 이들이 지불능력이 없다는 데 그 원인이 있다는 것이다. 결국 생명공학의 기술우위를 가진 나라들은 선진국이지만, 이 기술을 통해 식량문제를 해결해야 할 나라는 제3세계 국가들이라는 데 문제가 있는 것이다. 미국에서 빠르게 생명공학이 채용되는 작물은 콩ㆍ옥수수ㆍ면화ㆍ유지작물 같은, 이미 미국의 세계시장 점유율이 높아 가격경쟁력이 있는 품목들이다. 이처럼 생명공학이 선진국의 다국적기업에 의해 개발될 때, 이미 경쟁력 있는 자국의 농산물에 집중될 것이라는 예상은 현실로 나타나고 있다.

현재 전지구적 규모로 농업의 재구조화 — 미국과 유럽을 비롯한 제1세계는 토지이용형 식량작물을 생산하고 제3세계는 선진국 시장을 대상으로 채소 같은 노동집약적 농산물을 생산하는 식으로의 재편 — 가 진행되고 있다(McMichael, 1994). 라틴아메리카 국가들은 미국 시장을 겨냥한 열대과일 같은 상업적 농업으로 전환하고 아프리카는 유럽 시장을 겨냥한 채소생산 기지로 전환되고 있다. 이 같은 농업 재구조화 속에서, 제1세계를 중심으로 진행되고 있는 식량작물에 대한 생명공학의 발전은 제1세계가 식량시장에서 더욱 경쟁력을 갖추고 곡물메이저의 식량지배력을 더욱 확고하게 하는 계기가 될 것이다.

식량문제와 관련된 두번째 논점은, 과연 생명공학이 안정적인 식량증산을 가져올 것인가 하는 것이다. 먼저, 기업에서는 생명공학이 수확량 증가를 실현한다고 홍보하고 있지만 일반 종에 비해 수확량이 낮다는 보고자료도 있는 게 사실이다.[18] 따라서 아직까지 생명공학, 특히 유전자 변형 농산물이 수확량을 증가시킬 것인지에 대해서는 속단하기 어렵다. 다음으로, 슈퍼잡초[19]나 슈퍼벌레[20]가

---

18) 몬산토의 제초제 내성 작물의 경우, 1992년 푸에르토리코에서 7개 시험포 중에서 3개 포장에서 11.5%의 생산량 감소가 나타났으며, 1993년 일리노이의 7개 포장 가운데 6개에서 일반종에 비해 수확량이 떨어지는 것으로 나타났다. 그러나 몬산토는 수확량에 영향을 미치지 않는다고 발표하였다. 그리고 알켄사스주의 협동조합 지도서비스의 실험결과에서는 1995~96년 수확을 비교한 결과 38개 포장 가운데 30개 포장에서 일반종이 수확이 많은 것으로 나타났다. 이 통계치에 따르면 chi^2는 6.95, 자유도가 37로 이는 1%의 유의수준을 가진다. 즉 이 결과가 우연히 나타날 가능성은 1% 미만이다(Lappe & Bailey, 1998, p. 84).
19) 슈퍼잡초의 가능성에 대해서는 여러 가지 증거가 나타나고 있다. 예를 들어 유전공학 감자의 경우 1km 이상 떨어진 일반 감자와 교배가 이루어진 것이 발표되었으며, 덴마크에서는 평지씨가 잡초와 교배하여 잡추와 같이 번창하는 것이 발견되었다. 또 미국 남부에서는 50km 떨어진 야생딸기에서 표식유전자가 발견되었는가 하면, 제초제인 초로설파논에 내성을 가지도록 조작된 아라비돕시스 탈리아나는 일반 작물보다 20배나 높게 교배가 일어나 유전자 조작이 유전자의 흐름을 크게 촉진한 것으로 나타났다(Hanson & Halloran, 1998).
20) 슈퍼벌레의 출현 가능성에 대해서도 여러 가지 증거가 제시되고 있다. 현재 병충해 내성 작물에 Bt 박테리아가 활용되고 있는데 Bt 작물은 계속 Bt 내독소를 생산하므로 해충들의 Bt 내독소에 대한 저항력을 빠르게 확산시키는 것으로 확인되고 있다. 노스캐롤라이나 대학의 과학자들은 옥수수를 먹는 해충나방 개체군 속에서 Bt 저항유전자를 발견하였다. 자연상태의 Bt 박테리아는 벌레나 애벌레가 먹을 경우 소화기관을 파괴하여 죽이는 단백질을 생산한다. 그러나 유

출현할 가능성 때문에 생명공학이 안정적인 식량증산을 확보해 주
는 수단이 될 것인지에 대해 의문을 제기하게 된다. 또한 생명공학
을 이용하여 개발된 품종이 단일품종 경작을 촉진하여 생태학적 안
정성의 기반이 되는 종의 다양성을 해치게 될 가능성이 있다는 점
이다. 아일랜드의 감자피해로 인한 대기근, 1970년 미국 교배옥수
수 마름병 피해, 40년대 인도의 오트 피해(80%의 손실), 1954년 밀
피해(75% 손실) 등은 유전적 다양성이 파괴될 경우에 입게 될 치명
적 피해를 보여주는 사례라고 할 수 있다. 특히 터미네이터 기술을
사용한 종자가 보급될 경우, 이것이 자연교배를 통해 확산될 때에
는 매우 치명적인 결과를 가져올 수도 있다.

세계 유전자원에 대한 지배

유전자 재조합 기술은 특정한 성격을 발현하는 유전자를 확인 ·
분리하는 과정에서 출발하기 때문에, 한마디로 생명공학은 기존의
살아 있는 생물체를 원자료로 활용하는 기술이다. 그런데 이 원자
료에 해당하는 생물체는 제3세계에 종의 90%와 종의 다양성의 2/3
가 집중되어 있으며, 특히 아시아와 라틴아메리카에 많은 것으로
알려져 있다(Steinbrecher, 1996). 따라서 유전공학은 제3세계의 유전
적 자원에 의존할 수밖에 없음으로 해서, 많은 유전공학 기업들이

___

전공학 Bt 작물이 생산하는 물질은 벌레의 장 속에서 반드시 활성화되는 것도
아니고 즉각적으로 독성을 발휘하는 것도 아니다. 또한 자연상태의 Bt 박테리
아가 내는 독성은 적어도 2~3배 빠르게 분해되는 점으로 미루어보아, Bt 작물
의 유효기간은 10년 이하라고 보고 있다(The Corner House, 1998, pp.
28~29). 그리고 재배면적이 클수록 유효기간은 단축되는데, 일리노이 대학의
연구팀은 만일 한 작물이 전부 Bt 작물화될 경우 Bt 작물의 유효기간은 1년에
불과할 것이라고 보고 있다(Hanson & Halloran, 1998).

146

제3세계로부터 생물체를 수집하고 그 유전적 특성을 밝히는 일에 열중하고 있다.

제3세계의 유전적 자원을 원자료로 활용하여 개발한 생명공학 제품에 대한 특허의 인정은, 지금까지 농민이 자유롭게 접근할 수 있던 유전적 자원에 대해 기업이 배타적 소유권을 가지게 되는 것을 의미한다. 그러나 제3세계의 작물 다양성은 오랜 동안의 경작을 통해 얻어진 것이며[21] 자연은 주어진 그대로의 상태가 아니라 사람의 작용에 의해 끊임없이 변형되어 온 결과이며 수천 년에 걸쳐 농민들이 집단적으로 공유하고 있는 지식이 작용한 결과이다. 따라서 제3세계의 유전자원에 기반을 둔 생명공학에 대한 특허는 수천 년에 걸친 제3세계 농민의 집단적 지식과 노력을 사유화하려는 시도라는 주장이다.[22] 또 생물학적 자원에 대한 지적소유권의 부여를 농민에 대한 토지수탈 과정인 엔클로저에 비유하기도 한다(Rifkin, 1998). 자연의 일부인 토지에 울타리를 쳐서 개인의 소유로 만든 것처럼, 생명공학은 지구의 생물체에 대한 독점적 권리를 주장함으로써 마지막 남은 자연을 독점적으로 사유화하려는 엔클로저 이후의 500여 년에 걸친 오디세이의 결정판이라는 것이다.

이러한 주장에 대해 기업측에서는 생명공학 제품은 유전적 자원들에 유전공학과 같은 기술적 과정을 가한 '발명품'이므로 그것을 개발한 주체가 소유권을 가져야 한다고 대응한다. 또한 지적소유권

---

21) 인도 뉴델리의 비정부기구에서 일하는 슈만 샤아이(Suman Sahai)는 이것을 다음과 같이 표현하고 있다. "신은 우리에게 '쌀'과 '밀' 혹은 '감자'를 준 것은 아니다. 이것들은 과거에는 야생식물이었지만 영겁을 거쳐 순화하고 끈기있게 수많은 농민세대가 육종에 참여한 것"이라고 주장한다(Rifkin, 1998, p. 52).

22) Mooney(1988, pp. 1~2)는 "지적소유권은 단지 실험실이라는 외투를 입은 사람에 의해 실험실 안에서 만들어질 때만이 인정될 수 있다는 생각은 과학발전에 대한 인종주의적 관점"이라고 주장한다.

은 무임승차 문제를 해결하는 방안이기 때문에 기업이 개도국에서 연구를 하고자 하는 경제적 인센티브를 제공할 수 있게 하는 것이라고 주장한다.

그러나 장기적으로 지적소유권이 지식의 자유로운 흐름을 저해하게 될 것이란 사실은, 생명공학이 다국적기업에 의해 주도되고 또 이들이 종의 다양성이라는 인류 공동의 유산을 독점하기 위해 지적소유권제도를 적극적으로 활용하고 있다는 점에서 드러난다. 특히 생명공학에 대한 광범위한 특허가 문제로 제기되고 있다. 1991년과 92년에 다국적 화학기업인 그레이스(W. R. Grace) 사의 자회사 아그라세투스(Agracetus) 사가 미국에서 유전공학적으로 만들어진 면화에 대해 2개의 특허를 받은 것은 그 전형적인 사례라고 할 수 있다(Powledge, 1995, p. 440). 이것은 앞으로 유전공학을 활용하여 면화종자를 변형할 경우 모두 이 회사에 로열티를 지불해야 하는 것을 의미하기 때문에, 그 잠재적 영향력은 전세계 면화 생산 농민 모두에게 미칠 것이다.

이제 제3세계 농민은 생명공학 기업과 세 가지 차원에서 ─ 다국적기업에 유전자원을 무료로 공급하는 공급자, 유전자원을 혁신하는 측면에서 기업과의 경쟁자로서 그리고 기업이 개발한 제품의 소비자로서 ─ 관계를 맺게 된다(Shiva, 1997, p. 54). 현재와 같은 이른바 '농민의 권리'가 인정받지 못하고 다국적 대기업이 유전자원을 확보하기 위해 막대한 자원과 기술을 보유하고 있는 한, 농민들은 무엇보다도 다국적기업의 단순 소비자로 전락하게 될 것이다.

5. 맺음말

농업분야의 생명공학은 최근 빠른 속도로 확산되었다. 특히 유전자 변형 농산물의 상품화가 진행되면서 지난 2~3년 동안 그 속도가 매우 빨라졌다. 그에 따라 소비자와 환경단체의 저항도 점차 고조되고 있다. 최근에는 유럽을 비롯하여 오스트레일리아 그리고 아시아 국가들에서도 유전자 변형 농산물에 대한 표시제가 확산되고 있을 뿐 아니라, 소비자의 반응에 따라 농식품업계도 유전자 변형이 되지 않은 농산물(Non-GMO)을 취급하겠다는 발표를 잇따라 하고 있다(허남혁, 1999; 박민선, 1999). 이러한 소비자와 각국의 반응은 앞으로 농업분야의 생명공학 연구개발 방향에 중요한 영향을 미칠 것으로 보인다. 또한 앞으로 계속 진행될 WTO 농산물협상에서도 GMO 농산물이 주요한 안건의 하나로 논의되고 있는 만큼 이 협상의 결과도 중요한 변수가 될 것이다.

그러나 그 동안 많은 자금을 투자한 생명공학 기업들이 일시에 모든 개발을 중단하지는 않을 것 같다. 지금까지 GMO 농산물에 대한 투자의 우선순위가 바뀔 가능성은 있지만 농업부문에 생명공학을 적용하려는 시도는 지속될 것으로 예측된다.

앞으로 농업 생명공학이 어떤 방향으로 나아갈 것인지는 여러 기지 변수에 의해 구체화될 것이다. 다만 농업 생명공학은 이미 살펴본 바와 같이 여타의 기술과 마찬가지로 농민들 속에서도 서로 다른 영향을 미치게 될 것이다. 생명공학 기술 그 자체는 비교적 규모 중립적인 기술이지만, 장기적으로는 농업의 집중(대규모화)을 초래할 것이다. 특히 이미 생산과잉에 직면해 있는 품목의 경우, 이러한 경향은 더욱 강하게 나타날 것이다. 또 생명공학은 농업이 지닌 토지 제약적이고 자연제약적인 성격을 완화함으로써 자본에 의한 농업의 지배를 더욱 강화하는 계기가 될 것이다. 나아가 실험실에서 농업을 대체하는 과정도 동시에 진행될 것이다. 그리고 전세계적으로는 식량작물과 유전적 자원에 대한 다국적기업의 지배가 더욱 확고해지는 계기가 될 것이다. 생명공학에 의한 농업의 대체과정은 농업 원자재를 수출해 오던 제3세계의 경제와 농민을 심각한 위험에 빠뜨릴 수 있는 잠재성을 가지고 있다.

참고문헌

박민선 (1999), 「GMO 농작물의 최근 국제적 동향」, 『GMO 농산물 및 식품의 표시제에 대한 토론회 자료집』, 한국농어촌사회연구소 외.

백경희 (1998), 「유전자 조작 식품이란 무엇인가?(동식물 · 미생물 포함)」, 『유전자 조작 식품의 안전과 생명윤리, 유네스코 한국위원회』. 유네스코한국위원회.

유네스코한국위원회 (1998), 『유전자 조작 식품의 안전과 생명윤리』, 유네스코 한국위원회.

유장렬 (1998), 「유전자 조작 식품은 필요한가(1)」, 『유전자 조작 식품의 안전과 생명윤리』, 유네스코한국위원회.

허남혁 (1999), 「농업 생명공학의 최근 동향—GM작물을 중심으로」, 『농민과 사회』 통권 20호, 가을호, 한국농어촌사회연구소.

Buttel, F. (1989), "Are High-technologies Epoch-making? The Case of Biotechnology," *Sociological Forum*, Vol. 4, No. 2.

Cochrane, W. W. (1993), *The Development of American Agriculture: A Historical Analysis*, Minneapolis: University of Minnesota Press.

FAO (1996), *Biotechnology and Food Safety: Report of a Joint FAO/WHO Consultation*.

Goodman D. and M. Redcliff (1991), *Refashioning Nature-food, Ecology & Culture*, London: Routledge.

Goodman D., B. Sorj, and J. Wilkinson (1987), *From Farming to Biotechnology:*

A Theory of Agro-Industrial Development, Oxford: Basil Blackwill.

Hanson, M. and J. Halloran (1998), "Jeoparizing the Future? Genetic Engineering, Food and the Enviornment," http://www.pmac.net/jeopardy.html.

Hynes, H. P. (1991), "Biotechnology in Agriculture and Reproduction: The Parallels in Public Policy," H. P. Hynes, ed., *Reconstucting Babylon: Essays on Women and Technology*, Indianapolis: Indiana Univ. Press.

James, C. (1998), "Global Status of Transgenetic Crops in 1997," ISAAA Briefs, No. 5.

______ (1999), "Global Review of Commercialized Transgenetic Crops", ISAAA Briefs, No. 8.

Kaiser, J. (1996), "Pests Overwhelm Bt Cotton Crop," *Sience*, Vol. 273.

Kenney, M., J. Jr. Kloppenburg, F. H. Buttel, and Cowan, J. T.(1983) "Genetic engineering and agriculture", *Biotech 83 Proceedings*, London: Online Publications.

Kloppenburg, J. Jr. (1984), "The Social Impacts of Biogenetic Impacts of Biogenetic Technology in Agriculture: Past and Future," G. M. Berardi and C. C. Geisler, eds., *The Social Consequences and Challenges of New Agricultural Technologies*, Boulder, CO: Westview Press.

______ (1988), *First the Seed: the Political Economy of Plant Biotechnology*, New York: Cambridge University Press.

Lacy, W. B. and L. Busch (1989), "The Changing Division of Labour between the University and Industry: The Case of Biotechnology," J. J. Molnar and H. Kinnucan, eds., *Biotechnology and the New Agricultural Revolution*, Boulder, CO: Westview Press.

Lappe, M. and B. Bailey (1998), *Against the Grain: Biotechnology and the Corporate Takeover of Your Food*, Monroe, ME: Common Courage Press.

Mann, S. A. and J. M. Dickinson (1978), "Obstacles to the Development of a Capitalist Agriculture," *Journal of Peasant Studies*, Vol. 5, No. 4.

McMichael, P. (1994), *The Global Restructuring of Agro-food Systems*, Ithaca: Cornell University Press.

Molnar, J. J. and H. Kinnucan (1989), "Introduction: The Biotechnology

Revolution," J. J. Molnar and H. Kinnucan, eds., *Biotechnology and the New Agricultural Revolution*.

Mooney, P. (1988), "From cabbages to Kings," *Development Dialogue*, Vol. 1.

Office of Technology Assessment(OTA) (1986), *Technology, Public Policy, and the Changing Structure of American Agriculture*, Washington D. C.

______ (1989), *A New Technological Era for American Agriculture*, Washington D. C.

Polanyi, K. (1957), *The Great Transformation*, Boston: Beacon Press.

Powledge, F. (1995) "Who Owns Rice and Beans?," *BioScience*, Vol. 45, No. 7.

Rifkin, J. (1998), *The Biotech Century*, New York: Tarcher Putnam.

Riley, P. A., L. Hoffman, and M. Ash (1998), "U. S. Farmers Are Rapidly Adopting Biotech Crops," *Agricultural Outlook*, USDA.

Shiva, V. (1997), *Biopiracy: The Plunder of Nature and Knowledge*, Boston: South End Press. (한재각 외 옮김, 『자연과 지식의 약탈자들』, 당대, 2000.)

Sorj, B. and J. Wilkinson (1994), "Biotechnologies, Multinations, and the Agrofood Systems of Developing Countries," A. Bonnano, et al., eds., *From Columbus to ConAgra*, Lawrence: University Press of Kansas.

Steinbrecher, Ricarda A. (1996), "From Green to Gene Revolution: The Environmental Risks of Genetically Engineered Crops," *The Ecologist*, Vol. 26, No. 6, Nov./Dec.

The Corner House (1998), "*Food? Health? Hope?: Genetic Engineering and World Hunger*," Briefing Series 10.

왜 생명공학은 세계를 먹여살릴 수 없는가?[*]

앤드류 킴브렐

몬산토(Monsanto) 사의 홈페이지에 들어가면 첫머리에 이런 문구가 씌어져 있다. "누가 저녁식사를 하러 오는지 맞혀보세요. 2030년까지 100억 명." 그러면서 '더 많은 사람들을 먹여살리기 위해 지구의 자연자원에 점점 더 크게 가해지는 압력'에 대해 경고하고 있다. 그런 다음에, 이 농업 거대기업은 저기술의 농업은 "전세계적으로 팽창하는 인구를 충분히 먹여살릴 만큼의 작물 증산을 실현해내지 못할 것"이라는 염려의 말을 덧붙이는 것도 잊지 않고 있다.

하지만 절망할 필요는 없다. 몬산토에 의하면 "오늘날의 고수확 농업은 멋진 성공이다." 어디 그뿐인가. 이 회사의 말을 더 들어보

자. "생명공학 기술의 혁신은 부가적인 토지 없이도, 즉 가치 있는 열대우림과 동물 서식처들을 보호하면서도 작물수확을 세 배로 올려놓을 것"이라고 단언한다. 더구나 생명공학 혁명은 "농업에서 화학물질 사용의 감소"를 의미하는 것이라고 한다. 이제 결론은 분명하다. 몬산토 사의 다음과 같은 광고 캠페인처럼 자축하는 일만 남은 것이다. "생명공학 기술은 전세계를 먹여살릴 수 있다. …이제 수확이 시작될 것이다."

현재 몬산토 사의 상업광고는 기아·식량생산·농업에 관한 각종 위험한 현대적 농업의 신화들에 푹 빠져 있다. 불행하게도 이러한 신화들은 계속 반복이 되면서, 마치 진실인 양 받아들여지고 있다. 그러나 이 신화들은 몬산토를 비롯하여 그 밖의 농업 및 생명기술 관련 초국적 기업들에게 편리한 위장막을 제공해 주고 있다. 바로 이 초국적 기업들이 전세계적으로 굶주림을 확산시키는 주범인데도 말이다. 이러한 신화들을 벗겨내는 일은 지속 가능한 농업의 옹호자들이 계속해야 할 중요한 임무이다.

신화 하나: 세계적인 기아의 주원인은 식량부족에 있다

굶주림에 대한 신화는 없다. 매일 7억 8,600만 명이 굶고 있는 것으로 추산된다. 그리고 굶주리는 사람은 늘어나고 있다. 1970~90년에, 중국을 제외하고 전세계에서 기아에 허덕이는 사람 수는 11% 이상 늘어났다.

신화는 굶주림에 관한 것이 아니라, 오히려 굶주림의 주된 원인에 관한 것이다. 몬산토는 우리에게 식량생산이 세계인구 증가를 뒤따르지 못한다고 믿게 만들려고 한다. 식량생산이 세계인구 증가속도를 따르지 못해서 수억 명의 사람들이 굶고 있다는 것이다. 하지만 수많은 연구와 통계들은 이러한 주장을 반박하고 있다. 사실 70년대 이래로 전세계 기아인구가 늘어온 것만큼 1인당 식량생산도 증가해 왔다. 라틴아메리카에서 기아인구 수는 19% 늘어났다. 그러나 1인당 식량공급은 약 8% 가량 증가했다. 남아시아에서는 기아인구와 1인당 식량이 모두 9% 늘어났다.

이러한 통계치와 그 밖의 수많은 증거들은, 70년대 이래로 적어도 지금까지는 인구증가가 기아인구 증가의 주된 원인은 아니라는 사실을 지적해 주고 있다. 이론적으로 사람들 개개인이 이용할 수 있는 총식량은 실제로 상당히 증가했다.

그러면 전세계적인 굶주림의 주원인은 과연 무엇인가? 일차적인 원인은 식량의존이다. 지난 수세기 동안 발전해 온 산업시스템은 사실상 지구 전지역에서 농민들을 토지로부터 배제시켜 왔다. 그리고 그 토지는 수출작물 재배에 이용되었다. 이와 같은 수출로부터 얻어지는 이익은 어느 사회에서나 산업발전에 필수적인 '본원적 자본축적'이다.

이러한 엔클로저(enclosure)의 결과는 (그리고 지금까지도) 토지와 공동체와 전통을 잃어버린 그리고 가장 직접적으로는 식량의 독립성을 상실한, 헤아릴 수 없는 농민들이었다. 농민들은 토지로부터 쫓겨나서 새로이 산업화된 도시로 내몰리어 도시의 사업부뮤에서 저임금 일자리를 얻기 위해 다투는 도시빈민계급이 되었다. 그나마 토지에 남아 있는 자들 역시 대부분이 새롭게 대규모로 산업화된 농장에서 저임금의 농장일로 생계를 유지해 나가야 한다. 현재 제3세계의 5억 명이 넘는 농민들이 토지가 없거나, 자신의 식량을 해결할 수 있을 만큼의 토지를 갖고 있지 못한 실정이다.

엔클로저 이후 도시와 농촌 빈민 모두 완전히 식량의존 상태에 놓여 있다. 식량에 대한 그들의 접근은 오로지 구매에만 의존하고 있기 때문에, 구매력을 잃게 되면 그들은 굶어죽게 된다. 농업생산량의 증가는 기아인구에 거의 영향을 미치지 못했다. 왜냐하면 토지에 대한 접근과 구매력이라는, 굶주림의 밑바탕에 가로놓여 있는 핵심적인 문제들을 다루지 못했기 때문이다.

당신에게 식량을 재배할 수 있는 토지나 이것을 살 수 있는 돈이 없다면, 기술이 아무리 극적으로 식량생산을 끌어올린다 할지라도 당신은 굶주리게 된다.

신화 둘: 기술집약적인 대규모 농업이 식량생산에 훨씬 효율적이다

기술지향적인 대규모 농장이 낫다는 신화는, 식량생산이 굶주림의 해결책이라는 신화가 가져다 주는 당연한 추론이다. 전세계의 기아를 해결하기 위해서는 우리는 더욱더 많은 생산을 해야 하며, 따라서 대규모 농장과 보다 더 진보한 기술이 필요하다는 논리이다.

그런데 대규모의 기술집약적인 농장을 향한 이러한 추동력이 갖는 가장 즉각적인 효과는, 비극적인 엔클로저의 추세를 가속화시킨다는 점이다. 2차대전 이후 미국에서 농장의 평균규모는 두 배 이상으로 늘어났다. 그와 동시에 농장의 수는 2/3로 줄어들었고, 농민 숫자는 그 숫자의 두 배만큼 줄어들었다. 그 결과가 가져오는 패턴은 우리가 잘 알고 있듯이, 농촌공동체의 파괴 그리고 빈곤화되고 뿌리뽑힌 수많은 농민과 여타 사람들의 도시로의 탈출이다. 이것은 또 실업률과 범죄, 식량의존성, 배고픔의 증대로 이어졌다. 제3세계에서도 대규모 농장과 기술이 계속 번성하고 있지만, 앞으로는 더욱 비참한 결과가 예견되고 있을 따름이다.

농촌공동체와 식량자급을 말살하는 것은 비단 농장의 규모만이 아니다. 기술 역시 그러하다. 신기술의 진보는 농촌에서 노동자들을 대체하면서, 대규모 농장을 제외한 모두에게 경제적인 재난이 되었다. 생명공학 기술을 연구하는 한 연구자는 이렇게 말한다.

대다수의 농민들은 기술변화가 가져다 주는 혜택을 입지 못하고 있다. '일반직으로 농민의 수혜는 대규모 농장을 운영하는 초기 기술 채택자들에게 국한되어 있다.' 이들은 재빨리 자본규모를 확대하여 신기술에 투자할 수 있다. 또 이들은 곡물의 단위가격이 하락해도 이익을 챙긴다. 하지만 이 곡물가격 하락은 후발 기술 채택자들의 노력을 방해하여 그들을 변화하는 시장 속에 머무르게 한다.

몬산토를 비롯한 초국적 기업들은 기술과 규모가 농촌공동체들로부터 걷어들이고 있는 비용에 대해 인정하면서도, 이 비용으로 식량생산에서의 효율성 증대를 보상해야 한다고 주장한다. 그러나 작가이자 활동가인 스트레인지(Marty Strange)가 상술하듯이, 대규모 농장들은 결코 효율적이지 않다. 스트레인지의 연구결과는, 기존의 평가에 의해서도 중간 규모의 농장들이 가장 효율적이라는 것을 신빙성 있게 보여주고 있다.

더구나 크면 클수록 더 좋다는 상당히 순화된 '규모의 경제'이 시각을 뒷받침해 주는 계산에는 치명적인 결함이 내포되어 있다. 기존의 효율성 분석은 대규모 농업법이 불러일으키는 사회적·환경적 비용을 깡그리 무시한다. 여기서는 수질 및 대기 오염이라든가 표토의 손실, 생물 다양성 상실 같은 것은 전혀 고려되지 않고 있다.

그러나 대규모 농장들이 소규모 농장들에 비해 환경에 훨씬 더 큰 영향을 끼쳤고 또 끼치고 있음을 보여주는 연구는 헤아릴 수 없이 많다. 대규모 농장들에 의한 토양침식의 증가율은 거의 40%에 이르며, 그 결과는 지금은 점점 더 많은 인공비료의 사용으로 은폐되고 있지만, 앞으로 점차 생산량에 영향을 미치게 될 것이다.

효율성 분석은 또한 살충제라든가 호르몬, 기타 독성물질들로 오염된 식품의 소비가 발생시키는 건강상의 비용을 무시하고 있다. 그리고 수십 년에 걸쳐 일어난 수백만 농민과 수천의 농촌공동체의 해체 역시 효율성 계산에는 나타나지 않는다. 이러한 모든 비용들은 '외부효과'라고 이름붙여져서, 농업생산의 외부적인 것으로 간주되고 있다. 이러한 비용은 배제되어 있기 때문에, 대중들은 산업화된 대규모 농장들에서 생산된 식품의 '진짜' 가격을 결코 알 수 없다.

뿐만 아니라 효율성 분석은 소규모 농장들의 고유한 특징을 고려하지 않는다. 오직 생산량만 측정하기 때문에, '규모의 경제'의 시각은 투입량을 줄이는 데 있어서 소규모 농장들이 가지는 중요한 이점들을 무시해 버린다. 예를 들어 각 계절에 재배되는 직물의 다양성에서 나타나듯이, 다양화(diversification)는 투입물을 보다 더 완벽하게 사용할 수 있게 함으로써 효율성을 증대시킨다. 스트레인지는 다음과 같이 요약하고 있다.

농업경제학에서는 다양화에 대한 편견이 늘 존재한다. 이것은 대규모로 어떤 일을 잘하는 것이 소규모로 여러 가지 일들을 하는 것보다 더 중요하다는 확신을 반영하는 것이다. 이것은 최적에 대한 우리의 무관심과 극대화에 대한 병적인 집착 때문이다.

1989년 미국국가연구위원회(USNRC)는 대규모 산업형 농장 대 대안적 농장의 진정한 효율성을 평가하는 작업을 수행했다. 그 결과, 아래 결론은 '큰 것이 좋다'는 신화를 뒤엎는 것이었다.

　　잘 관리된 대안적 농업체계는 항상 기존의 농장들보다 단위생
산당 화학 살충제·비료, 항생제를 덜 사용한다. 이러한 투입물의
사용을 줄인다고 해서, 단위면적당 작물생산과 축산관리 체계의
생산성이 낮아지지 않을 뿐 아니라——몇몇 경우에는 오히려 증
가한다——이것은 오히려 생산비용을 낮추고, 농업이 환경과 건
강에 나쁜 영향을 미칠 가능성을 줄여준다.

신화 셋: 저기술 농업은 더 많은 토지를 필요로 하므로 생태계를 위협한다

　　몬산토 사나 다른 농업관련 거대자본들은 미국과 유럽의 소비자
들을 둘러싸고 새로운 강력한 경쟁자로 부상하고 있는 유기농산물
(organic foods)의 탄생을 예의주시하고 있다. 유기농산물 시장은
더 이상 '틈새'시장이 아니다. 90년대 중반에, 미국 유기농산물 시
장규모는 400억 달러로까지 치솟았으며, 매년 20%씩 증가하고 있
다. 200만이 넘는 미국 가정들이 이제 유기농산물을 구입하며,
1,400만 명 이상이 '자연'식품을 추구하고 있다. 더군다나 몬산토를
비롯한 거대자본들에게 더 큰 걱정거리는 인도 및 제3세계 국가들
에서 기업 전략과 메시지에 대한 저항이 거세어져가고 있는 사실이
다. 대중의 분노 앞에서 기업들은 수많은 사업들을 포기하지 않을
수 없었다. '큰 것이 좋다'는 신화는 이제 그 힘을 잃어가기 시작하
고 있다.

　　몬산토 사의 대응은 언론매체를 통해서 '저기술(lowtec)' 농업 대
안을 겨냥하여 공격을 가하는 것이다. 몬산토는 환경 면에서 의식
을 갖고 있는 듯이 그럴듯하게 가장하고 공격을 해대고 있다. 환경
문제와 관련한 기업의 전력(前歷)을 보건대 이러한 태도는 믿을 만

한 것이 못 되는데도 불구하고, 몬산토 사는 공격의 고삐를 늦추지 않고 있다. (이를 통해 새로운 신화로 거듭나기 위해 애쓰고 있는) 그들의 주된 주장은 이렇다. "세계를 먹여살리기 위해" 저기술 농업은 (이른바 생산량이 적기 때문에) 작물을 재배할 토지가 엄청나게 많이 필요하며, 이 때문에 중요한 야생동물 서식지나 그 밖의 중요한 생태계를 파괴할 것이라는 것이다.

하지만 앞에서 언급한 바와 같이, 산업적인 하이테크 농업에 대한 대안적 농업은 적어도 화학물질을 기반으로 한 산업적인 농장보다 생산량 면에서 효율적이라는 것을 수많은 연구들은 보여주고 있다. 게다가 몬산토 사의 주장은 제3세계에 속여서 판 기술·화학집약적 '녹색혁명'과 연관되어 있는 생산의 감소를 설명하지 못한다. 필리핀과 인도, 네팔에 관한 연구들은, 이 지역들의 생산량은 80년대에 최고에 이르렀다가 그후 심각하게 격감했음을 보여주고 있다. 토양의 질 저하와 해충의 창궐, 전형적인 대규모 단작(monoculture) 농법이 이러한 감소의 범인으로 의심받고 있다.

헨리 왈라스(Henry Wallace) 연구소의 연구자들은, 산업적 농업은 농토의 생산성을 파괴하는 것과 마찬가지로 다른 식량원들을 훼손시킨다고 말한다. 화학적 오염과 (주로 경작지로부터 흘러나오는 질소와 인 때문에 나타나는) 부영양화는 전세계 식량공급의 대부분을 책임지고 있는 해양 및 수생 생태계의 생산성을 위협하고 있다. 전세계 인구의 60%가 물고기를 비롯한 해산물로부터 연간 단백질의 40% 이상을 섭취하고 있다. 화학적 오염은 또한 야생동물과, 몬산토가 보호해야 한다고 주장하고 있는 생물 다양성 그 자체를 절멸시키고 있다.

신화 넷: 생명공학 기술은 무공해 기술이며 기아를 해결할 것이다

최근 몬산토 사의 광고 캠페인은 거의 하나같이, 생명공학 기술은 미래세대를 먹여살리고 화학농법을 대체할 수 있다는 신화를 전달하는 데 온 힘을 기울이고 있다. 세계 제초제 시장에서 선두를 달리고 있는 제초제 라운드업(Roundup)과 기타 농업의 독약들을 팔아서 재정적인 성공을 이룩한 기업이 이제는 화학산업의 모델을 거부하려고 한다.

한 광고 문구에는 이렇게 씌어 있다. "생명공학 공장이 더 많아진다는 것은 기존 산업형 공장이 줄어든다는 것을 의미한다. … 세계가 환경에 대해 많은 비용을 지불하면서 식량을 지배한다. …" 그러면서 다음과 같이 결론짓는다. "몬산토는 식물 생명공학 기술이 지구에 대한 산업적·화학적 영향에 제한을 가할 수 있다고 믿는다. 예를 들어 우리는 해충에 저항성을 가짐으로써 살충제를 뿌릴 필요를 없애주는 작물을 개발하였다."

물론 생명공학 기술에 대한 몬산토 사의 대부분의 노력이 실제로는 직·간접적으로 농업에서 화학물질의 사용을 더 증가시키는 결과로 나아갈 것이라는 점은 명약관화하다. 몬산토가 열댓 개의 특허를 갖고 있는 유전자 조작 작물이 대부분은 라운드업 제초제에 저항력을 갖도록 유전자 조작된 작물들이다. 이제 농민들은 라운드업을 더 많이 사서 뿌릴 것이며, 이 때문에 물과 공기와 식량의 오염은 더욱더 심각해질 것이다.

또 광고에서 밝히고 있듯이, 몬산토 사는 해충에 저항력을 가질 수 있도록 여러 가지 식량작물에 자연 제초제인 Bt를 넣은 작물을 만들어내었고 한다. 이 기술은 아직 그 성공 여부가 확인되지 않았지만, 만약 이런 작물이 나온다면 거의 대부분의 영역에서 해충들이 Bt 저항성을 갖는 결과를 빚게 되리라는 것은 분명하다. 더욱이 이것은 Bt를 필수적인 해충조절 도구로 이용하고 있는 많은 유기농 농민들에게 치명타가 될 것이다. 이와 같이 해충 저항력 증가로 인해 Bt가 상실된다면, 농민들이 선택할 수 있는 유일한 대안은 제초제 사용을 늘리는 길밖에 없는 것이다.

하지만 몬산토 사는 생명공학 신화를 판매하는 데 있어서 이보다 더 중요한 책략을 쓰고 있다는 혐의를 받고 있다. 몬산토는 세계인구의 대부분이 농업과 공업이 발생시키고 있는 화학공해에 익숙하고, 이에 대해 걱정한다는 사실을 잘 알고 있다. 물론 화학공해도 더 없이 나쁜 것이긴 하지만, 생물학적 공해는 그보다 더 근본적이고도 훨씬 더 악독한 것이다.

생물학적 공해는 외래식물이나 동물, 기타 생명체들이 환경 속에 방출될 때 확연하게 드러난다. 미국의 경우, 이러한 형태의 생물학적 공해는 집시나방, 쿠드주 덩굴, 밤나무마름병 그리고 네덜란드 엘름병을 일으키는 생물체 등의 출현과 같은 환경적 재앙을 불러왔다. 몬산토를 비롯한 거대기업들은 유전자 조작된 수천 가지의 새로운 미생물·식물·동물을 환경에 방출하고 있다. 이러한 유전자 조작 생명체(GMO) 하나하나는 잠재적으로 환경에 해를 끼칠 수 있는 '외래종'들이다. 수많은 유전자 조작 생명체들이 가져올 장기적인 영향은 석유화학 제품들의 매출액 전체로부터 이미 발생된 피해를 충분히 무색하게 만들 수 있다.

화학적 공해의 경우에는, 해를 입히는 화학물질은 자기복제하지 않으며 또 이것이 확산되더라도 그 집중적인 피해는 점차 희석되어 나갈 것이다. 따라서 화학공해로 발생하는 피해는 대부분 국지적이며, 시간이 지나면 흩어져서 없어진다. 그러나 생물학적 공해, 즉 생명공학 기술로 만들어진 생명체들의 방출이라는 경우에는, 생태계의 교란은 이 생명체들이 증식하고 퍼지고 돌연변이를 일으킴에 따라 점점 증가하고 그 정도가 심각해진다. 그 문제는 국지적으로 남는 것이 아니라 잠재적으로 비가역적인 방식으로 확산될 것이다. 예를 들어 해충 저항성 유전자가 작물에서 잡초로 퍼져나가면 병에 저항력을 갖는 잡초가 증식할 것이며, 따라서 (아무리 제초제를 무차별적으로 엄청나게 사용할지라도) 잡초를 고립시켜서 통제하는 것이 실질적으로 불가능해질 것이다.

유전자 조작된 각 유기체의 방출은, 몬산토를 비롯한 생명공학 기업들이 즐기고 있는 생태적인 러시안 룰렛이나 다름없다. 이 도박에서 패자는 오직 생태계뿐이다. 21세기의 가장 시급한 공해문제는 다름아니라 생물학적 공해가 될 것이다.

생물학적 공해 문제의 초래만이 아니라 생명공학 기술은 농업에서의 엔클로저 과정의 결정판이 될 것이다. 몬산토와 다른 초국적 기업들은 이제 농업생산에 필수적인 유전자·식물·동물에 대해 특허를 출원하고 있다. 몬산토 사는 종자를 유전적 불임으로 만들어서 종자를 저장하지 못하도록 하는 능력을 개발하고 있다. 결국 이러한 기업들은 농업적 생명들이라는 공유자원을 모두 엔클로저(사유화)함으로써, 모든 농민과 소비자들이 생존 자체를 위해서는 자신들에게 더욱더 의존할 수밖에 없게 만들고 있는 것이다.

식량? 건강? 희망?*
생명공학과 세계의 기아문제

코너하우스

1998년 들어서, 유전자 조작 농작물을 재배해서 판매하려는 생명공학 기업들의 최근 시도들이 유럽 대중의 반대에 직면하고 있다. 그러자 GMO 개발의 선두주자인 미국의 몬산토(Monsanto) 사는 대중과의 관계개선을 위해 특별한 캠페인을 벌이기 시작했다. 이 캠페인의 가시적인 목적은 영국 내 신문과 잡지들에 매주 유전자 조작 식품의 혜택들을 선전하는 전면광고를 게재하는 것이다. 이 가운데 한 광고의 머리기사는 참으로 대담하다. "굶주리는 미래 세대에 대한 걱정만으로는 이들을 먹여살릴 수 없다. 식품 생명공학

---

* The Corner House (1998), "Food? Health? Hope?: Genetic Engineering and World Hunger," The Corner House Briefing Series 10.

코너하우스(The Corner House, http://www.icaap.org/cornerhouse/)는 영국의 민간단체로, 모든 인간은 자신의 생계에 영향을 미치는 결정에 대하여 결정권을 가져야 한다는 전제하에 지역사회의 역량 강화와 이를 통한 민주적 시민사회 구축을 위하여 여러 가지 활동을 벌이고 있으며, 과학기술·환경 분야에 대한 수준 높은 보고서들을 발간하고 있다.

은 가능하다." 그리고 유럽의 대중들을 겨냥한 다른 광고에서는, 생명공학의 수용을 늦추는 것은 "굶주리는 우리의 세계가 감당할 수 없는 사치"라고 주장한다.

아무래도 몬산토 사 광고 캠페인의 핵심은, 광고 맨 아래쪽에 실린 기업 슬로건 속의 세 단어, 즉 '식량-건강-희망'에 있는 것 같다. 생명공학은 날로 증가하는 세계인구를 먹여살릴 수 있는 열쇠라는 것이다. 생명공학은 건강한 환경을 되살리는 데 기여하면서 더 이상의 훼손을 막을 것이며, 또 농민과 소비자들에게 더 많은 선택과 기회를 제공해 줄 것이라는 것이다.

하지만 좀더 면밀히 살펴보면, 농업에서 생명공학의 광범위한 채택은 정확하게 이것과 정반대의 결과를 가져오리라는 것을 알 수 있다.

우선 생명공학은 전세계 기아문제를 해결하기는커녕 오히려 곡물생산을 위협할 것이다. 농민들이 자기 씨앗을 틔울 권리에 대해 대가를 지불하도록 강요할 것이며, 제3세계의 생산량에 대한 선진국의 수요를 감소시킬 것이며, 빈곤한 농민들이 식량을 재배할 수 있는 토지에 접근하는 것 자체를 가로막을 것이다. 식량부족 문제를 기술적으로 해결할 수 있다는 이러한 간교한 약속은 경제적·정치적 권력과 토지의 불공평한 분배를 은폐하는 데 불과하다. 뿐만 아니라 농업 생명공학 기술이 광범위하게 채택될 경우, 이것은 오히려 이러한 불평등을 증대하고 확장시킬 것이다.

둘째로, 농업 생명공학은 토양에 파괴적인 석유화학 물질을 끼얹어야 할 필요성을 줄여주기는커녕 구조적으로 제초제와 화학비료에 대한 농민들의 의존을 더욱 심화시키게 되어 있다. 60년대와 70년대의 녹색혁명 때처럼 화학물질에 내성을 갖는 잡초와 해충을 만들어내는 쪽으로 나아감으로써, 미증유의 해충창궐과 잡초 문제를 불러일으키고 농업의 생물 다양성을 감소시키고 작황실패를 더욱 부추길 것이다. 생명공학은, 농민과 소비자 모두를 위협하는 위험 요소들로 가득 찬 농업생산 체계에다가 새로운 건강상의 위험요인을 덧붙이고 있다.

셋째로, 농업에서의 유전자 혁명은 농민과 소비자들에 대해 새로운 기회를 제공해 주기는커녕 식량생산에서의 기업 독점구조를 더욱더 강화시키는 것으로 설계되어 있는, 국제규범과 무역제한을 포괄하는 일련의 패키지를 구성하는 한 부분이다. 생명공학을 선전하는 기업들(그리고 정부·무역기구·연구기관 등의 동맹들)은 소농들의 독립성과 혼합경작, 비(非)화학농업, 농업의 다양성 면에서의 농민 친화적인 혁신을 증진하기보다 오히려 빈곤한 농민들이 종자와 농업투입물에 대해서 기업에 더욱더 의존할 수밖에 없게 하기 위해서 — 자신들의 건전한 기업원칙에 근거하여(?) — 온 힘을 쏟아부으면서, 농업관련 연구를 기업의 이윤추구와 부합하는 매우 좁은 범위로 제한시키고 있다.

이 글에서는 농업 생명공학 옹호자들이 제기하는, 전세계에 식량과 건강 그리고 희망을 심어줄 수 있다는 주장들이 하나씩 차례로 논박될 것이다.

1절에서는 유전자 조작 작물이 가져올 수 있는 사회적·경제적 영향들을 살펴볼 것이며, 특히 기술의 단시간 내 광범위한 확산이 빈곤층의 식량 접근성을 증가시키기보다 오히려 거부할 수 있다는 점을 볼 것이다. 2절에서는 농업 생명공학의 생태적 위험성과, 농업생산물에 미치는 영향에 대하여 분석할 것이다. 그리고 3절에서는 이와 같은 위험에도 불구하고 농민들로 하여금 유전자 조작 농작물을 재배하도록 하기 위해서 기업과 그 동맹들이 구사하는 전략에 관해 자세히 살펴볼 것이다. 마지막 절에서는 농업부문에서 그와는 다른 경로를 추구하는 사례들과, 이를 달성하는 데 도움이 될 수 있는 정책들을 개관할 것이다.

1. 굶주리는 자에 대한 식량은 거부한다

TV 화면을 통해 아프리카의 수단이나 그 밖의 다른 지역의 굶주리는 사람들을 보아온 대중들에게, 유전자 조작 농작물이 제3세계의 늘어가는 인구를 먹여살릴 수 있다는 주장은 도덕적으로 매우 큰 호소력을 가진다. 생명공학 옹호자들은 매우 책임감 있으며 심지어 이타적인 사람으로 보이기까지 할 것이다.

그러나 이들의 주장은 매우 잘못된 것이다. 이것은 영양실조와 굶주림, 기아와 기근의 진짜 원인을 간과하는 처사이다. 또 식량이 충분하지 않기 때문에 굶주리고 그래서 배가 고픈 것이라는 잘못된 가정 아래 있는 것이다.

최근에 개최된 생명공학안전성의정서 협상회의에서 한 에티오피아 대표는, 유전자 조작 농작물 금지론자들은 에티오피아의 굶주리는 사람들의 지위를 침해하는 것이라는 영국 과학자들의 주장에 대하여 이렇게 말했다(Gurdial Singh Nijar, 1997).

에티오피아에는 여전히 굶주리는 사람들이 있다. 하지만 이들은 돈이 없기 때문에 굶주리는 것이지, 살 수 있는 식량이 없어서 그런 것은 아니다. …우리는 우리의 빈곤을 함부로 악용해서 유럽 대중들의 이해관계를 조종하는 데 대해 정말로 분개한다. (Pretty, 1998a, pp. 4~5에서 재인용)

전세계적으로 늘어가는 인구가 적절히 먹을 수 있기 위해서 미래에는 더 많은 식량이 필요하리라는 것은 의심의 여지가 없다. 그렇긴 하지만 오늘날 굶주리고 있는 사람들(에티오피아건 미국이건 영국이건)은 주로 음식에 대한 접근이 거부되기 때문에 그러한 것이다. 불공정하고 불평등한 정치·경제적 구조, 특히 토지와 무역과 관련된 구조가 생태파괴와 결합되면서, 빈곤층을 한계선상으로 몰아가고 있으며 그들에게서 먹을 수 있는 수단을 빼앗고 있다.

UN 세계식량계획(WFP)은, 전세계 모든 사람들에게 영양 있고 적절한 식사—연간 1인당 평균 350kg의 곡물—를 충분히 공급할 수 있는 양 이상의 식량이 이미 생산되고 있다—필요량의 1.5배 이상—고 밝히고 있다. 그러나 적어도 세계인구의 1/7에 해당하는 8억 명은 굶주리고 있다. 이 가운데 약 1/4은 어린아이들이다. 이들은 음식을 재배할 토지에 접근하지 못해서 혹은 음식을 살 수 있는 돈이 없어서 혹은 국가 차원의 복지시스템이 갖추어지지 않은 나라에서 살고 있다는 이유로 굶주리고 있다.

농업 생명공학은 이와 같이 기아에 내재해 있는 구조적인 원인들을 해결하는 것과는 전혀 상관이 없다. 오히려 그 반대로 이를 더욱 악화시키게 될 것이다. 현재 연구·개발되고 있는 식품들은 빈곤한 사람들이 살 엄두도 낼 수 없는 것들이다. 게다가 유전자 조작 농작물의 높은 비용으로 인하여 많은 중소농들이 농촌에서 추방당할 것이며, 그 결과 앞으로 더 많은 사람들이 자신이 필요한 식량을 재배하거나 살 수 없게 될 것이다. 뿐만 아니라 유전자 조작 농작물은 현대농업이 가져다 주는 환경에 대한 역효과들을 줄여주기는커녕 이보다 더한 생태적 파괴를 가져올 것이며, 그에 따라 빈곤층을 위한 식량안보는 더욱더 악화될 것이다.

전지구적 식량공급과 세계인구에 어떤 혁명적인 일이 일어난다

할지라도, 식량에 대한 접근이 돈에 의존하는 한 그리고 가난한 사람들이 식량시장이나 토지로부터 소외되는 한, 수많은 사람들이 영양실조와 굶주림과 기아상태로 내몰리는 상황은 변치 않을 것이다.

가축사료용이지, 인간이 먹을 것이 아니다

생명공학 기업들은, 자신들의 연구가 굶주리는 자들을 먹여살려야 한다는 필요에 의해 추동되고 있다고 주장한다. 그러나 이 같은 주장은 실제로 검증된 적이 없었다. 지금까지 그들이 생산해 온 식량이 제3세계의 가난한 사람들에게 혜택을 준 적은 거의 없었다.[1] 예를 들어 미국에서 상업적으로 재배되고 있는 두 가지 주작물은 콩과 옥수수이다. 그런데 콩수확의 90~95%와 옥수수의 60%는 인간이 먹는 것이 아니라 가축사료용이다(Lappe and Bailey, 1998).

동물사료는 유전자 연구에서 계속 중요한 초점이 되고 있다. 예를 들어 1998년 몬산토 사는 세계 제1의 곡물중개상인 카길 사와 함께 생명공학으로 개선된 새로운 곡물 가공체계와 가축사료를 만들어 판매한다는 합작사업을 발표했다.[2] 유전자 조작된 사료작물의 개발은, 인도처럼 국민 대다수가 고기를 먹지 않는 나라들의 기아문제 해결에 전혀 도움을 주지 않을 것이다. 그리고 전세계적으로 세 명

---

1) 식용작물 부문에서조차 대부분의 생명공학은 식량생산을 위한 것이 아니다. 예를 들어 옥수수에 출원된 생명공학 특허의 1/4은 산업용으로 광범위하게 쓰이는 옥수수전분 생산을 증대하기 위한 것이다(*The Ecologist*, 1996, p. 267 참조). 식물 생명공학의 또 다른 주요 응용분야는 면화나 담배 같은 비식용작물에 관한 것들이다.

2) "Cargill and Monsanto Announce Global Feed and Processing Biotechnology Joint Venture," *PR Newswire*, 14 May 1998, St. Louis and Minneapolis. 카길에 관한 더 자세한 내용은 Kneen(1995) 참조.

중 두 명은 채소가 주식인 것으로 추정되고 있다(Pimmentel, et al., 1975, Rifkin, 1992, p. 163에서 재인용).

고기를 좀더 많이 먹는 나라들에서도, 사료작물은 기아문제를 완화시키는 데 도움이 안 된다. 우선 동물사료를 고기로 전환하는 것은 사람들에게 단백질을 공급하는 데 있어 매우 비효율적인 방식이다.[3] 전세계 기아문제는, 사람들이 고기를 먹기보다는 식물단백질을 직접 섭취할 때 줄어들 수 있을 것이다. 1에이커의 곡물은 고기 생산에 소요되는 1에이커보다 5배나 많은 단백질을 생산해 내는 것으로 추정되고 있다. 콩과작물(콩, 완두 등) 1에이커는 그보다 10배나 많이 생산한다. 그리고 엽채류는 15배나 더 생산한다(Lappe, 1991, Doyle, 1985, p. 287에서 재인용).

둘째로, 고기는 이미 잘 먹고 있는 사람들, 다시 말해 고기를 살 돈이 있는 사람들에 의해 소비되는 경향이 크다. 전세계 50개국을 대상으로 한 1987년의 소비패턴 조사에 따르면, 고소득집단은 저소득집단에 비하여 동물로부터 얻는 지방·단백질·칼로리가 더 높은 것으로 나타나고 있다(Harris, 1987, p. 25; Rifkin, 1992, p. 155).

게다가 제3세계의 많은 국가들에서 가축생산은 가난한 사람들의 먹거리를 직접 희생시켜 가면서 이루어지는 경우가 많다. 이집트가 바로 이러한 경우이다. 이집트 정부는 미국국제개발국(ZUSAID)과 기타 개발기구들로부터 원조를 받아 축산부문에 집중투자하였다. 그에 따라 1970~80년, 농작물생산은 17% 증가했지만 가축생산은 거의 두 배인 32% 증가했다. 다음 7년간은 농작물생산은 10% 늘

---

3) 예를 들어 미국의 집약적 가축사육의 경우, 가축이 정상적인 신체기능을 유지하는 데만도 가축사료 형태로 받아들이는 에너지의 89%가 소모되고 에너지의 11%만 고기로 전환된다. 육우 한 마리는 식물단백질을 790kg 이상 소비하면서 50kg도 안 되는 단백질을 생산할 뿐이다(Rifkin, 1992, pp. 160~61 참조).

어난 반면, 가축생산은 거의 50% 증가하였다.

증가하는 가축들을 먹이는 데는 엄청난 고비용으로의 전환, 즉 사람에게서 동물로의 식량공급 변화가 일어난다. 이집트 내에서 재배된 옥수수를 비롯한 조곡들은 1966년 총생산의 53%에서 1988년에는 6%로 떨어졌다. 이집트는 농토의 거의 40%에서 사료작물용이 재배될 정도로, 사람이 먹는 것보다 가축이 먹는 곡물을 더 많이 생산한다. 식용곡물은 미국으로부터 수입되며, 이는 고스란히 이집트의 부채로 직결된다. 1988년에 국가부채는 수출가치의 5배에 달했다. 이집트 농업이 가축생산으로 전환하면서 발생한 지속적인 이득은, 미국 곡물을 엄청난 보조를 받은 가격으로 이집트로 수출하는 카길(Cargill) 사와 같은 대규모 미국 곡물상들에게 돌아가고 있다 (Mitchell, 1996, pp. 19~25).

판매의 편의를 위한 생명공학

식품과 관련된 대부분의 생명공학 연구들은 가난한 소비자들의 영양적 필요보다는 식품가공업자들의 상업적 필요에 그 초점을 맞추고 있다. 예를 들어 몬산토의 고전분 감자는, 상업적으로 재배된 감자가 선진국의 패스트푸드점에 있는 튀김통에 잘 맞도록 개발된 것이지, 더 나은 혹은 더 싼 식품을 위한 것이 절대 아니다. 칼진 (Calgene, 이제는 몬산토의 일부) 사의 플라브르 사브르 토마토는 과숙을 늦춤으로써 슈퍼마켓 진열대에 더 오래 두기 위해 개발되었다. 그러나 미국에서 이 토마토는 과육과 맛이 대중의 입맛에 맞지 않은데다가 운송중에 물러터지는 등의 이유로 판매가 중단되었다 (현재 이 토마토는 토마토퓨레로 가공되고 있다).

유럽연합은, 콜리플라워의 잎이 좀더 오랫동안 푸른색을 띠게 만들어서 사람들이 잎을 잘 먹지 않더라도 채소가 더 신선하게 보이게 할 수 있는 연구에 기금을 지원하고 있다(Genetic Concern, 1998). 콩은 대부분 가축사료로 가는 것이 아니라 가공식품으로 사용된다. 식빵, 시리얼, 소스에서부터 비스킷, 케이크, 초콜릿에 이르기까지 가공식품의 60% 가량이 유전자 조작된 콩에서 나온 물질을 함유하고 있다.

이러한 가공식품들은 신선식품을 먹을 때 발생하는 건강상의 혜택을 제공해 줄 수 없다. 예를 들어 영국에서의 최근 연구는, 과일 소비를 자주 하지 않을 때보다 "신선한 과일을 매일 섭취하면 심장질환 사망률을 24%, 뇌혈관질환 사망률을 32% 줄일 수 있고, 총사망률의 21%를 줄일 수 있다"고 밝히고 있다(Key, et al., 1996, pp. 775~79; Leather, 1996, p. 34). 신선한 과일의 평균 섭취량이 저소득계층에서는 점점 줄어들고 있다는 사실은, 부분적으로 유전자 조작 식품이 촉진하려고 하는 식품의 장거리수송과 관련된 유통시스템에서 비롯되는 것이다.

선진국가들에서는, 트럭이 점점 움직이는 창고로 되면서 갈수록 더 많은 식품들이 생산지에서 점점 더 먼 곳까지 운송되고 있으며, 슈퍼마켓 체인들은 주요 도로변에 새로운 물류창고를 건설하고 있다. 그러나 차가 없는 가난한 사람들은 가격이 평균 23%나 더 비싼 동네 구멍가게나 슈퍼·편의점에서 신선도가 떨어지는 식품을 사야 한다. 1996년 영국에서 빈곤가정을 대상으로 실시한 영양관련 연구는 다음과 같이 지적하고 있다.

비싸고 질 낮은 음식의 문제를 해결하고자 하는 가장 적극적인 행동은 빈곤한 지역사회 내부로부터 나오고 있다. 이들은 식품구매협동조합, 물물교환 프로젝트, 생계농업 등을 통해서 신선한 음식에 대한 접근성을 증진시키기 위한 프로젝트를 수립하고 있다.
(Leather, 1996)

반면 미국 생명공학산업연합의 보고서에 따르면, 미래에 생명공학 기술은 과일과 채소의 과숙이나 부패를 지연시키고 외관을 향상시킴으로써 이것들을 더 먼 거리까지 운반하고 또 슈퍼 진열대에 더 오래 둘 수 있게 만드는 데 투자될 것이라고 예측하고 있다 (Evans, 1996, p. 802). 이러한 기술은 개도국의 상업적 생산자들이 재배하는 망고·파파야·멜론 같은 몇몇 과일과 채소들의 경우 선진국의 소비자들에게 좀더 쉽게 도달될 수 있게 해줄 것이다. 그렇지만 개도국의 하이테크 생산자와 선진국의 잘사는 소비자들 간의 무역관계가 확립되어 확장되는 것이 선진국과 개도국 빈곤층의 영양 상태에 기여할 것 같지는 않다. 식품의 장거리 운송시스템을 유지하는 것은 석유업계나 항공사, 자동차업계에는 좋은 소식일지 모르지만, 그럼에도 불구하고 오염을 가중시키는 에너지/자원 집약적 시스템인 것만은 사실이다.

모든 소비자들의 이해관계는, 유전자 조작 식품이 아니라 가능하면 생산지에서 가까운 거리에서 재배되고 소비되도록 함으로써 그리고 다국적기업이 아니라 소비자와 생산자에게 시장통제력을 부여함으로써 충족될 수 있는 것이다.

열대지방 환금작물이 유전자 조작 작물로

생명공학의 몇몇 응용기술은 선진국 내에서 열대 환금작물을 재배하는 데, 즉 작물로부터 나오는 물질을 실험실에서 추출하는 데 그 목적이 있다. 이러한 작업이 성공한다면, 많은 개도국들의 국민

소득뿐만 아니라 국민들의 소득 및 고용기회에 심각한 영향을 미칠
수 있다(Shiva, 1998, p. 32).

예를 들어 생명공학 실험실에서의 조직배양을 통해 바닐라 재배
가 가능해지면서, 마다가스카르의 약 7만 명에 이르는 바닐라 재배
농민들은 파멸 위기에 직면해 있다(Busch, et al., 1990). 더구나 바닐
라는 마다가스카르 총수출소득의 10%를 차지하고 있다. 이와 마찬
가지로, 선진국에서 유전자 조작된 설탕과 감미료가 재배·가공됨
에 따라 약 1천만 명으로 추정되는 사탕수수 재배 농민들은 생계를
잃어버릴 위기에 처해 있다. 이렇게 생명공학에 의해 생산되는 과
당은 이미 전세계 시장의 10% 이상을 장악했다(Nottingham, 1998).
또한 카놀라(봄유채, 현재 영국에서 야외실험중)는 코코넛유와 팜유를
대체하는 기름을 생산하기 위하여 유전자 조작된 것이다. 이 기술
이 성공한다면, 세계 제1위 코코넛유 생산국인 필리핀의 수출소득
은 줄어들 것이다. 코코넛유는 필리핀 총수출소득의 7%를 차지하
고 있으며, 직·간접적으로 전체 인구의 약 30%인 2,100만 명의 고
용창출 효과를 내고 있다(같은 책). 1천만 명 정도로 추정되는 인도
케랄라(Kerala) 사람들 역시 코코넛을 대체할 신기술로부터 위협받
고 있다(Shiva, 1998, p. 36). 초콜릿 시장 또한 유전자 조작된 카카오
버터 대체물의 개발로 매우 취약한 상태이다. 이것은 잠재적으로
수백만 명의 서아프리카 소농들을 대체해 버릴 것이다(같은 곳).

이러한 환금작물 생산자들 가운데 일부는 다른 작물 생산으로 전
환이 가능하겠지만, 대부분은 다른 작물을 재배하기 위한 장비를
살 돈이 없어서 혹은 그 동안 빌렸던 자금을 상환할 여력이 없어지
는 바람에 토지를 압류당해서 그렇게 하지 못할 것이다. 그리고 토
지를 소유하지 못한, 상업농장의 노동자들은 일거리가 없어질 것이
다. 수출소득이 대폭 줄어든 상황에서, 이러한 노동자와 농민들에

게 보상해 줄 위치에 있는 개도국들은 거의 없다(같은 곳). 결국 이들은 스스로 자신들을 책임져야 하는 상태로 내몰릴 것이며, 대부분은 음식을 살 돈이 없어서 영양실조에 빠지게 될 것이다. 열대지방 환금작물의 대체물을 만들기 위한 생명공학으로 말미암아 빈농들의 생계가 파괴되고 빈곤과 기아의 조건이 더욱 악화될 것이라고, 몇몇 비평가들이 경고하는 것은 그리 놀랄 만한 일이 아니다(같은 곳).

생계수단을 말살한다

유전자 조작 농작물이 개도국뿐 아니라 선진국 소농들의 생계에 가하는 더 큰 위협은, 기업들이 농민들의 오랜 관행이었던 수확물에서 종자를 자가채취하고 그 종자를 서로 교환하는 권리를 부정하면서 해마다 기업의 종자를 자기들이 정한 가격에 사도록 강요하는 데서 비롯된다.

지난 30년 동안, 농민들이 상업적으로 육종한 종자기업들의 교잡종자를 사는 것은 점차 보편화되었다. 선진국에서는 거의 모든 농민들(유기농가들도)이 교잡종자를 사용한다. 개도국에서는 소농들이 채소와 주요 식량작물(카사바 · 사탕수수 · 기장 등)을 재배하는 데 비(非)교잡작물이 아직도 보편적으로 이용되기는 하지만, 점차 많은 곡물작물들에서 교잡종자가 규범화되어가고 있다(비록 쌀 · 밀 · 보리 · 귀리 · 호밀 등과 같은 소립곡물들은 생물학적으로 상업적인 교잡이 잘되지 않지만).

교잡종자는 다음 세대에서는 제대로 생산되지 못한다. 씨앗이 아예 나지 않거나 부모 종자와 똑같지 않기 때문에, "교잡종자가 수확되어 다음해에 심어지면 전반적으로 소출이 감소한다"(Collins,

1998). 그래서 선진국들에서는, 산출도 적은데다 식품가공업자와 소매상들이 작물의 균일성을 요구하기 때문에 많은 농민들이 더 이상 농가에서 수확한 종자를 사용하지 않는다(보리와 밀은 상당수 자가 채종한 종자를 사용한다). 개도국들에서는 교잡종자의 수확·저장이 좀더 일반화되어 있다.

> 브라질과 같은 나라에서 자원이 열악한 농민들은 종종 제2세대 종자를 토종종자들과 섞는 육종원으로 사용한다. 이러한 방식으로 숙련된 지역 내 육종자들 — 대부분이 여성들이다 — 은 유용한 유전적 특질을 골라내어 이를 즉시 응용한다. (Steinbrecher and Mooney, 1998)

종자기업들이 교잡종자들을 개발할 수 있었던 것은, 농민들이 몇 세대에 걸쳐 개발하고 유지해 온 식물들을 확보했기 때문이었다. 이제 선진국들은 '농토에서 수확된' 어떠한 종자에 대해서도 농민들이 기업들에게 로열티를 지불하는 것을 의무화하는 법령을 제정해 놓고 있다.[4]

몬산토와 같은 기업들은 '자신들의' 종자에 대한 통제권을 강화하기 위해서 농민들이 종자를 자가 사용용으로조차도 전혀 수확할 수 없게 하는 시도들을 하고 있다. 예를 들어 농민들이 몬산토의 제초제 라운드업에 저항성을 갖도록 유전자 조작된 종자를 사는 경우, 그들은 어떤 용도로든 다음해에 심을 종자를 한 톨도 남겨두지 않

---

4) 대부분의 개도국들에는 이와 같은 식물보호법률이 갖추어져 있지 않다. 하지만 WTO의 TRIPs협약은 회원국들이 몇 년 이내에 이러한 법률을 제정하도록 규정하고 있다(The Gaia Foundation/Genetic Resources Action International, 1998 참조).

겠다고 씌어 있는 계약서에 서명해야 한다(Lappe and Bailey, 1998). 미국에서는 이 계약을 위반하는 농민들에 대해서 소송을 제기하기 위해서, 몬산토 사가 사립탐정들을 고용해서 계약위반 여부를 확인하는 것으로 알려져 있다. 유전자 조작된 콩 종자가 도입되기 전까지만 해도, "미국 중서부의 전체 콩 재배지 중 20~30%는 대개 자가채종한 종자를 심었던 것으로 추정되었다"(RAFI, 1998a).

몬산토가 가하는 궁극적인 위협은 '터미네이터 기술'이라고 불리는 것이다. 즉 2~3개의 새로운 유전자를 집어넣음으로써, 종자가 다시 심어질 경우 발아 초기에 죽도록 만드는 것이다(*GenEthics News*, 1998, pp. 1~2). 터미네이터 기술은 농민들이 자신이 수확한 종자를 재배해서 식량을 수확하는 것을 불가능하게 만들 것이다. 해마다 농민들은 기업들에게 달려가서 종자를 사지 않고서는 달리 방도가 없다. 특허소유자에 따르면, 이 기술의 주목표는 "제2세계와 제3세계 국가들"[5]과 면화 · 콩 · 밀 같은 자가수분 작물들이다.

미국 농무부와 공동으로 터미네이터 기술을 개발한 미국 델타 앤드 파인랜드(Delta & Pineland, 지금은 몬산토 사가 인수했음)의 기술이전 부사장 콜린스 박사는 이 기술에 대해 다음과 같이 주장한다. "개량된 자가수분 작물품종을 한 번 구입해서 여러 번 사용하는 것을 방지하는 능력을 갖고 있기 때문에, 전세계 모든 곳의 농민들이 향상된 식물종자의 이득을 누릴 수 있는 기회를 가지는 것을 보장하고, 따라서 전세계 농업공동체에 편익을 제공할 것이다."

터미네이터 기술은 정말로 '기회'일까? 그런데 만약 농민들이 그 종자를 재배하는 것밖에 달리 선택할 길이 없다면?

---

5) 미농무부 대변인 윌리엄 펠프스는, 이 기술의 목표는 "미국 종자기업들이 소유한 특허종자의 가치를 높이고, 제2세계 및 제3세계 국가들에서 새로운 시장을 개척하는 것"이라고 말했다(RAFI, 1998a 참조).

콜린스는 기업에 좋은 것은 농민들에게도 반드시 좋은 것이라는 자신의 생각을 더욱 발전시킨다. "종자를 수확하여 보관하는 농민들의 오랜 전통은, 새롭고 생산적인 품종을 심으려 하기보다 어쩔 수 없이 낡은 종자품종에 얽매여서 관행적으로 '쉬운 길'을 택하는 제3세계 농민들에게 정말 큰 손실이다"(Collins, 1998). 하지만 자신들이 채종하여 개량시킨 종자로부터 먹거리를 얻는, 열악한 자원을 가진 14억의 농민들은 자신들을 식물육종으로부터 배제시킬 수 있는 이러한 반(反)생명적인 기술에 대해 절대로 낙관적인 시각을 가지지 않을 것이다.

콜린스는 수십 년간 자신들의 경작지에서 생산적인 품종을 개발하고 보존해 온 정말로 창조적인 농민들이 존재한다는 사실을 알지 못하는 것 같다. 이러한 농민들은 전세계 식량의 15~20%를 재배한다. 게다가 몬산토가 카길과의 관계를 계속 유지하면서 터미네이터 기술을 자사의 종자품종에 집어넣는 데 성공한다면, 그리고 카길이 대부분의 개도국들에서 몇몇 농산품에 대한 독점체제를 유지하는 한 농민들은 선택의 여지 없이 불임종자를 살 수밖에 없을 것이다.

『유전자윤리 뉴스(*GenEthics News*)』의 데이비드 킹(D. King)은 이렇게 말한다.

생명공학을 이끌어가는 실제 이해관계가 무엇인지를 밝혀주는 것이 종종 드러난다. 농민들이 종자를 다시 심지 못하게 하는 터미네이터 기술은 생명공학에서 이윤동기가 우월함을 매우 순수하고도 적나라하게 보여주는 것이다.[6]

---

6) *GenEthics News*, 1998. 최근 영국의 제네카 사는 쥐의 지방조직에서 유전자를 추출하여 '버미네이터'라고 불리는 터미네이터 기술의 변종을 특허 출원했다

이 기술의 발명자들은 이미 이러한 동기를 시인했다. 델타 앤드 파인랜드 부사장은, "자가수분 작물의 이용에 대한 보호시스템"은 "기업들에게 자신들의 투자에 대한 정당한 대가를 받을 수 있는 길을 열어주는 신기원"이라고 솔직하게 말하고 있다. 그리고 농무부의 한 분자생물학자는 "우리의 임무는 미국 농업을 보호하고 외국과의 경쟁에 직면하여 경쟁력을 갖게 하는 것"이라고 천명하고 있다.

영농비용이 증가한다

종자를 채종하여 다시 사용하지 않고 해마다 사야 한다는 것은 투입비용을 급격하게 상승시킴으로써 상당 경우 많은 농민들을 파산으로 몰아갈 것이다. 토지를 상실한 수많은 소농 생산자들은 "전세계를 먹여살리는" 구호와는 정반대인 극빈과 기아 상태에 직면할 것이다.

몬산토는 대부분의 유전자 조작 종자의 가격을 아직 결정하지 않았다고 말한다(*Farming News*, 1998. 8. 21). 하지만 이미 라운드업레디(Roundup-Ready)는 기존의 종자보다 비용이 더 많이 들어간다. 예를 들어 미국에서 대부분이 종자비용은 1에이커를 심을 수 있는 50파운드 한 포대에 15달러 정도인데, 1997년 라운드업레디 콩 종자는 이 가격의 거의 두 배로 판매되었다(Lappe and Bailey, 1998). 더구나 농민들은 에이커당 8달러의 '기술료'를 몬산토에 지불해야 했다. 하지만 미국 농업의 불황으로, 이때부터 몬산토는 몇몇 품목의 가격을 인하했다.

(RAFI, 1998b 참조).

많은 토지를 물려받아 보유하고 있는 농민들에게는 종자비용의 상승이 문제가 되지 않을 수도 있다. 왜냐하면 대농들은 자신들의 구매력을 이용해서 종자구입 비용을 대폭 할인할 수 있기 때문이다. 또 라운드업레디 종자는 제초제 살포회수와 노동비용을 줄여주기 때문에 대농들로서는 '제초제 주도'의 상당한 '규모의 경제'가 가능해질 수도 있다. 하지만 소농들에게 종자비용의 증대는 곧 파멸을 의미하는 것이다.

경제적 생존이 종자를 해마다 구할 수 있는가 여부에 달려 있는 개도국 생산자들 역시 투입비용의 추가로 인해 파멸할 가능성이 크다. 이들은 해마다 종자에 대한 대가를 지불해야 할 뿐 아니라, 제초제와 화학비료도 사야 할 것이다. 개도국, 특히 소농들로서는 사람을 고용해 잡초를 뽑는 것이 더 싸기 때문에 제초제 사용이 적은 편이다. 또 그렇지 않아도 엄청난 보조금 혜택을 받는 EU나 미국의 식량이 들어오면서 많은 소농들은 이 수입식량들과의 경쟁으로 이미 압박을 받고 있기 때문에, 부채의 구렁텅이로 빠져들 것이다.

녹색혁명 때와 마찬가지로, 그 결과는 새로운 농가 파산의 물결로 닥쳐올 것이며, 그에 따라 극빈 농민들은 토지를 상실하고 부농들은 토지를 집적하고 투기꾼들은 파산한 농장을 사들일 것이다. 한국에서는 녹색혁명이 진행되면서, 부채농가의 수가 1971년 76%에서 1983년 90%, 1985년에는 98%로 증가하였고(Bello and Rosenfeld, 1990, p. 86), 그 결과 토지를 버리고 도시로 이주한 농민이 1986년 3만 4천 명, 1987년 4만 1천 명, 1988년 5만 명이나 되었다. 인도 펀자브 지방에서는 녹색혁명 기술이 야기한 높은 투입비용 때문에 1970~80년 소농의 수가 거의 1/4로 줄어들었으며, 많은 사람들이 극빈상태로 내몰렸다. 그런데 지금 유전자혁명이 녹색혁명의 구렁텅이 속에서 그나마 살아남은 사람들을 다시 위협하고 있다.

비효율적 영농이 늘어난다

농업 생명공학의 옹호자들은, 이와 같은 농가 파산은 유감스러운 일이지만 농업의 효율성 증대를 위해서는 감수할 수밖에 없는 희생이라고 주장할지도 모른다(Vasil, 1996, pp. 399~400. GeneWatch, 1998b에서 재인용). 노동단위당 생산량 면에서 볼 때, 소농은 대규모 현대적 농장에 비해 '효율적'이지 못할 수 있다. 그러나 토지면적당 총생산량에서는 소농이 대규모 농장보다 나은 경우가 많다. 국제농업식량기구(FAO)는 보고서를 통해서 계속 제3세계의 소농들이 대농들보다 생산성이 더 높다는 것을 보여주고 있다.[7]

또한 '비효율적인' 소규모 생산자들을 '효율적인' 대규모 생산자로 대체해야 한다는 주장은 농가간 네트워크——시장에 도달하지 않는, 따라서 공식 생산량 집계에서 누락되는 식량으로 이루어지는 비공식적인 네트워크——를 효율적으로 제공하는 데 있어서 소농들의 핵심적인 역할을 전혀 고려하지 않고 있는 것이다.

이러한 네트워크를 없애버리게 되면, 가난한 사람들이 접근 가능한, 즉 시장에서 유통되지 않는 식량의 양이 엄청나게 감소하리라는 것은 명백하다.[8] 이것은 또 자급자족하던 수많은 가구들이 먹을 식량을 사야 한다는 것을 의미한다. 이들이 얼마만큼 그리고 어떤

---

7) 생산성 면에서 볼 때, 태국의 경우 1ha 미만의 농가가 40ha 이상의 농가보다 거의 두 배나 높고, 수단은 0.5ha 미만의 농가가 15ha 농가보다 4배나 높은 것으로 나타나고 있다. 그리고 방글라데시는 0.3~0.4ha의 농가가 3ha 농가보다 6배나 더 생산성이 높은 것으로 나타나고 있다(FAO, 1980, Shiva, 1998, p. 15에서 재인용).

8) 아프리카에서 생산되는 식량의 절반이 농민들의 자가소비용이다. 이런 자가소비용 식량의 생산자들은 총인구의 70~90%를 차지한다(Raikes, 1988, p. 49 참조).

종류의 식량을 구하는가 하는 것은 이들의 돈을 벌 수 있는 능력 혹
은 이들에게 얼마나 지원할 수 있는가 하는 국가의 의지에 달려 있
다.

늘어만 가는 빈곤

유전자 조작 농작물의 재배에 따라 취약한 소생산자들이 여기서
도태된다면, 더한 빈곤과 식량위기가 덮칠 것이다. 아마 도태된 대
부분은 이미 포화상태인 노동시장 속에 편입될 것이다. 이들이 일
자리를 구할 수 있다면, 그것은 필시 도시나 농장의 매우 불안정한
저임금 일용직일 것이다.[9] 제3세계 대부분의 국가들에서 노동자의
실질임금은 급속도로 하락하고 있다. 집필가이기도 한 어떤 연구자
는 수단에서 면화 재배지역의 일자리를 얻기 위하여 경쟁하는, 175
만 명 가량의 계절노동자들에 관해 이렇게 말한다.

전통적인 지원수단을 잃어버린 농장노동자들은 단순한 생산요
소가 되어버렸다. …자신들의 통제권 밖에 존재하는, 변덕스러운
경제운명 앞에서 이들은 더욱더 취약해진다. 협상능력이 거의 없
어진 탓에, 이제 이들은 자신들의 의지와 상관없이 고용되고 해고
된다. (Bennet and George, 1987, p. 59)

---

9) 제초제 저항성 작물이 도입되면, 이러한 일자리도 대부분 사라질 것이다. 현재
제초제가 차지하는 비중은 선진국의 경우 농업 화학물질 소비량의 48%이지만,
제3세계에서는 15%에 불과하다. FAO에 따르면, 그 차이는 저렴한 노동비용, 즉
잡초 제거를 수작업으로 하는 것이 제초제 사용보다 경제적이기 때문이다(FAO,
1993, p. 142 참조).

수출용 작물 플랜테이션 농장의 노동자들은 특히 임금착취와 노동조건에 더 취약하다. 수출업자들은 판매를 국내보다는 국외시장에 의존하기 때문에, 저임금이 "사업을 위해서는 반드시 나쁜 것만은 아니다." 이들의 이윤이 국내 임금소득자나 농민들에게 생산물을 팔 수 있는 능력에 반드시 좌우되는 것은 아니기 때문이다(O'Brien and Gruenbaum, 1991, p. 178).

따라서 '비효율적인' 소농을 몰아냄으로써 나타나는 총체적인 결과는, 생명공학 옹호자들이 약속하는 굶주림의 감소가 아니라 기근과 영양실조의 증대이다.

2. 지속 가능하지 않은 농업

농업 생명공학은 식량생산의 생태적 기반을 오히려 훼손할 수도 있는, 환경적으로 매우 좋지 않은 영향을 미치는 것으로 보인다. 유전자 조작 농작물은 '슈퍼잡초'와 '슈퍼해충'의 진화를 촉진하면서 화학물질의 사용을 더욱 늘릴 뿐 아니라 해충피해로 인해 식량공급 또한 훨씬 취약하게 만들 것이다. 유전자 조작된 특성이 다른 작물과 교잡되는 것은 식량생산에서 매우 중대한 위협이다. 게다가 유전자 조작 농작물은 유전적 다양성을 감소시키며, 그에 따라 식량작물의 종류도 점점 더 줄어들 것이다. 그리고 농작물의 유전적 기반이 축소되면 병해충의 창궐 가능성이 더욱 커지게 될 것이다. 이러한 각종 문제점들은 모두 산업적 단작농법하에서 유전자 조작 농작물이 재배될 것이라는 사실에 그 원인이 있는 것이다.

화학물질 사용과 토양침식이 증대한다

유전자 조작 식품 옹호론자들은 유전자 조작 농작물이 농민들의 화학물질 —지금까지 기업들의 주장에 배치되는 증거들에도 불구하고 기업들은 '안전하다'고 선전해 왔지만, 일반적으로 이제는 환경에 유해하며 특히 토양건강에 유해하다는 것이 인정되고 있다—사용을 줄여줄 것이라고 주장한다.[10] 그러나 현실에서는 그러한 희망을 거의 보여주지 못하고 있다.

현재 상업적으로 재배되고 있는 유전자 조작 농작물의 2/3 가량이 특정 제초제에 견딜 수 있도록 유전자 조작된 것들이다. 몬산토는 자기 회사에서 가장 잘 팔리는 제초제 라운드업(활성성분인 글리포세이트는 대부분의 식물을 죽인다)을 뿌려도 죽지 않는 콩·면화·유채·옥수수·사탕수수를 만들어내면서, 라운드업레디 작물을 재배하면 제초제 사용량을 39%나 줄일 수 있다고 주장하고 있다.[11] 그러나 일부 농민들은 라운드업레디 종자를 재배해서 제초제 사용량을 줄일 수(전혀 안 쓸 수는 없다) 있을지 모르지만 대부분의 농민들, 특히 현재 라운드업레디를 비롯하여 제초제를 사용하고 있지 않은 농민들이 이 종자를 재배하게 될 경우, 전체적으로는 더 많은 제초제가 사용될 것이다. 게다가 인간에 해를 미치는 박테리아

---

10) 1997년 화학부문을 독립기업인 솔루시아(Solutia)로 분리하기 전까지, 몬산토는 미국에서 오염의 제1 주범이었다. 몬산토는 고독성 고엽제인 에이전트 오렌지와 고독성 PCB의 주 생산자였다. 대부분의 생명공학 기업들은 독성 화학물질을 판매한 전력들을 갖고 있다.

11) 몬산토 사 라운드업레디 작물 유럽 담당 스티븐 몰의 법정진술서(Moll, 1997). 그리고 제네카는 "자사의 제초제와 생명공학 종자를 한 묶음으로 파는, 배타적이고 반(反)경쟁적인 관행에 나서고 있다"는 이유로 몬산토 사를 상대로 미국 법정에 소송을 제기했다(*Chemical Week*, 1998).

가 점차 항생제 내성을 갖도록 진화하는 것처럼, 유전자 조작 농작물 주변의 잡초들은 제초제에 저항성을 갖게 될 것이다. 이러한 '슈퍼잡초'를 죽이려면 더 많은 제초제가 필요할 것이며, 작물에는 화학물질이 점점 더 많이 잔류하게 될 것이다.[12]

유전자 조작 농작물 재배 경작지에 뿌린 제초제가 유전자 조작되지 않은 종자를 재배하는 경작지에 뿌린 화학물질보다 독성이 더 강할 수 있다는 몇 가지 사례가 있다. 아그레보(AgrEvo)와 플랜트 제네틱 시스템스(Plant Genetic Systems)[13] 사는 유채를 제초제 글루포사이네이트(glufosinate, 리버티·바스타·하비스트·챌린지 등의 상품명으로 모기업 중 하나인 훼스트 Hoechst에 의해 판매되고 있다)에 저항성을 갖도록 유전자 조작하였는데, 이 글루포사이네이트는 다른 제초제들보다 훨씬 더 많은 식물들에 영향을 미치는 매우 광범위한 작용범위를 갖는 제초제이다. '유전자감시(GeneWatch)'라는 단체는 다음과 같이 지적하고 있다.

제초제 사용량 감소는 글루포사이네이트의 독성과 관련되어 있다. 따라서 사용량은 줄어들 수 있을지 모르지만, 그 독성효과는 똑같거나 오히려 더 심각할 것이다. …현재 아그레보는 미국과 독일에서 이 글루포사이네이트 생산능력을 늘려서 향후 5~7년

---

12) 몇몇 경우에는 제초제 잔류량이 작물의 식용부분에서 더 높게 나타날 가능성이 크다. 몬산토는 몇몇 국가의 규제당국에 작물 내 글리포세이트의 '안전한' 잔류기준을 6mg에서 20mg으로 높일 것을 제안했는데, 미국환경보호국과 EU는 이 제안을 수락했다. 사료작물의 화학물질 잔류기준은 이보다 훨씬 더 높다(Lappe and Bailey, 1998 참조).

13) 플랜트 제네틱 시스템스는 원래 벨기에 기업이었으나 지금은 아그레보가 소유하고 있으며, 아그레보는 독일의 화학 및 제약 기업인 훼스트와 셰링이 합작해서 설립한 생명공학 기업이다.

내에 판매액을 5억 6천만 달러로 늘릴 것으로 기대하고 있다. 이 점을 보더라도, 유전자 조작 작물 재배로 제초제 사용량이 감소할 것이라는 주장은 설득력이 없는 것 같다. 사실은 글루포사이네이트 저항성 작물을 도입함으로써 제초제 판매를 늘리는 것이 아그레보가 유전자 조작 시장에 진입한, 숨겨진 제일의 목표라고 생각된다. (GeneWatch, 1998a)

토양의 비옥도를 떨어뜨리고 물을 오염시키고 지렁이 같은 유용한 미생물들을 절멸시키며 인간 건강에 장·단기적으로 다양한 영향을 미치는 등의 화학물질 제초제가 가져오는 영향은 잘 알려져 있다. 몬산토는 자사의 글리포세이트(glyphosate) 성분 제초제 라운드업이 '환경친화적'이고 '생분해성'이며 "포유동물·새·어류에 대하여 사실상 무독성"이라고 주장하지만, 글리포세이트 제초제가 진딧물 같은 농업 해충을 포식하는 무당벌레(ladybird)나 풀잠자리 등의 익충들에게 치명적일 수 있다는 증거는 점점 늘어나고 있다 (Steinbrecher, 1996, p. 275). 그리고 글루포사이네이트는 식물, 어류, 기타 수생식물들에 대해 독성을 갖는다. 실험실에서 행해진 동물실험은 화학물질이 기형동물 출산과 관계가 있음을 보여주고 있다.

슈퍼해충의 등장

다음으로, 보편화된 농업 생명공학은 스스로 살충성분을 생산하는 작물을 개발하는 것이라고 할 수 있는데, 이런 작물이 이제 미국 내에서 상업적으로 재배되고 있다. 이론적으로는 이러한 작물들은 화학물질 살충제를 사용할 필요성을 없애주고, 따라서 토양뿐 아니라 농민과 소비자들의 건강에 유리하며 해충으로 인한 작물수확 손실을 줄여주는 것으로 되어 있다. 하지만 제초제 저항성 작물이 '슈퍼잡초'의 발달을 야기하듯이, 해충 저항성 작물들 역시 '슈퍼해충'의 창궐을 불러일으킬 수 있다.

해충 저항성을 만드는 가장 흔한 방법은 Bt라는 토양 박테리아로부터 유전자를 뽑아서 식물에 심는 것이다. Bt 박테리아는 해충이나 그 유충이 이것을 먹을 경우 소화기관을 파괴시켜서 죽게 만드는 독성물질을 만들어내지만, 유전자 조작된 Bt 작물이 만들어내는 물질은 해충의 소화액에 의해 활성화될 필요 없이 즉각적으로 독성을 가진다. 또 이 독성은 토양에 잔류하여 9개월 동안이나 계속 남아 있는 데 비해, 자연적으로 생성되는 독성은 이보다 2~3배 빨리 사라진다(같은 글, p. 276). 따라서 유전자 조작된 Bt 독성은 자연적으로 생성되는 Bt 독성보다 훨씬 더 해로울 뿐 아니라, 익충들을 포함하여 갖가지 곤충들을 광범위하게 많이 죽이고 토양 미생물들까지도 죽인다.

이와 같이 유전자 조작 식물이 Bt 독성을 계속 만들어내면, 곤충은 그에 대한 내성을 갖는 방향으로 진화하도록 강력한 자연선택 압력을 받게 된다. 내성을 갖거나 다른 식물로 먹이를 바꾸는 '슈퍼해충'의 등장은 충분히 예상 가능한 것이다. 일단 이러한 일이 발생하면, 농민들은 다시 화학적 살충제 사용으로 돌아갈 것이며, 해충들은 또다시 이에 대한 내성을 키울 것이다.[14] 일부 과학자들은 유전자 조작된 Bt 작물이 효과를 갖는 기간은 10년 이내로, 아마 3~4년 정도에 불과할 것이라고 믿고 있다(Hoyle, 1996, p. 162).

---

14) 유기농 생산자들을 포함한 대부분의 농민들은 생물농약으로서 토양 박테리아를 함유하는 분무제를 사용한다. 그런데 해충이 유전자 조작된 Bt 독성에 지속적으로 노출되면서 박테리아의 독성에 내성을 가지게 되면, 분무제의 효과는 사라진다.

반면 또 일부 과학자들은 균류·박테리아·바이러스에 저항력을 가지는 유전자 조작 식물을 만들어내려고 하고 있다. 이미 토마토, 감자, 호박, 오이, 멜론 등에 대한 야외실험이 시행되었다. 바이러스 저항성을 가진 유전자 조작 식물의 탄생은 새로운 바이러스의 등장으로 이어질 것이고 또 잠재적으로 더욱 심각한 질병을 가져올 수 있다는 증거들이 속출하고 있다(Falk and Bruening, 1994, pp. 280~89). 예를 들어 자연적으로 발생하는 바이러스가 식물에 유전자로 들어간 바이러스 조각과 재결합할 수 있다는 보고가 나와 있다(Osbourne, et al., 1990, pp. 921~25; Greene and Allison, 1994, pp. 1423~25). 새로운 어떤 작물질병이 퍼져나간다면, 이것은 식량공급과 식량안보에 심각한 위협이 될 것이다.

유전자 조작 생물체와의 교잡

유전자 조작 작물과 비유전자 조작 품종 혹은 야생 근친종과의 교차수분은 식량안보에 더 큰 문제이다. 예를 들어 제초제 저항성이 다른 식물들로 전이되면, 없애기가 더욱 어려우면서 기존 식물군을 위협하며 생태계를 교란하는 새로운 잡초들이 등장할 수 있다(GeneWatch, 1998a). 이 점은 무·순무·겨자 등에 대한 야외실험에서 이미 드러나고 있다(같은 글; Eber, et al., 1994, pp. 362~68; Jorgensen and Anderson, 1994, pp. 1620~26; Lefol, et al., 1995, pp. 803~808; Frello, et al., 1995, pp. 236~41). 유전자 조작 감자의 경우 1km 이내에서 비유전자 조작 품종과 교잡화가 발생하였다(Skogsmyr, 1991, pp. 770~771).

이렇게 해서 발생하는 잡종은 금방 사라지지 않을 것이다. 최근 덴마크에서의 연구결과는, 유전자 조작 유채 내의 제초제 저항성

유전자는 잡초에 쉽게 퍼져나갈 뿐 아니라 단 2세대의 교잡과 역교
배 과정 후에는 번식력을 갖는 유사 잡초식물이 발생한다는 것을
보여주고 있다(Mikkelsen, et al., 1996, p. 31).

실제로 많은 수의 유전자 조작 생물체들이 지금도 야외실험을 통
해 환경에 방출되고 있고 또 상업재배가 이루어지고 있다는 사실을
감안하면, 적어도 새로운 유전자들 —— 특히 제초제 저항성이나 해
충 저항성처럼 식물의 생존에 이득을 주는 유전자들 —— 이 상당수
교잡되면서 이것은 생태계에 통제 불능이라는 도저히 예측할 수 없
는 방식으로 영향을 미칠 것이다. 더구나 이러한 교차수분이 갖는
위험성은 선진국들보다는 개도국들에서 더 크다. 왜냐하면 북아메
리카와 유럽에는 이식된 유전자가 교차수분을 통해 퍼져나갈 수 있
는 벼나 콩 같은 작물의 근친종 수가 매우 적지만, 유전자 조작 작물
이 자라고 있을지도 모르는 수많은 개도국들 —— 인도, 중국, 태국,
남아프리카, 브라질 등 —— 은 이런 작물들의 유전적 기원지여서 유
전자가 근친종으로 확산되기가 쉽기 때문이다. 이 같은 이유로, 미
국과학아카데미는 북아메리카보다 소아시아 · 동남아시아 · 인도 ·
라틴아메리카 지역이 특히 "유전자 조작 작물의 도입에 있어 지대
한 주의가 필요하다"고 경고하고 있다(US Academy of Sciences, 1989).

이러한 우려들을 인정하여, 산업계에서는 '터미네이터 기술'이 유
전자 조작 작물의 자손이 확산되는 것을 방지할 것이라고 주장하고
있다. 기술 옹호자들은 유전자 조작 식물이 야생 근친종과 교차수
분되어도 그렇게 해서 나오는 식물은 생존하기 어려울 것이라고 주
장한다. 하지만 터미네이터 기술 또한 인근 작물들로 확산될 수 있
으며, 유전자 조작이 되지 않은 작물들의 번식력을 말살함으로써
잠재적으로 식량생산에 매우 불행한 결과를 가져올 수도 있다. 다
음은 농민권리 옹호단체인 RAFI의 지적이다.

농민들은 싹이 나지 않는 것을 몇 차례 확인한 뒤로는 더 이상 그 종자를 수확해서 다음해에 심으려고 하지 않을 것이다. 따라서 특허소유자는 농민들을 위협하기 위하여 완벽한 기술을 보유할 필요가 전혀 없다.

형질 전환 유전자가 전이될 수 있는 것은 식물뿐만이 아니다. 최근 연구에 따르면, 토양 박테리아에도 전이될 수 있고 또 이것이 곤충·조류·동물로 확산될 뿐 아니라 우리가 마시는 물에도 들어갈 수 있다(Gebhard and Smalla, 1998, pp. 1550~59).

유전적 다양성이 파괴된다

아무리 농업 생명공학으로 새로운 형태의 작물들이 창조된다 할지라도, 식량작물의 유전적 다양성 훼손은 더욱 가속화될 것이다. 새로운 유전자를 한정된 재배종들에 접합시킨다고 해서, 이것이 유전적 다양성 기반의 광범위한 손실에 대한 보상은 되지 못한다. 이러한 유전적 기반은 수많은 지역들에서 장기간의 진화를 통하여 야생종들에 쌓여온 것들이며, 수천 년 동안 지속적으로 소농들의 창조적인 육종노력을 통해 길들여진 수많은 품종들에서 발전되어 온 것이다. 농업의 유전적 기반을 단 몇 가지의 작물들로 축소시키면, 그것은 결국 장기적으로 농업생산의 안정성을 침해하고 그에 따라 인류의 영양섭취 기반을 위협할 것이다.

생명공학 기업들은 사업상의 원칙에 따라, 이미 수십 년 동안 식물육종기업과 종자기업들이 (식품가공기업이나 소매기업들과 제휴하여) 추구해 오던 전략——몇 가지 표준화된 종자와 화학물질에 대한 국가(이제는 전세계) 단일시장을 창출하는 전략——을 여전히

추진하고 있다. 특정 지역에만 적합한 종자들은 판매는 물론 개발
도 되지 않는다. 수십 년 전까지만 해도 인도 농민들은 5만 종 가량
의 쌀 품종을 재배했지만, 10년 전에는 1만 7천으로 줄어들고 지금
은 대다수의 농민들이 불과 수십 종의 쌀 품종만 재배할 뿐이다. 지
난 15년 동안 인도네시아에서는 1,500종에 달하는 지역 특화 품종
들이 멸종되었다. 서로 다른 특성을 가진 다양한 품종들이 지속적
으로 재배되지 않는다면, 다양성은 매우 급속하게 사라진다.[15]

식품가공업자들이 특정한 단일 품종작물을 요구함에 따라서, 유
전적 다양성의 손실은 더욱 가속화되고 있다. 예를 들어 영국의 경
우 법적으로 이용 가능한 150종에 달하는 감자 품종 가운데 단 10
종이 전체 재배면적의 70% 이상을 차지하고 있다(Clunies-Ross,
1995; 1996).[16] 따라서 한 연구자는 "획일적인 영농 관행으로 수렴되
는 경향은 … 형질 전환 종자들이 이용되면 더 악화될 것이다. 그 결
과 나타날 작물재배 패턴은 작물의 취약성을 증대시키면서 질병의
광범위한 창궐을 가져올 것"이라고 결론짓는다(Lappe and Bailey,
1998).

유전자 조작 콩을 재배하고 있는 미국의 일부 농민들은 단일한 유

---

15) 아시아에서 쌀이 재배되기 시작한 8천여 년 전부터, 농민들과 지역공동체들은
  10만 종 이상의 서로 다른 품종들을 개량해 왔다. 그 가운데 어떤 것은 연간 5m
  이상의 강수량에서도 자라고, 또 어떤 것은 사막에서도 잘 자란다. 어떤 것은
  해수면 이하에서도 자라고, 어떤 것은 고지대에서도 자란다. 기업들은 제한된
  지역에 잘 맞는 그러한 품종들을 육종하려 하지 않는다.

16) 지난 19세기에 아일랜드에서 발생한 감자기근은, 유전적으로 동일한 품종이 광
  범위한 지역에 걸쳐 재배된 것이 그 원인이었다. 기근 후에, 당시의 질병에 저
  항성을 갖는 감자가 라틴아메리카에서 도입되어 재배되었다. 그 이후로 유전자
  원의 막대한 손실 —바로 생명공학과 독점기업과 규제법령이 가속화시키려 하
  는 과정—이 계속되었기 때문에, 만약 그와 같은 병해가 미래에 발생한다면 다
  른 대안이라고는 정말 없을 것이다.

전자 조작 품종을 재배하는 것이 질병에 훨씬 더 취약하다는 사실을 이미 알고 있다. 지난 1998년 여름, 미주리 주 중북부지역에서는 푸사리움 솔라니(Fusarium solani)라는 토양균류가 원인이 된 서든 데스 증후군(Sudden Death Syndrome)이 창궐하여 수확량이 크게 감소했다. 이 영향을 받은 지역의 80~90%가 라운드업레디 종자를 재배한 것으로 보인다고 말하는 관측자들도 있었으며, 또 수확의 거의 반을 잃은 한 농민은 이렇게 말했다. "실제로는 질병에 대한 좋은 저항력을 지니지 못한 (유전자 조작 콩) 품종들을 구하려고 종자시장에서 한바탕 난리를 피웠었다."[17]

한마디로 생명공학은 전반적인 화학물질 사용량을 줄이는 데 기여하지 못할 뿐 아니라, 병해충으로 인한 수확손실을 방지하지도 못하고 오히려 문제를 더 악화시킬 것이다.

3. 선택? 무슨 선택?

이러한 생태적 · 경제적 · 사회적 위험성 속에서 만약 완전한 정보에 대한 접근이 가능하다면 많은 농민들은 결코 유전자 조작 작물의 재배를 선호하지 않을 것이다. 하지만 생명공학 기업들과 그 동맹자들은 농민들에게 유전자 조작이 되지 않은 작물을 재배할 기회를 점점 더 주지 않고 있다. 선진국, 후진국을 막론하고 몇 가지 전술들이 가능하다. 이들은 한편으로는 "지금과 마찬가지로 앞으로도 계속 전통종자들도 이용할 수 있을 것"이라고 말하면서, 또 한편으로는 농민들이 종자에 대한 접근권을 상실함에 따라 종자 확보

---

17) "Farmers See Outbreak of Soybean Disease," press release, 1998. 9. 9,
　　Campaign for Food Safety, Minnesota: Krimsky and Wrubel, 1996 참조.

192

및 교환이 불가능해지면서 식물육종기업에 더욱더 의존하게 될 것이라는 우려를 "대체로 근거 없는 것"이라고 말하는 등, 자기모순에 빠진다(Collins, 1998; GATT 사무총장 당시 P. Sutherland의 발언; Clunies-Ross, 1996).

종자에서 슈퍼마켓에 이르기까지 독점

식물육종기업·종자공급상·곡물중개상·화학기업·생명공학기업 간의 합병과 인수, 합작사업, 라이센스 계약 등을 이용해서 소수 생명공학 기업들은 몇 가지 농업상품의 재배 및 판매에 대해 거의 독점에 가까운 통제권을 확보하게 되었다. 몬산토의 최고경영자 보브 샤피로는 기업의 목표를 다음과 같이 솔직하게 드러내고 있다. "과거에는 농민들이 작물을 재배하는 것을 돕는 농업 투입물들을 공급했었다. …이제 점차, 우리는 과거와 달리 종자와 투입물이 소비자에게 이르는 모든 경로를 통해서 가치를 창출하고자 한다" (*Impact*, 1998, pp. 15~19).

몬산토를 포함하여 불과 열 개의 다국적기업이 전세계 종자시장의 40%를 차지하고 있다.[18] 몬산토 사가 자체 추정한 바에 따르면, 미국 곡물산업이 절반이 유전자 조자 종자를 사용하고 있다. 이들은 2000년까지는 미국에서 재배되는 모든 콩이 라운드업레디 품종일 것이라고 기대하고 있다(Lappe and Bailey, 1998).

머지않아 선진국 농민들은 이와 같은 독점적 통제에 가장 직접적으로 영향을 받을 것으로 보인다. 앞으로 몇 년 내에 몬산토가 일본

---

18) 이러한 시장지배는 유전물질의 특허를 통해 더욱 강화되고 있다. 예를 들어 몬산토는 모든 유전자 조작된 면화와 유채에 대하여 특허권리를 요구하였다 (GeneWatch, 1998b; GRAIN, 1998 참조).

에 제공하는 콩은 유전자 조작된 콩뿐일 것이다(같은 책). 그리고 아일랜드에서는 몬산토와 노바티스가 라운드업레디 사탕무에 대한 상업적 재배 승인을 취득하려고 시도하고 있는데, 몬산토는 아일랜드 사탕무 종자의 주공급처인 노바티스가 아일랜드 시장에 계속 전통종자를 공급하는 것이 비경제적이라는 사실을 알게 될 것이라고 경고했다(Moll, 1997).

하지만 터미네이터 기술이 도래함에 따라, 제3세계 14억 인구 규모의 잠재적인 시장을 선점하려는 주요 생명공학 기업들의 열망은 더욱 급해질 것이다. 더구나 이 사람들은 주로 종자를 사기보다 해마다 수확해서 채종하여 심는 '뒤떨어진' 농업시스템에 의존하고 있다. 기업들은 터미네이터 기술 없이는 식물 육종자를 '보호'하지 못할 뿐더러, 종자수확을 금지하는 계약을 강요하는 효과적인 법제도가 없는 한 농가수확 종자에 대한 로열티 지불을 강제하지 못할 것이라는 두려움에 사로잡혀 있다. 이제 생명공학 기업들은 기술을 보유하고 있으며, 종자기업들은 자신들의 하이테크 품종을 안심하고 아프리카와 아시아, 라틴아메리카에 팔아먹게 될 것이다.

이 기업들의 상업적인 잠재력은 엄청나다. 최근 몬산토의 최고경영자는 국제금융연합(IFC, 세계은행의 민간부문 담당으로서 대(對) 개도국 민간투자를 주업무로 하고 있다)이 발행하는 잡지에서 이렇게 말했다. "의식주처럼 기초적인 필요와 관련된 부문에서 많은 돈을 벌기란 정말 쉬운 일이다"(*Impact*, 1998). 이미 몬산토는 아프리카의 탄수화물 공급원으로 중요한 카사바에 대한 연구에 들어갔으며, 케냐의 과학자들과 공동으로 깃털반점바이러스 저항성 고구마를 만들어내기 위한 연구를 착수했다.

GMO 채택이 신용조건이 되고 있다

　정부기관들이나 은행을 비롯한 그 밖의 신용기관들은 유전자 조작 작물의 채택을 신용확보의 조건으로 하도록 설득당할 것이고, 결국 유전자 조작 작물과 그에 대한 투입물에만 신용이 제공될 것이다. 이러한 관행은 녹색혁명 동안에 이미 광범위하게 조장되었던 것이다. 그리고 몬산토는 대부분이 여성들인 빈농들에게 소규모 신용을 제공하는 지역 신용조직들과 전략적 동맹을 추구하고 있다. 이들은 지역 신용을, "지역 신용시장의 사람들이 경제개발에 참여할 수 있게 도움을 줌으로써 새로운 시장을 발전시킬 수 있는 방법"으로 보고 있다(Monsanto, 1997, p. 27). 그리하여 "1998년 말까지 각 지역별로 적어도 한 가지 신용 프로젝트가 운영되도록 노력하고 있으며, 인도네시아나 중국, 남아프리카, 사하라 이남 아프리카, 그리고 라틴아메리카 일부에서는 제3자 조직과 공동으로 운영하고 있다"고 한다(같은 곳). 1998년에 몬산토는 방글라데시의 유명한 은행 그라민과 합작해서 빈곤층을 대상으로 한 신용제공 사업을 시도했으나, 이것은 가난한 농민들을 값비싼 몬산토 상품에 얽어매는 처사에 지나지 않는다는 대중들의 항의로 무산되었다.[19]

---

19) 오래 전부터 도시·농촌 지역의 빈곤층들, 특히 여성들에게 신용을 제공하는 자조집단들이 중심이 되어 소규모 신용 프로그램들이 운영되어 왔다. 이 같은 소규모 신용에 대해 다국적기업·초국적 은행·국제금융·개발기구 들이 갑자기 관심을 보이고 있다. 하지만 비평가들은 주목적이 빈곤층의 자활에 있는 신용공여자와, 주목적이 이윤추구에 있는 신용공여자를 구별해야 할 중요성을 강조한다. 후자는 높은 이자로 대출을 해주기 때문에 가난한 사람들을 빚의 구렁텅이로 빠뜨려버린다는 것이다(Dawkins and Wysham, 참조).

전통품종의 이용을 제한한다

종자기업들은 전통품종들을 시장에서 몰아내거나——이것은 유
기농가들에게 엄청난 위협이다——기존의 종자 및 특허 법령을 이
용해서 농민들의 전통품종 재배를 제한할 것이다. 최근 영국 스코
틀랜드 지방 감자생산자들의 경험은 앞으로 발생할 일에 대한 전조
일 수 있다. 90년대 초에 (유전자 조작이 되지 않은) 몇 가지 감자
품종들에 대한 식물육종권을 보유한 기업이 지난 30년 동안 영국
법률 속에서 시행되지 않고 잠자고 있던 조항에 대한 자신의 권리
를 행사하여, 누가 씨감자를 재배할 수 있고 누구에게 이것을 판매
할 수 있는지를 규정하고자 했다. 이 때문에 대부분의 생산자들이
감자생산을 포기해야 했다(Clunies-Ross, 1996). 동일한 기업이 판매
하면서도 유전자 조작 품종과 경쟁관계에 있는 전통품종에 대해서
는 농민들의 재배를 금지하기 위해서, 이와 유사한 법령이 사용될
수 있음은 결코 상상 불가능한 것이 아니다.

개도국들은 육종자의 권리를 보호하는 법령을 채택하도록 압력
받고 있으며, 이 같은 법령의 채택이 다국적기업의 종자독점에 유
리하게 작용한다는 것은 두말할 나위도 없다(The Gaia Foundation/
Genetic Resources Action International, 1998).

농업연구를 기업에 유리한 방향으로 유도

기업들은 대학과 함께 농업관련 단과대학에 대한 지원을 잘 활용
해서 농업연구를 생명공학 쪽으로 유도하고 있다. 예를 들어 몬산
토는 생명공학 연구를 위해 워싱턴 대학교에 최소 2,350만 달러를
기부하였다. 독일 기업인 바이엘(Bayer)은 같은 목적으로 막스 플

랑크 연구소에 기부하고 있다. 역시 독일계 기업인 훼스트는 이미 작물유전학에 관한 연구가 진행중인 매사추세츠 종합병원에 7천만 달러 규모의 생명공학 실험실을 지어주었다(Hobbelink, 1991, p. 39). 주요 식품에 대한 연구 또한 유전자 조작의 방향으로 갈 것이라는 우려가 점차 확산되고 있다(*The Ecologist*, 1996).

이와 같은 막대한 연구기금을 지원받고 있는 생명공학은 결국 해충문제 해결에 훨씬 효과적인 방법인 다른 농업형태—예를 들어 간작 및 윤작—에 관한 연구에 지원될 돈을 가로막고 있는 셈이다. 또 이런 식의 기부를 통해 기업들은 필연적으로 연구성과에 대해 통제를 가할 뿐만 아니라, 농업계 대학의 교육과정 역시 자신들의 방향으로 유도함으로써 산업계의 목적과 시각에 동조하는 제도적인 틀을 구축하게 된다.[20] 연구성과가 농업관련 서비스로 하향조정됨에 따라, 이 또한 기업의 의도가 선·후진국 농민들에 대한 주요 권고원(勸告源)인 현장농업 지도사들로 확산되는 것을 조장한다(Clunies-Ross and Hildyard, 1992).

포위 압력

마지마으로, 기업들은 캠페인 등을 통해서 농민들이 새로운 직물을 채택하도록 '주위의 압력'을 조성해 내려고 한다. 예를 들어 유럽에서 훼스트와 다른 주요 생명공학 기업들은 EU의 FACTT 프로젝트에 각각 100만 파운드를 기부하였는데, 이 프로젝트의 목적은 "농민, 관련기관, 가공산업, 규제기관, 소비자단체, 공공단체"들을

---

20) Hobbelink, 1991, p. 39. 한 연구자는 훼스트의 생명공학 실험실 기부에 대하여, "실험실 내 모든 연구원들은 필연적으로 훼스트의 계약직 연구자들일 수밖에 없다"고 평했다.

유전자 조작 작물에 대해 친숙해지도록 만듦으로써 이를 수용하도록 한다는 것이다.[21] '유전자감시(GeneWatch)'가 언급하고 있듯이, EU의 공공기금 100만 파운드를 지원한 이 프로젝트는 실제로 "훼스트의 자회사인 아그레보와 플랜트 제네틱 시스템스가 개발한 유전자 조작 유채에 대한 판촉계획" 그 이상의 것이 아니었다.

4. 대안을 향한 길

많은 사람이 유전자 조작 식품의 재배·소비가 발생시키는 위험성과 빈곤과 기아를 증가시킬 수 있는 잠재력을 인식하게 됨으로써, 유전자 조작 식품을 강요하는 데 대한 저항이 전세계적으로 확산되고 있다. 오스트리아와 룩셈부르크는 Bt 옥수수의 수입을 금지하였고, 프랑스는 최근 아그레보와 플랜트 제네틱 시스템스가 개발한 제초제 저항성 유채의 상업적 재배를 2년간 금지하는 결정을 내렸다. 영국에서는 야생동물 관련 정부 자문기관인 잉글리시 네이처(English Nature)가 Bt 및 제초제 저항성 작물의 상업적 재배를 5년간 잠정 금지할 것을 요구했다. 또한 영국의 주요 유통기업들은 유전자 조작 식품을 추방했으며, 그 가운데 몇몇 업체는 유전자 조작되지 않은 콩과 옥수수의 생산지를 열심히 찾아다니고 있다. 많은 지방정부가 학교급식에서 유전자 조작 식품의 사용을 금지하고 있다.

---

21) *FACTT: A project to promote Familiarisation with and Acceptance of Crops incorporating Transgenic Technologies in modern agriculture*. A demonstration project under Framework Programme IV-European Commission, Paper OCS 8/96, Annex D and Draft Technical Annex-1995. 12. 19(GeneWatch, 1998b에서 재인용).

1996년 UN 세계식량정상회담에 보낸 NGO의 성명서에서도 드러나듯이, 전세계 식량안보를 보장하기 위해서는 거의 모든 면에서 생명공학 기업들과 정부·규제 기관 동맹자들이 주장하고 있는 것과 정반대의 접근법이 필요하다. 몬산토의 희망적인 슬로건 '식량-건강-희망"을 이룩하기 위해서는 사실상 모든 측면에서 생명공학과 반대로 활동하는 것이 옳을 것이다.

생명에 대한 특허 금지

운동진영에서는 유전자 및 동·식물을 포함하는 GMO에 대한 특허를 허용하는 법률이 철회되어야 하며, 국제법상으로 농민들이 씨앗을 자유롭게 저장할 수 있는 권리가 보장되어야 한다고 주장해 오고 있다. 또한 WTO 회원국들에게 식물품종에 대한 국가의 특정한 특허 '보호' 형태를 요구하지 말 것을 주장하고 있다(The Gaia Foundation/Genetic Resources Action International, 1998).

지역적 통제

식량안보를 위해서는 일부 대지주·기업·관료 들에게 농업에 대한 통제를 집중시키는 정책이 아니라, 식량 생산·분배·판매에 있어 소농과 가족농들의 지역적 통제력을 증진시키도록 하는 정책이 필요하다. 이러한 정책에는 재분배적인 농업개혁, 임대차 규정 강화, 식량작물의 안정적인 생산에 대한 공공투자 그리고 기업독점을 무너뜨릴 수 있는 경쟁정책의 강화 등이 포함된다.

국제무역규정의 개정

식량안보를 위해서는 농업시장의 자유화가 필요한 것이 아니라, 국가가 "적절하다고 판단되는 일정 수준의 식량자급도와 영양의 질을 어떠한 보복 없이 달성할 수 있는 권리"를 존중하는 것이 중요하다. 자국의 농업시장을 개방할 것을 요구하는 WTO의 농업협정은 재협상되어야 한다. 영국 옥스팜(Oxfam, 세계극빈자구호기관)의 케빈 웟킨스는 이렇게 말하고 있다.

WTO는 종합적인 반(反)덤핑 조항을 시행해야 하며, 시장점유율 확보를 위한 직·간접 보조금의 사용을 제재해야 한다. 더 중요한 것은 WTO 내에 식량안보를 위한 조항을 신설하여, 모든 식량부족 국가들이 자신들이 원한다면 식량자급을 이룩할 때까지 자국의 식량생산 체계를 보호할 수 있도록 해주는 것이다. (*Farming News*, 1998. 8. 21)

형평성

현재 전세계 식량의 생산·분배·소비를 좌우하는 사회·경제적 관계가 변화하지 않는 한, 아무리 많은 식량이 생산된다 해도 혹은 새 생명이 적게 태어나거나 인구가 극적으로 줄어든다 할지라도 "필요조건에 대한 잉여"로 선언되는 사람들, 그리하여 생존수단으로부터 배제되는 사람들은 항상 존재할 것이다. 인구는 반으로, 1/4로, 1/10로 줄어들 수도 있겠지만, 굶주림은 여전히 남게 될 것이다. 한 인간이 다른 사람들의 식량을 부정하는 힘을 거머쥐고 있는 한, 지구상에 단 두 사람만 남는다 해도 이는 "너무 많은" 것이 될 것이다(Hildyard, 1998).

유기농업

전세계적 식량안보를 위해서는 미래에도 농업의 산업화를 계속 조장해 나가기보다, 농약을 비롯한 화학물질들의 사용을 줄이거나 아예 없애고자 하는 (생명공학과는 정반대의) 진정한 목표를 설정하고 화학물질을 사용하지 않는 농업생산을 선호하는 정책이 요구된다.

전세계의 농민들은 동일한 장소에서 작물을 무려 20가지나 결합시켜 자원이용량을 적정화하고 토양의 비옥도를 유지하고 병해충 피해를 피하는, 고도로 정교한 혼작체계를 발전시켜 오고 있다. 혼작체계에 의해 생산되는 작물의 총산출량은 단작체계 때보다 대개 더 높다. 모든 농토의 80%가 간작을 하는 서아프리카 지방에 관한 한 연구는 "대부분의 경우에 간작에 의한 산출량이 단작체계의 경우를 능가했다"고 밝히고 있다(Baker and Yusuf, 1976, Richards, 1985, p. 66에서 재인용). 동나이지리아 같은 지역에서는 지난 50~75년 동안 집 주변에 있는 영구경작지에 퇴비를 주는 집약적 간작을 통해서 도지부족 문제에 대처해 왔다(같은 책).

이미 전세계 많은 농민들이 화학농업에 등을 돌리고, 장기적인 식량생산이 의존해야 하는 토양·농업 생태계의 다른 측면들을 유지하면서도 더 높은 생산량이 가능한 지속 가능한 영농방법을 받아들이고 있다.

방글라데시, 중국, 인도, 인도네시아, 말레이시아, 필리핀, 스리랑카, 태국, 베트남… 등지에서 벼농사를 짓는 수많은 농민들은 이제 농약에 대한 대안을 이용하여 10% 정도의 산출 증대를 이룩하고 있다. 브라질 남부에서는 22만 3천 명의 농민들이 퇴비와 콩과식물과 가축을 이용해서 옥수수와 밀을 ha당 4~5톤 더 생산하고 있다. 인도 남부와 서부 건조지역에 사는 30만여 농민들은 이제 물과 토양 관리기술을 이용하여 사탕수수와 기장의 생산량을 ha당 2~2.5톤까지 세 배로 높여놓았다. (Pretty, 1998a, p. 4; 1998b; 1995 참조)

식품 생명공학이 굶주리는 미래세대를 먹여살릴 것이라는 몬산토의 광고는 "지속 가능한 식량생산의 발전이 갖는 함의가 엄청나다"는 것을 선언하는 것이다. 이것이 정말로 진실일까? 하지만 이것은 몬산토가 염두에 두고 있는 방식은 절대 아니다.

전세계 5대 생명공학 독점자본(아스트라제네카, 듀퐁, 몬산토, 노바티스, 아벤티스)
이 전세계 농약시장의 60%, 전세계 종자시장의 23%, 그리고 전세계 GM 종자시장의
사실상 100%를 차지하고 있다(1998년 말 현재).

전세계 10대 종자기업

(단위: 백만 달러)

1. 듀퐁(미국)	1,835
2. 몬산토(미국)	1,800(추정)
3. 노바티스(스위스)	1,000
4. 그루페 리마그레인(프랑스)	733
5. Savia S. A. de C.V.(멕시코)	428
6. 아스트라제네카(영국/네덜란드)	412
7. KWS(독일)	370
8. 애그리 바이오텍(미국)	370
9. 사카타(일본)	349(1997년치)
10. 타키이(일본)	300(추정/1997년치)

* 10대 기업이 전세계 230억 달러 종자시장의 33%, 3대 기업이 20%를 점유(98년 말 현재)

전세계 10대 제약기업

(단위: 백만 달러)

1. 아벤티스(롱프랑＋훼스트)(프랑스)	13,750
2. 머크(Merck)(미국)	13,636
3. 글락소 웰컴(영국)	13,082
4. 노바티스(스위스)	10,943
5. 아스트라제네카(영국)	9,999
6. Bristol-Myers Squibb(미국)	9,932
7. 파이저(미국)	9,725
8. 아메리칸 홈프로딕드(미국)	8,669
9. 존슨 앤 존슨(미국)	7,696
10. SmithKline Beecham(미국)	7,495

* 10대 기업이 전세계 2,970억 달러 제약시장의 35% 점유(97년 말 현재)

전세계 10대 식품 · 음료 기업

(단위: 백만 달러)

1. 네슬레(스위스)	45,380
2. 필립모리스(미국)	31,890
3. 유니레버(영국/네덜란드)	24,170
4. 콘아그라 (미국)	24,000

  5. 카길(미국)   21,000
  6. 펩시코(미국)   20,910
  7. 코카콜라(미국)   18,860
  8. Diageo(영국) Guiness + Grand Metropolitan(영국)   18,770
  9. Mars(미국)   14,000
  10. 다농(프랑스)   13,970
* 10대 기업이 2,330억 달러의 매출로 전세계 소매식품 매출의 16% 점유(97년 말 현재)

전세계 10대 동물약품기업

(단위: 백만 달러)

  1. 아벤티스 그룹(메리알 동물건강/훼스트 루셀)   2,258
  2. 로치 비타민(Roche Vitamins Inc.)   1,603
  3. 파이저 동물건강   1,329
  4. 바이엘 동물건강   947
  5. 롱프랑 동물영양   731
  6. 아메리칸 홈프로덕트   700
  7. 바스프(BASF)   682
  8. 셰링-플로우 동물건강   627
  9. 노바티스 동물건강   611
  10. 엘리 릴리   590
* 10대 기업이 전세계 170억 달러 제약시장의 60% 점유(97년 말 현재)

전세계 10대 농화학기업

(단위: 백만 달러)

  1. 아벤티스(독일)   4,676
  2. 노바티스(스위스)   4,152
  3. 몬산토(미국)   4,032
  4. 듀퐁(미국)   3,156
  5. 아스트라제네카(영국/네덜란드)   2,897
  6. 바이엘(독일)   2,273
  7. 아메리칸 홈프로덕트(미국)   2,194
  8. 다우(미국)   2,132
  9. 바스프(독일)   1,945
  10. Makhteshim-Agan(이스라엘)   801
* 10대 기업이 전세계 310억 달러 농화학시장의 91%를 차지(98년 말 현재)

이상 97년 말 현재 자료들은 RAFI, "The Gene Giants: Masters of the Universe?," RAFI Communique, 1999(Mar./Apr.)에, 98년 말 현재 자료들은 RAFI, "World Seed Conference: Shrinking Club of Industry Giants Gather for Wake or Pep Rally?," news release, 1999. 9. 3에 기초하고 있다.

참고문헌

Baker, E. F. I. and Y. Yusuf (1976), "Mixed Copping Rsearch at the Institute for Agricultural Research, Samaru, Nigeria," J. H. Monyo, A. D. R. Ker, and M. Cambell, eds., *Intercropping in Semi-arid areas*, Ottawa: International Development Research Centre.

Bello, W. and S. Rosenfeld (1990), *Dragons in Distress: Asia's Miracle Economies in Crisis*, San Francisco: Institute for Food and Development Policy.

Bennet, J. and S. George (1987), *The Hunger Machine*, Oxford: Polity Press/Basil Blackwell.

Busch, L., et al. (1990), *Plants, Power and Profit*, Oxford: Basil Blackwell.

Chemical Week (1998), "Zeneca Files Antitrust Suit against Monsanto," No. 5, August.

Clunies-Ross, T. (1995), *Seeds, Crops and Vulnerability: A Re-examination of Diversity in British Agriculture*, The Ecologist Public Outreach Unit.

_______ (1996), *Farmers, Plant Breeders and Seed Regulations: An Issue of Control*, The Ecologist Public Outreach Unit.

Clunies-Ross, T. and N. Hildyard (1992), *The Politics of Industrial Agriculture*, London: Earthscan.

Collins, Harry B. (1998), Delta and Pine Land Company, The Fifth Extraordinary Session of the FAO Commission on Genetic Resources for Food and Agriculture.

Dawkins, N. and D. Wysham, "The World Bank's Consultative Group to Assist the Poorest: Opportunity or Liability for the World's Poorest Women?," Washington: Institute for Policy Studies.

Doyle, J. (1985), *Altered Harvest*, New York: Viking Penguin.

Eber, F., et al. (1994), "Spontaneous Hybridisation between a Male-sterile Oilseed Rape and Two Weeds," *Theoretical and Applied Genetics* 88.

Evans, D. (1996), "Produce-on-demand: What's Good for US Markets Is Good for World Markets Too," *Nature Biotechnology* 14.

Falk, B. and G. Bruening (1994), "Will transgenic crops generate new viruses and new diseases?," *Science* 263.

FAO (1980), *World Census on Agriculture*, Rome: Census Bulletins.

_______ (1993), *Agriculture Towards 2010*, Rome.

Frello, S., et al. (1995), "Inheritance of Rpeseed (*brassica napus*)? Secific RAPD Mrkers and a Tansgene in the cross B. juncea x(*B. juncea x B. napus*)," *Theor. and Applied Genetics* 91.

Gebhard, F. and K. Smalla (1998), *Appl. Environ. Microbiol* 64.

GenEthics News (1998), "Company Aims to Block Seed Saving," Issue 22, Feb./March.

Genetic Concern (1998), "Genetically Engineered Cauliflower Will Fool Consumers Seeking Fresh Vegetables," press release, May 31.

GeneWatch (1998a), "Genetically-engineered Oilseed Rape: Agricultural Saviour or New Form of Pollution?," Briefing 2, May.

_______ (1998b), "Genetic Engineering: Can it Feed the World?," Briefing 3, August.

GRAIN (1998), *Patenting, Piracy and Perverted Promises*.

Greene, A. E. and R. F. Allison (1994), "Recombination between Viral RNA and Transgenic Plant Transcrips," *Science* 263.

Gurdial Singh Nijar (1997), *Liability and Compensation in a Biosafety Protocol*, Third World Network.

Harris, M. (1987), *The Sacred Cow and the Abominable Pig*, New York: Touchstone/Simon and Schusterf.

Hildyard, N. (1998), "Blood, Babies and the Social Roots of Conflict," M. Suliman, ed., *Ecology, Politics and Violent Conflict*, London: Zed Books.

Hobbelink, H. (1991), *Biotechnology and the Future of World Agriculture*, London: Zed Books.

Hoyle, R. (1996), "Taking the Hex off Transgenic Plant Exports," *Nature Biotechnology* 14.

Impact (1998), "The Sustainable CEO: Monsanto," Vol. 2, No. 2, Spring.

Jorgensen, R. B. and B. Anderson (1994), "Spontaneous Hybridisation between Oilseed Rape(*Brassica napus*) and Weedy B. capestris(*Brasicaceae*): A Risk of Growing Genetically Modified Oilseed Rape," *American Journal of Botany* 81.

Key, T., et al. (1996), "Dietary Habits and Mortality in 11,000 Vegetarians and Health-conscious People; Results of a 17-year Follow up," *British*

Medical Journal 313.

Kneen, B. (1995), *Invisible Giant: Cargill and Its Transnational Strategies*, London: Pluto Press.

Krimsky, S. and R. P. Wrubel (1996), *Agricultural Biotechnology and the Environment: Science, Policy and Social Issues*, Chicago: University of Illinois Press.

Lappe, F. M. (1991), *Diet for a Small Planet*, New York: Ballantine.

Lappe, M. and B. Bailey, (1998), *Against the Grain: The Genetic Transformation of Global Agriculture*, Earthscan.

Leather, S. (1996), *The Making of Modern Malnutrition: An Overview of Food Poverty in the UK*, London: The Caroline Walker Trust.

Lefol, E., et al. (1995), "Gene Dispersal from Transgenic Crops: Growth of Interspecific Hybrids between Oilseed Rape and the Wild Hoary Mustard," *Journal of Applied Ecology* 32.

Mikkelsen, T. R., B. Andersen, and R. B. Jorgensen (1996), "The Risk of Crop Transgene Spread," *Nature* 380.

Mitchell, T. (1996), "The Use of an Image: America's Egypt and the Development Industry," *The Ecologist*, Vol. 26, No. 1, Jan./Feb.

Moll, Stephen (1997), "The High Court Judicial Review between Clare Watson and the Irish Environmental Protection Agency and Monsanto plc.," Dublin.

Monsanto (1997), *1997 Report on Sustainable Development*, St. Louis, Missouri.

Nottingham, S. (1998), *Eat Your Genes, How Genetically Modified Food Is Entering Our Diet*, London: Zed Books,

O'Brien, J. and E. Gruenbaum (1991), "A Social History of Food, Famine and Gender in Twentieth-Century Sudan," R. E. Downs, D. O. Kerner, and S. P. Reyna, eds., *The Political Economy of African Famine*, Gordon and Breach, Reading.

Osbourne, J. K., S. Sarkar, and T. M. Wilson (1990), "Complimentation of Coat Protein-defective TMV Mutants in Transgenic Tobacco Plants Expressing TMV Coat Protein," Virology 1979.

Pimmentel, D., et al. (1975), "Energy and Land Constraints in Food Production," *Science* 190.

Pretty, J. (1995), *Regenerating Agriculture: Policies and Practice for Sustainability and Self-Reliance*, London: Earthscan.

_______ (1998a), "Feeding the World?," *Splice*, The Genetics Forum, Vol. 4, Issue 6, Aug./Sept.

_______ (1998b), *The Living Land: Agriculture, Food and Community Regeneration in Rural Europe*, London: Earthscan.

RAFI (1998a), "US Patent on New Genetic Technology Will Prevent Farmers from Saving Seed," press release, Mar. 11.

_______ (1998b), "...And Now the 'Verminator'! Fat Cat Corp With Fat Rat Gene Can Kill Crops," press release, Aug. 24.

Raikes, P. (1988), *Modernising Hunger*, London: James Currey.

Richards, P. (1985), *Indigenous Agricultural Revolution*, London: Hutchinson.

Rifkin, J. (1992), *Beyond Beef: The Rise and Fall of the Cattle Culture*, New York: Penguin.

Shiva, V. (1998), *Betting on Biodiversity: Why Genetic Engineering Will Not Feed the Hungry*, Research Foundation for Science, Technology and Ecology.

Skogsmyr, I. (1994), "Gene Dispersal from Tansgenic Potatoes to Conspecifics: A Feld Tial," *Theoretical and Applied Genetics* 88.

Steinbrecher, R. A. (1996), "From Green to Gene Revolution: The Environmental Risks of Genetically-Engineered Crops," *The Ecologist*, Vol. 26, No. 6, November/December.

Steinbrecher, R. A. and P. R. Mooney (1998), "Terminator Technology," *The Ecologist*, Vol. 28, No. 4, August.

The Ecologist (1996), "CGIAR: Agricultural Research for Whom?," Vol. 26, No. 6, Nov./Dec.

The Gaia Foundation/Genetic Resources Action International (1998), "Ten Reasons Not to Join UPOV," Global Trade and Biodiversity in Conflict Series, Issue 2, London/Barcelona, May.

US Academy of Sciences (1989), *Field Testing Genetically Modified Organisms: Framework for Decisions*, Washington: National Academy Press.

Vasil, I. K. (1996), "Biotechnology and Food Security for the 21st Century: A Real-world Perspective," *Nature Biotechnology* 16.

제3부

유전자 조작과 생물해적질

신자유주의자들의 놀라운 마술
생명공학 특허와 제3세계의 유전자 자원
아시아의 밥그릇에 특허를 붙인다?

한재각(참여연대 시민과학센터 간사)
정관혜(한국과학기술청년회 회원)
GRAIN(생물 다양성과 유전자원의 보호 및 생명특허를 반대하는 운동단체)
BIOTHAI(태국의 생물 다양성 보존활동 단체)
MASIPAG(필리핀에 본부를 두고 있으면서, 농업생물자원에 대한 농민 주도의 공동체적 육종 및 보존을 위해 활동하고 있는 단체)
PAN-Indonesia(제3세계의 지속 가능한 농업과 식품 생산을 위하여 활동하고 있는 농약 행동망Pesticide Action Network의 인도네시아 본부)

신자유주의자의 놀라운 마술
'생명공학과 신자유주의'에 대한 몇 가지 작업가설

한재각

1. 머리말

생명공학[1]은 일단 두 가지로 나누어서 이야기할 수 있다. 우선 된
장·고추장·김치 같은 우리나라 전통음식이나, 버터·포도주 같
은 외국 음식에서 사용되는 발효기술처럼, 인류가 오랫동안 식생활
속에서 습득한 기술을 생각할 수 있다. 그외에도 우수한 품종의 씨
앗이나 가축을 얻기 위해서 잡종교배를 하는 것도 생각해 볼 수 있
을 것이다. 이와 같이 오랜 기간 경험을 통해서 얻어진 기술분야도
생명공학에 포함될 수 있는데, 이를 구(舊)생명공학이라고 부른다.
현재에는 구생명공학도 전적으로 농부들의 경험과 과거로부터 전
수된 전통지식에만 의존하는 것은 아니며, 현대 생물과학의 성과를
이용해서 현대화하고 있기 때문에 꼭 구식의 기술을 의미하는 것은

---

1) 생명공학 기술의 정의와 분류에 관해서는 박재혁 외(1997, 12~17쪽) 참조.

아니다.

　이런 기술분야와 다르게, 분자생물학과 유전학 등의 발전에 따라 생물체의 유전자를 조작할 수 있는 기술을 기반으로 해서 발전한 생명공학이 별도로 구분될 수 있다. 즉 생물체의 형질 발현에 관계된다고 생각하는 유전자를 인위적으로 조작해서, 얻고자 하는 생물체나 그로부터 원하는 물질을 만들어낼 수 있는 기술분야가 있다. 이것을 보통 신(新)생명공학이라고 하는데, 유전자 재조합 기술을 이용한다는 점에서 구생명공학과 결정적으로 구별된다. 이 글에서 문제삼고 있는 대부분의 과학기술은 유전자 재조합 기술을 이용하는 신생명공학 기술 분야와 관련이 있다.

　최근 각광을 받고 있는 생명공학은 불가능해 보이는 것들을 가능하다고 선전하고 있고, 실제로 그것이 가능하다는 것을 보여주고 있다. 가정파탄을 일으키기로 유명한 치매(알츠하이머병)는 그 병을 일으키는 문제의 유전자를 교체함으로써 치료를 한다. 잘못된 유전자를 교정하거나 부족한 부분을 채워넣는 등의 방법으로 여러 가지 질병을 고치는, 유전자 치료에 대한 연구·개발이 급속하게 이루어지고 있다. 자연적인 사망을 제외하고는, 지금까지 어찌할 수 없다고 생각하던 유전병들을 정복하고 있는 것이다. 생명공학의 놀랄 만한 성과는 보건의료 분야에만 국한된 것이 아니다.

　작물의 잎과 줄기를 먹어치워서 농사를 망치는 해충들은 이제 사면초가의 상태에 직면했다. 과학기술자들이, 해충들이 먹어치우는 작물들의 잎과 줄기에서 해충들에게만 독성이 나타나도록 유전자를 조작하기 시작했기 때문이다. 물론 그런 독성은 인간에게는 아무런 문제를 일으키지 않거니와, 이제는 해충들을 죽이기 위해서 농약을 뿌릴 필요도 없어졌다. 농민도, 작물들도 더 이상 '농약에 범벅'될 필요가 없어, 안심하고 농사를 지을 수 있고 소비자는 안심하고 먹을 수 있게 되었다. 뿐만 아니라 제초제에 저항성을 갖도록 유전자를 조작한 작물의 개발은 손쉽게 제초를 하면서도 농약사용량을 줄일 수 있다. 또 값비싼 성분을 많이 함유하거나 영양가를 높이도록 유전자 조작한 농산물들도 나왔다. 바야흐로 생명공학은 농업생산량의 증가와 함께, 환경보호의 측면에서도 획기적인 성과를 거두고 있는 것이다.

이상이 생명공학 옹호자들이 생명공학과 관련하여 선전하는 내용들이다. 그러나 이와 같은 선전들이 모두 거짓말은 아닐지라도, 과장된 것임에는 틀림이 없다. 그리고 이러한 환상적인 이야기 뒷면에 있는, 우리가 꼭 알아야 할 많은 이야기들이 숨겨져 있다.

불치의 병을 고친다는 유전자 치료는 그 가능성에도 불구하고, 아직은 대단히 불확실한 기술이며 오랜 평가기간이 요구된다는 이야기는 대개 언급되지 않고 있다. 또한 유전자 진단을 통해서 얻어진 유전자 정보가 악의적으로 이용되어서 개인의 인권을 침해할 가능성이 있으며, 실제로 그와 같은 일이 일어나고 있다는 사실에 대해서는 목소리를 낮추고 있다.

뿐만 아니다. 농업분야의 생명공학이 식량문제를 해결할 것이라는 '제2의 녹색혁명'에 대한 선전에는, 60년대 말 70년대 초에 진행된 '녹색혁명'의 실패   환경오염, 농촌파괴, 제3세계 농민들의 빈곤 등 —에 대한 반성이 들어설 자리가 없다. 그 밖에도 유전자 조작된 곡물들이 의도하지 않은 알레르기와 독성, 항생제 저항성 같은 확산을 낳게 될지도 모른다는 여러 과학적 연구들은 무시되고 있으며, 그러한 작물들이 환경에서 대규모 재배되었을 때 돌이킬 수 없는 생태계 교란이 일어날지도 모른다는 경고에는 애써 귀를 닫고 있다.

생명공학에 대해서 우리가 알고 있는 것은 너무나 적고 그나마도

형편없이 편협한 것이다. 우리가 생명공학에 대해서 알아야 할 것
은 너무나 많다.

이 글은 신자유주의와 생명공학의 관계에 대한 몇 가지 작업가설
을 제시하고자 하는 목적에서 씌어진 것이다. 새로운 기술의 개발
과 도입은 사회적 맥락이 제거된 채 진공중에서 이루어지는 것이
아니다. 그 기술의 개발과 도입은 특정한 사회적 맥락 속에서 이루
어지고, 해당하는 사회적 맥락은 그 기술에 반영된다. 또 특정한 시
기와 공간에서 지배적인 사회적 관계가 반영된 기술은 다시 지배적
인 사회관계를 강화하는 방식으로 작동한다. 이러한 의미에서 기술
은 사회와 구별되지 않으며, 그래서 기술을 하나의 사회적 구조로
이해하기도 한다(Sclove, 1995, Ch. 2).

그렇다면 생명공학은 어떤가? 생명공학의 등장에서 핵심적인 기
술적 고리라고 평가되는 유전자 재조합 기술은 1973년에 개발되었
으며, 70년대 내내 논쟁을 불러일으키면서도 하나의 산업으로 거듭
성장했다. 그리고 80년대와 90년대를 거치면서, 미국과 유럽 국가
들에서 엄청난 이윤을 내는 '21세기를 이끌어갈 산업'으로 자리잡
았다.[2]

그런데 생명공학이 성장하고 자리잡은 시기에, 우리는 자본주의
의 변화와 이에 대한 지배계급의 정치·경제·사회적인 새롭고 다
양한 대응을 경험한다. 전후(戰後) 황금기를 구가했던 자본주의 사
회는 70년대에 들어오면서 여러 가지 위기상황에 빠지게 되며, 70
년대 말에 신자유주의가 등장하기 시작한다. 여기서 신자유주의는
국가개입을 배제하고 시장질서를 우위에 둠으로써 이 위기를 해결
하려는 지배계급의 대응이라고 할 수 있다. 그후 신자유주의는 급

---

2) 유전자 재조합 기술의 발견으로부터 생명공학 기술이 산업화되는 과정에 대한
   개략적인 내용은 김환석(1997a, 110~14쪽: 1997b) 참조.

성장하여 80년대에는 선진자본주의 국가의 정권을 장악하였으며, '세계화'를 통해서 이들 국가에서 전세계로 수출되었다.[3]

이와 같이 생명공학의 발전과 신자유주의의 성장을 나란히 놓고 살펴볼 때, 시기적·공간적으로 일치하고 있음을 확인할 수 있다. 그렇다면 이 둘 사이에 내적인 연관은 없는 것일까? 물론 전혀 무관한 두 사건일 수도 있고, 거꾸로 하나가 다른 하나에 대해서 종속적 혹은 상호 의존적인 것일 수도 있다.

그러나 신자유주의는 사회와 자연을 좀더 철저히 자본주의적 관계 안으로 포섭하려는 체제측의 운동이라고 이해한다면, 생명공학과 신자유주의가 아무런 연관성이 없는 우연적인 사건의 시간적 일치라고 생각하기는 힘들 것이다.

이런 믿음에 기대어서, 생명공학이 신자유주의와 맺고 있을 것으로 생각되는 관계를 대략 세 가지 주제를 통해서 가설적으로 검토할 것이다. 다만 이 글에서는 신자유주의에 대한 이해로부터 연역적인 설명을 통해서 생명공학에 접근하기는 힘들 것이라는 점을 미리 밝혀두어야 하겠다.[4]

---

3) 신자유주의에 관한 책과 글은 우리나라에서도 IMF사태 이후에 많이 출판되고 있다(전태일을따르는민주노조운동연구소, 1998; 민주와진보를위한지식인연대 김성구·김세균 외, 1998). 그리고 IMF사태가 발생하기 전인 1996년에 신자유주의에 대한 기획글을 선보인 『이론』의 선도적인 노력이 있다(이상헌, 1996, 11~37쪽; 김세균, 1996, 37~87쪽). 이외에도 김호기 외(1995)는 신자유주의라는 용어를 쓰지 않고 '신보수주의'라는 용어로 '동일한' 흐름을 다루고 있다.

4) 생명공학과 신자유주의란 주제를 보다 체계적으로 다루기 위해서는 신자유주의 흐름 속에서 기술혁신이 추동되고 진행되는 일반적인 방식에 관한 것을 포함해야 한다고 본다.

2. 생명공학과 신자유주의의 관계를 바라보는 세 가지 이 야기

신자유주의와 생명공학의 관계에 대해서 본격적으로 논하기 전에, 신자유주의의 주요 측면을 간단히 살펴보기로 하겠다.[5]

우선 신자유주의는 정부가 아무런 제약을 가함이 없이 사적 기업에게 자유를 주는 '시장에 의한 지배'의 확립을 추구하고 있다. 자본과 상품과 서비스의 자유로운 이동을 위해서 북미자유무역협정(NAFTA)이나 다자간투자협정(MAI)과 같은 무역과 투자의 국제적인 개방 시도들은, 오랜 투쟁의 결과로 획득한 노동자의 권리를 제거하고 노동자를 파편화하면서 임금을 깎아내릴 것이다.

둘째로, 기업의 이익확대에 방해되는 모든 정부규제를 축소하라는 것이다. 기업가들은 환경과 고용보장에 대한 규제들을 줄이기 위해서 눈이 벌게져 있다. 앞으로 살펴보게 될 칼진(Calgene) 사의 플라브르 사브르(Flavr Savr) 같은 예도 노동자의 권리를 무력화하고 임금을 내리고 환경규제를 피하기 위한 한 가지 전략으로 평가될 수 있을 것이다.

셋째로, 교육과 의료 같은 사회적 서비스를 위한 공공지출을 삭감하는 것인데, 한마디로 정부의 역할을 축소하라는 것이다. 하지만 기업에 대한 정부보조금이나 세제혜택의 감축에 대해서는 물론 반대한다.

넷째로, '공공선' 혹은 '공동체'의 개념을 제거하는 것으로, 이것을

---

5) 신자유주의의 다섯 가지 주요한 측면에 대한 설명은 Corporate Watch(http://www.corpwatch.org/trac/corner/glob/neolib.html)라는 NGO에 올라온 E. Martinez and A. and Gracia, 'What is 'Neo-Liberalism?': A brief definition for Activists," *Globalization and Corporate Rule*, Corporate Watch를 참조하였음.

‘개인의 책임’으로 대체하고 있다. 신자유주의에 의하면 가난한 사람들 역시 자신의 건강이나 교육, 사회보장 등에 대해서 스스로 책임져야 하며, 만약 그렇지 못하면 그것은 그들이 ‘게으르기’ 때문이다.

이와 같은 특징들은 보건의료 · 제약 산업에서 생명공학에 엄청난 자본이 투입되고 있는 현실과 무관하지 않다. 보건의료 · 제약 산업의 생명공학에 대한 투자는 생명공학 연구의 자원을 가지고 있는 제3세계 국가의 민중들이나 값비싼 의료상품을 구입해야만 하는 제1세계 민중들 모두에게 끔찍한 경험이 되고 있다. 뿐만 아니라 정치 · 사회적으로 생명공학의 발전을 정당화하는 기능을 하고 있는 생물학적 결정론(혹은 유전자결정론)은 신자유주의 이데올로기와 결합되어 있다.

그리고 마지막으로, 민영화이다. 효율성의 극대화라는 명분 아래 국가가 소유하고 있는 기업 · 상품 · 서비스를 민간자본에 팔아넘겨 대중들은 더 비싼 대가를 치르고 부(富)는 소수의 손에 더욱더 집중되게 하고 있다. 공공적인 성격을 가지며 공공자금이 투자된 학교 · 전력회사 · 병원 · 고속도로 등을 민영화하는 것뿐만 아니라 자연상태에 존재하는, 그래서 소유권이 정해지지 않은 유전자원(genetic resource)까지 사유화하고 상품화하고 있다. 너구나 유전자원 상당수의 발굴과 수집은 공공자금에 의해서 이루어졌다.

아래에서는 신자유주의는 자신의 목표를 위해서 생명공학을 적극적으로 활용하고, 이윤을 실현 · 확대하기 위해서 생명특허를 통해 사회와 자연에 자본주의적인 관계를 더욱더 철저히 관철시키며, 나아가 신자유주의의 이념과 생명공학의 이론적 가정인 유전자결정론이 얼마나 밀접하게 연결되어 있는지를 살펴보겠다.

생명공학과 농업생산의 이전(移轉)

1994년, 미국의 생물공학 회사인 칼진 사는 무르지 않는 토마토 플라브르 사브르를 시장에 내놓았다. 이에 대해 소비자·환경 단체를 비롯한 많은 사회단체들이 반대 캠페인을 펼쳤고, 마침내 이 토마토는 소비자의 외면으로 슈퍼마켓 진열대에서 사라지고 말았다. 그런데 이 사건을 자세히 들여다보면 생명공학이 어떻게 신자유주의와 결합되는지를 살펴볼 수 있는, 첫번째 작업가설을 세우는 데 도움이 된다.

생명공학 회사들이 무르지 않는 토마토를 개발하게 된 것은 토마토 자체의 특성과 그것이 가지는 시장적 특성 때문인 것으로 이해되고 있다. 요즘 농업이 대개 그렇듯이 토마토 재배도 자급자족을 위한 것이 아니라 시장판매를 위한 것이다. 그리고 시장판매용 작물은 수송과 적절한 시기의 출하를 위한 저장 그리고 전시 기간 등으로 소비자가 그것을 구매하기까지 상당한 시간이 걸린다. 이런 수송·저장·전시에 필요한 시간 동안에 잘 익은 토마토는 짓물러져서 상품가치를 잃게 되는 수가 많다. 그래서 농부들은 숙성한 토마토를 따기보다 아직 푸른 기가 많은 덜 익은 토마토를 수확한다. 이럴 경우 토마토의 맛이 떨어지기 때문에 소비자들은 제철이 아닌 겨울철에는 토마토를 거의 구입하지 않게 된다.

생명공학 회사들은 이 점을 눈여겨보고 잘 무르지 않는, 즉 숙성 기간이 오래 걸리는 토마토를 개발해 내고자 했던 것이다. 토마토는 자체 내에서 생기는 에틸렌이라는 물질에 의해서 숙성되는데, 과학자들은 이 에틸렌의 합성을 막는 박테리아 단백질을 만들어낼 수 있도록 하기 위해 그 박테리아의 해당 유전자를 토마토 유전자와 합성했다. 그리고 숙성기간을 지연시키는 또 다른 방법도 연구되었다. 즉 토마토 안에서 에틸렌을 만들도록 지시하는 유전자와 정반대 모양을 가진 유전자를 토마토에 집어넣어서, 원래의 유전자가 발현되지 못하도록 만드는 것이었다. 이렇게 유전자 조작된 토마토는 숙성기간이 6주 정도 연장되었다고 보고되고 있다.[6]

칼진 사의 이 토마토는 미국식품의약품안전청(FDA)의 안전검사를 통과하였고, 1994년부터 칼진 사는 캘리포니아와 일리노이 주에서 시판하기 위해 유전자 조작 토마토를 선적하기 시작했다. 유전자 조작 토마토는 대단한 상품가치를 지닌 것으로 추정되었다. 미국의 토마토시장 규모는 연간 2조 5천억~4조 달러 정도인 것으로 평가되고 있다. 따라서 투자자들은 무르지 않게 유전자 조작하여 저장·수송 기간을 늘릴 수 있는 장점을 이용해서 이 시장의 1%만 점유한다고 해도 2,500만~4천만 달러의 매출을 올릴 수 있을 것으로 생각했다.

그러나 이 토마토에 거는 꿈만 같은 기대에 대해 『월스트리트 저널』은 의문을 제기하였다. 『월스트리트 저널』은 칼진 사에서 일하는 과학자의 증언으로 알려진 이야기를 인용하면서 칼진 사의 부푼 꿈에 흠집을 냈다. 유전자 조작 토마토는 원래 토마토에 비해서 미묘한 통계적인 변화만 가지고 올 뿐이며, 숙성기간을 지연시키게 하는 메커니즘에는 목표로 했던 유전자 이외에 많은 요인들이 개입되어 있다고 밝혔던 것이다. 이 말은 유전자 조작 토마토와 일반 토마토를 비교하였을 때 특별히 나은 것이 없을 수도 있음을 의미하기 때문에, 이것은 곧 특별한 경쟁력이 없을 수도 있다는 것이었다.

그럼에도 불구하고 이 토마토가 계속 개발되었던 데는 다른 논리가 개입되어 있지 않은가 하는 의심을 할 수 있다. 즉 숙성기간을 지

---

6) 플라브르 사브르를 비롯한 유전자 조작 식품의 개발 및 환경·사회경제적 문제에 대한 분석에 관해서는 Krimsky and Wrubel(1996, pp. 98~105) 참조.

연시키는 기술이 수송과 저장 기간을 연장하여 시장판매를 용이하게 한다는 점 이외에 다른 사회적 동기를 지니고 있을 수도 있는 것이다.

일반적으로 토마토 같은 과일·채소류 식품은 신선도가 중요하기 때문에, 주요 소비지인 대도시 주변을 벗어나서 재배지가 있기 힘들다. 유전자 조작 토마토가 개발된 미국이라고 해서 여기서 예외가 될 수는 없을 것이다. 그러나 토마토를 대량재배하는 기업으로서는 이 점이 문제가 되는데, 국내의 비싼 인건비와 엄격한 환경규제를 어쩔 수 없이 감수해야만 하기 때문이다. 농업자본가들은 엄청난 인건비와 피곤한 환경규제를 피해서 토마토 재배지를 라틴아메리카 같은 지역으로 옮기고 싶을 것이다. 그러나 재배지와 소비지가 멀리 떨어지게 되면 토마토의 신선도를 유지할 수 없기 때문에, 수송중의 막대한 손실을 감수하려 하지 않는 한 기존의 재배지를 떠나는 것이 쉽지 않다. 그런데 숙성기간이 연장되는 토마토가 개발된다면? 굳이 미국에 남아 비싼 인건비와 까다로운 환경규제를 감수할 이유가 없는 것이다. '책임있는유전학을위한회의(The Council for Responsible Genetics)'는, 실제로 칼진 사가 플라브르 사브르를 재배하기 위해서 멕시코의 농민들과 계약을 맺었다고 밝히고 있다.[7]

새로운 기술을 도입하는 쪽, 즉 자본측이 설명하는 기술 개발·도입에 대한 표면적인 이유와는 다른 이유들을 가질 수 있다는 것은 기술사나 기술사회학의 연구를 통해서 충분히 지적되고 있는 바이다(송성수 편역, 1995 참조). 칼진 사의 플라브르 사브르 역시 그 기술

---

7) The Council for Responsible Genetics, "Consumer Alert: FDA Approval of FLAVR SAVR Tomato Paves the Road for Genetically Engineered Foods". 홈페이지 주소는 http://www.essential.org/crg/consumeralert_txt.html.

의 예상되는 결과를 보았을 때 단순히 겉으로 드러나는 숙성기간을 연장하기 위한 것만은 아니라는 사실을 알 수 있다. 새로운 기술과 그 산물은 표면적인 의도와는 다르게, 기업활동 도중이나 그 결과로 나타나는 바람직하지 못한 사회적 영향, 예컨대 노동자 보호를 위한 정책이나 환경파괴를 막기 위한 규제 등을 피하기 위해서 자본측이 적극적으로 이용하고 있다고 볼 수 있다. 더 나아가 그 기술 개발에 대한 투자를 결정하는 과정에 미국의 고임금을 피하고 환경 규제를 벗어나고자 하는 의도가 개입되지 않았는지 충분히 의심할 만하다.

생산시설의 이전을 통해서 '비싼' 임금을 줘야 하는 노동자 ——주로 제1세계의 노동자 ——를 해고하고 '값싼' 임금의 노동자 ——주로 제3세계의 노동자 ——를 고용하려는 시도나 기업활동에 방해가 되는 여러 가지 정부규제를 허깨비로 만들거나 피하려는 시도들은 80년대 이후의 신자유주의 움직임에서 자주 목격되는 일이다. 신자유주의의 흐름 속에서 생산시설의 자유로운 이전을 가능케 하는 기술적인 수단은 다름아니라 최근 급속하게 발전하고 있는 정보통신 기술이라는 점에 대한 인식은 이제 낯선 것이 아니다. 정보통신의 발전으로 전세계적으로 흩어져 있는 생산공정에 대한 통제가 가능해시면서 생산의 국지적 세약을 뛰어넘을 수 있게 되있다(한스 피터 바르틴 · 하랄드 슈만, 1997, 190~97쪽).

그러나 신자유주의의 전개에는 정보통신 기술만 관련되어 있는 것이 아니다. 농업생산의 경우 생산의 국지적 제약을 뛰어넘기가 힘든 측면이 많다. 열대작물 재배에 투자하는 기업이 그 지역이나 국가 차원의 여러 조건들에 불만이 있다고 해서 생산기반 ——토지, 기후, 노동력 등 ——을 다른 지역으로 옮기기는 어려운 일이다. 하지만 유전공학을 중심으로 한 생명공학 기술은 농업자본에 새로운 돌파구를 열어주고 있다. 앞에서 살펴본 유전자 조작 토마토의 개발뿐 아니라, 유전자 재조합 기술을 이용하여 열대작물에서 추출한 성분을 다른 기후대에서 재배되는 작물에서도 얻을 수 있게 하는 개발을 시도하고 있기 때문이다.

예를 들어 1995년에 미국의 농부들은 라우르산(lauric acid)을 함유하도록 유전자 조작된 평지씨 식물을 처음으로 수확하기 시작했다. 원래 라우르산은 야자와 코코넛 같은 열대식물에서 얻고 있었기 때문에, 전세계 시장에서 판매되고 있는 라우르산의 80%는 필리핀과 인도네시아에서 공급되고 있었다. 그런데 주로 비누와 화장품의 원료로 사용되는 라우르산을 미국 내에서 생산할 수 있도록 유전자 조작된 작물의 개발은 필리핀·인도네시아로부터의 수입을 대체할 수 있는 길을 열어주었던 것이다.

물론 라우르산을 원료로 하는 산업은 이 기술의 등장을 반기고도 남음이 있다. 그만큼 생산원료의 제3세계 의존에 따른 불안요소를 제거할 수 있기 때문이다. 이 작물을 개발한 칼진 사는 열대지방에서 생산되는 야자유가 부족한 시기에 그 대체물로 쓰기 위해 이 작물을 재배하게 될 것임을 분명히 밝히고 있다(Warnock & Bonner, 1998; http://www.oneworld.org/ panos/bricting/brict30.htm). 이 작물의 재배는 야자유를 생산하는 일에 종사하는 필리핀 인구의 30%에게 커다란 불행이며, 수출용 산업원료 작물을 단일경작하고 있는 이 지역 국가들의 경제를 파국으로 치닫게 할지도 모른다.[8]

---

8) 식량을 자급자족하던 제3세계 국가들은 제1세계의 잉여농산물 원조가 들어오면서 전통적인 농업이 파괴되고 대신에 제1세계에서 필요로 하는 산업원료를 생산하는 농업으로 전환됨에 따라 비극적인 기아상태에 빠져 있다(미셸 초스도프스키, 1998 참조). 그런데 최근 들어서 제3세계의 농업구조를 왜곡·파괴한 제1세계 국가들과 초국적 기업들은 제3세계 국가들로부터 아예 농산물을 수입하지 않을 수 있는 '마술과 같은' 기술을 개발하고 있는 것이다.

생명특허와 신자유주의

국내에 신자유주의와 생명공학의 관계를 최초로 소개한 문헌은 아마 『핫 스프링 98(*Hot Spring 98*)』이라는 팸플릿일 것이다. 유럽의 한 사회운동단체가 펴낸 이 팸플릿에서는 전세계적인 신자유주의 공세에 대한 민중들의 투쟁을 소개하고 있는데, 그 가운데 생명특허를 신자유주의 공세에 대해 저항해야 할 한 가지 이슈로 설명하고 있다(A SEED Europe, 1998). 그리고 1999년에 열린 서울국제민중회의에서의 '신자유주의와 환경'이라는 주제의 워크숍에서도 유럽의 환경단체 활동가가 생명특허가 가지고 있는 문제점을 발표하여 우리의 시선을 끌었다.[9)

이와 같이 신자유주의에 대한 저항운동에서 생명특허는 중요한 이슈로 인식되고 있다. 여기서는 생명특허라는 문제점을 통해서 생명공학과 신자유주의의 관계를 살펴보기로 하겠다.

생명공학자들이 가장 혐오하는 '적' 중의 한 사람으로 꼽히는 제레미 리프킨은 생명특허를 '최후의 엔클로저 운동'이라고 말한다(Rifkin, 1998, pp. 38~44). 16세기 후반과 17세기 전반에 집중적으로 진행되었던 영국의 엔클로저 운동은 농민에게서 공동지(共同地)를 이용할 수 있는 권리를 박탈하고 그들을 추방하면서 농촌의 공동지를 자본주의적 생산관계에 맞추어서 사유화하는 과정이었다. 이 과정은 대단히 폭력적이고 비극적이어서, 농촌공동체는 해체되고 수많은 농민들이 전통적으로 농사짓고 생활해 오던 지역에서 쫓겨나야 했다. 이렇게 자신의 삶터에서 내몰림을 당한 사람들은 운이 좋은 경우에야 도시에서 임금노동자라도 되었으며 그렇지 않으면 유

---

9) 이때 발표된 글은 Harbisnn(1998)이다. 이 글은 진보네트워크(telnet red.truenet.co.kr), go peace 5에서 볼 수 있다.

랑생활을 했다. 엔클로저 운동으로 인한 농촌 주민들의 불만은 무수한 봉기로 폭발하였고 이 속에서 수많은 사람들이 비극적인 죽음으로 생을 마감했다.[10]

리프킨이 보기에 이와 같은 엔클로저 운동은 16~17세기 영국에서 발생했던 '역사적인' 사건이 아니고 '현재진행형' 사건이다. 어떠한 예외도 남김 없이 자본주의의 사적 소유관계를 관철시키고자 하는 엔클로저 운동은 지금도 여전히 진행되고 있다는 것이다. 자본주의는 토지를 사유화하는 데 만족하지 않고 해양에 대한 소유권을 주장하여 바다 한가운데에 선을 그었는가 하면, 하늘이라고 예외는 아니어서 통신기술이 발전함에 따라 이제는 전파의 주파수대도 사유화되어 상품으로 거래되고 있다. 소유권이라는 개념조차 상상하기 힘들었던 자연을 상품화하고, 그것의 배타적인 소유권을 통해서 대중들을 배제하고 자연을 파헤치는 엔클로저 운동은 급기야 '생명'의 영역까지 습격하고 있다. 이 야만적인 습격의 합법적인 이름은 '생명특허'이다. 이를 두고 리프킨은 다음과 같이 말한다.

진화의 수백만 년에 걸친 유전자 청사진을 지적 재산으로 바꾸어 사적으로 소유하려는 국제적인 시도는 500년의 상업주의 역사를 완성하는 것일 뿐만 아니라 자연세계의 마지막 남은 공유지에 울타리를 친다(closing)는 것을 의미한다.(같은 책, p. 41)

생명에 대한 최초의 엔클로저는 1971년에 시작되었다. 제너럴 일렉트릭(GE) 사의 인도 출신 미생물학자인 아난다 차크라바티는 해양에서 기름을 분해하도록 설계된 유전자 변형 미생물에 대한 특허

---

10) 김호연 · 이영석, 1992, 157~67쪽. 엔클로저 운동과 농촌의 자본주의화에 관해서는 피에르 독케스 · 베르나르 로지에(1995, 177~85쪽) 참조.

청원을 미국 특허국에 제출하였다. 그러나 특허국이 생명에 특허를 부여할 수 없다고 거부하자 차크라바티는 소송을 제기했고, 이 소송은 기나긴 법정 공방 속에서 연방최고법원에까지 갔다. 1980년, 연방최고법원은 5대 4라는 근소한 차이로 차크라바티에게 손을 들어주었다. 다수의견을 대표하는 수석재판관은, 이 미생물은 인간에 의해 만들어진 발명품이며 보통의 화학물질과 다르지 않다고 판단했다고 했다. 특허국과 함께 이 특허청원 소송에서 법적 조언자로 활약한 민중경제위원회(People's Business Commission)[11]가 지적한 바와 같이, 이 미생물에 대한 특허를 인정한 연방최고법원의 판결은 다른 모든 생명체에 대해서 특허를 인정하는 대문을 활짝 열어놓는 것과 같은 것이었다.

10년이라는 긴 시간 동안 계속된 이 법정 공방에서 집요하게 생명특허를 주장한 측은 당연히 그로 인한 엄청난 경제적 이익을 예상하고 있었다. 연방최고법원이 기업측에 손을 들어주자, 곧바로 생명공학 기업체인 제넨텍(Genentech)이 주식시장에 공개되었고 새로운 투자대상을 찾느라 혈안이 되어 있는 자본들이 이 주식에 몰려들기 시작했다. 주(株)당 35달러로 시작한 제넨텍 주식은 최고 89달러까지 치솟았고, 장이 끝날 무렵 이 회사는 3,500만 달러를 벌어들였으며 자산평가액이 5억 3,200만 달러에 이르렀다. 더욱 놀라운 것은 이 회사가 아직 단 한 개의 제품만 시장에 내놓았을 뿐인데도 그랬다는 것이다.

이쯤 되면 경제적 가치가 있어서 투자한다기보다는 억지로 경제적 가치를 창출하기 위해서라도 자본들이 새로운 영역에 뛰어들고 있다고 생각할 만하다. 실제로 최초로 미생물 특허를 획득한 GE는

---

11) 그후 이 단체는 The Foundation on Economic Trends로 이름을 바꾸었으며, J. 리프킨이 이끌고 있다.

자사 특허의 미생물을 실용화할 수 없게 되자 판매계획을 포기했다. 그럼에도 불구하고 GE 사는 특허 소송을 결코 취하하지 않았는데, 그것은 생물체에 대한 특허 획득의 교두보를 확보하려는 의도 때문이라고 평가받고 있다(앤드류 킴브렐, 1995, 14장 참조).

미생물에서 시작한 생명특허라는 '으스스한 공포의 행진'은 결코 하등생물에만 머무르지 않았다. 생명특허를 비판하고 반대하는 사람들이 처음부터 우려했던 것처럼, 고등생물에게까지 생명특허가 부여되기 시작한 것이다.

1988년에는 암에 걸리기 쉽도록 유전자 조작된 쥐에 대한 특허가 허가되었으며, 급기야 1991년에는 인간 유전자에 대한 생명특허도 최초로 신청되었다. 미국 국립위생연구소(NIH)의 연구자 벤터는 사람의 뇌에서 발견된 377개의 유전자에 대한 특허권 보호와 그 소유권을 요구하는 출원서를 냈는데, 이 출원서는 NIH의 기술이전 대리인 아들러의 합법적인 도움을 받아서 작성되었다. 이것은 공공기관이 공공자금을 통해서 연구된 지식을 사유화하는 데 적극적으로 나서고 있다는 것을 의미한다.

그후 벤터는 인간 유전자의 약 5%에 달하는 부분에 대한 특허를 또 신청했으며, 마침내 벤처자본으로부터 7천만 달러를 지원받아 독자적인 연구소를 설립했다. 명실공히 인간 유전자 장삿길로 나섰던 것이다.[12] 과학자들 사이에서도 벤터의 특허권 요구는 "재빠르고 더러운 토지점령"이라고 비난받았으며, 미국 인간 게놈 프로젝트의 전(前) 책임자인 왓슨 박사는 자신이 특허권에 대해 완강히 반대했기 때문에 자리에서 물러난 것이라고 믿고 있다(같은 책, 266쪽).

미생물로부터 시작해서 생명이라는 '공동지'를 야금야금 갉아먹

---

12) 크레그 벤터의 개략적인 일대기와 생명공학 산업에서의 그의 활동에 관해서는 현원복(1998) ; Thompson(1998) 참조.

기 시작한 최첨단 엔클로저 운동의 착취는 '인간 게놈 다양성 프로
젝트(Human Genome Diversity Project, HGDP)'를 통해서 극명하
게 드러난다. 인간집단 유전학 연구분야에서 진행되고 있는 HGDP
는 유명한 인간 게놈 프로젝트[13]와 밀접한 관계를 맺고, "인간집단
의 유전적 다양성을 체계적으로 연구"한다는 목적으로 제안되어
1994년부터 추진되고 있다.

　그런데 HGDP는 이 연구를 제안한 사람들의 의도가 무엇인지와
는 별도로, 수많은 논쟁을 불러일으키고 있다. HGDP는 대상자에
게 충분한 동의를 얻지 않고 샘플을 채취하는 경우가 많았는가 하
면, 또 샘플을 얻는 과정에서 토착민들의 문화적 가치에 대해서도
충분히 고려하지 않았던 것이다. 이에 일부 토착민들은 HGDP를
'흡혈귀 프로젝트'라고 비난하였으며, 1993년 6월에 발표된 토착민
의 문화적 · 지적 소유권에 관한 마타아투아(Mataatua) 선언은
HGDP가 끼칠 영향을 충분히 논의할 때까지 이 프로젝트를 중단할
것을 요구하였다(치 헹렝 외, 1998, 60쪽). 그리고 이 문제와 관련하여
유네스코 국제생명윤리위원회는 과학적 연구에서 필요한 윤리를
강조하면서 대상자에게 충분한 동의를 구하고 연구대상인 토착민
공동체에 대해서도 그 문화를 충분히 인지하고 존경해야 한다는 원
칙을 제시하고 있다(같은 글, 56~61쪽).

　그러나 HGDP에서 보다 첨예한 문제는 이 연구를 통해서 얻게 되

---

13) 인간 게놈 프로젝트에 관해서는 로버트 쿡-디간(1994) 참조. 인간 게놈 프로젝
　　트에 대한 비판도 제기되고 있는데, '책임있는유전학을위한회의'의 비판은 간
　　략하게 다음과 같다. ① 휴먼 게놈 프로젝트는 유전자의 중요성을 과도하게 강
　　조하고 있다. ② 휴먼 게놈 프로젝트의 유전자결정론은 사람들의 주의를 보건
　　문제의 사회적 원인으로부터 딴 데로 돌리게 한다. ③ 유전공학의 급속한 발전
　　은 건강과 정상상태에 대한 우리의 개념을 변화시키고 있다(책임있는유전학을
　　위한회의, 1997).

는 유전적 지식에 대한 특허와 관련되어 있다. 1993년, 미국 정부는 파나마 출신인 26세의 한 구아이미(Guaymi) 인디언 여성의 세포계통에 대해 특허 출원을 했다. 그러자 구아이미 의회를 비롯하여, 세계토착민평의회, 국제농업진흥기금(RAFI), 세계교회평의회가 거세게 반대했고, 이 특허신청은 곧 철회되었다. 그런데 1995년 3월 14일, 파푸아뉴기니 외딴 고지에 사는 하가하이족(Hagahai) 남자에게서 분리한 유전물질에 대한 특허가 미국에서 받아들여졌다(같은 글, 63쪽).

이와 같은 상황은 HGDP가 과학적 프로젝트라기보다 상업적 이익을 목적으로 하는, 사적인 이윤에 의해서 움직이는 '유전자 사냥꾼'의 사업이라는 비난을 받기에 충분하다. 토착민들은 자신도 모르는 사이에 자신의 세포가 상품화되는 것을 당혹해하며, 설령 그러한 연구관행을 인정한다 할지라도 자신의 몸에서 나온 물질로부터 얻게 되는 이익이 자신들에게 돌아오지 않는다는 사실에는 분노하지 않을 수 없었다.[14]

HGDP에서도 보았듯이, 생명특허를 둘러싼 논쟁의 대부분은 제1세계와 제3세계의 갈등이라는 측면에서 명확히 이해할 수 있다. 생명특허에 대한 논란은 그 윤리적인 측면을 제외한다면, 풍부한 생물자원을 가진 제3세계와 엄청난 자본과 과학기술을 동원하여 그것을 상품화해서 이윤을 얻으려는 제1세계 사이에서 벌어지는 갈등인 것이다. 제3세계 민중들은 자신들이 오랫동안 이용해 오던 생물자

---

14) HGDP에 대한 토착민의 비판과 권리주장에 관해서는 '생물해적질에반대하는 토착민연합(Indigenous Peoples Coalition Against Biopiracy)'의 "Key Points for a Resolution Opposing the Human Genome Diversity Project and Genetic Research on Indigenous Peoples," http://www.niec.net/ipcb/opposition/keypoint.htm 참조.

원과 심지어는 자신의 몸에 대해서까지 특허권을 주장하는 제1세계의 행위를 '생물해적질(biopiracy)'이라고 부르고, 새로운 '생물식민지(bio-colony)' 시대가 도래했다고 말한다.

생명특허를 반대하는 제3세계 활동가들이 제1세계의 이 같은 생물해적질을 비난하면서 자주 제시하는 사례로, 인도의 건조지역에서 흔히 볼 수 있는 '님나무(Neem)'에 대한 특허가 있다. 인도 민중들은 아주 오래 전부터 이 님나무를 의약품, 화장품, 피임약, 목재, 연료, 살충제 등 다양한 용도로 이용해 오고 있다. 그런데 몇백 년 동안 자신들의 조상이 그랬던 것처럼 님나무로부터 유용한 물질을 얻어서 사용하는 데 대해, 인도의 주민들은 인도 땅을 한 번도 밟아 보지도 않았을지 모르는 미국인들에게 로열티를 지불하게 될 상황에 직면해 있다. 미국의 W. R. 그레이스(W. R. Grace) 사가 생물 제초제용으로 이 나무의 천연화합물에 대해서 특허를 획득했기 때문이다. 이에 1993년 약 50만 명의 인도 남부 농민들은 님나무 등의 식물에 대해서 외국인에게 특허를 승인하는 데 반대하는 규탄집회를 열고 전국적인 항의운동을 전개하였다.[15]

생명특허는 인류의 유산(유네스코, 1997, 제1조)인 '인간 게놈'뿐만 아니라, 지구상에 존재하는 모든 생명에 대해서 자본주의적 소유관계를 관철시키려는 시도이다. 그리고 이것은 바로 제1세계의 제3세계에 대한 착취도구로 인식되고 있다. 이런 점에서 생명특허는 공공소유를 사유화시켜서 사적 이윤 확대를 위해 이용하려는 신자유주의 흐름과 맥을 같이하며, 신자유주의를 구현하는 것으로 이해할 수 있다. 게다가 초국적 기업들은 자신들의 정부와 함께 WTO의 무

---

15) 님나무에 대한 자세한 내용은 Shiva, "The Neem Tree: A Case History of Biopiracy," Third World Network web site, http://www.twnside.org.sg/souths/twn/title/pir-ch.htm 참조.

역 및 지적재산권에 관한 협정(TRIPs)을 통해서 전세계 모든 국가에 생명특허를 강요하여 제3세계 생물자원에 대한 뻔뻔스런 착취를 합법화시키려고 하고 있다.[16]

생명공학, 유전자결정론 그리고 신자유주의

생명공학과 신자유주의의 관계를 살펴볼 수 있는 또 하나의 작업가설은 이데올로기적인 문제와 관련되어 있다. 생명공학 자체가 이데올로기적인 효과를 가진다는 주장에 대해서는 이론(異論)의 여지가 많을 수 있다. 그럼에도 불구하고 생명공학의 이론적 가정은 정치 이데올로기적 함의를 가진다고 충분히 평가할 수 있을 것이다. 여기서 주목하고자 하는 이론적 가정은 생물학적 결정론, 특히 유전자결정론이다.

생물학적 결정론은 인간의 본성이란 무엇인가 하는 질문에 대한 하나의 대답으로서, 이에 따르면 계급 · 성 · 인종간의 지위 · 부 · 권력의 불평등은 개개인의 생물학적 특성에 의해서 결정된다는 것이다(이상원, 1995, 122쪽). 역사의 여러 시기 동안 골상학 · 사회다윈주의 · 우생학 · 범죄인류학 같은 다양한 형태로 존재해 온 생물학적 결정론은 현대에 와서 분자생물학과 유전학 분야의 발전과 밀접하게 연관되어 있다.

분자생물학과 유전학이 발전하면서 현대의 생물학적 결정론은 생물의 존재와 기능을 결정하는 인자는 유전자이며, 이 유전자는 생물이 탄생할 때 이미 결정되어 버린다는 유전자결정론으로 귀결

---

16) 생명특허와 지적재산권협약에 반대하는 국제농촌진흥기금(Rural Advancement Foundation International)의 주장에 관해서는 웹사이트(http://www.rafi.ca/misc/courtrips.html)의 글 참조.

되고 있는 것이다. 현대의 대표적인 생물학적 결정론으로 평가받고 있는 사회생물학 역시 생물 개체의 형질 및 행동의 궁극적인 원인을 유전자에서 찾는 유전자결정론이다.[17]

여기서는 유전자결정론이 가지는 이데올로기적 측면을 중점적으로 살펴보겠지만, 유전자결정론의 해악은 이데올로기 측면에만 국한되지 않는다는 점 또한 지적할 필요가 있을 것이다. 생물과학자의 관점에서 유전공학에 대해 가장 신랄하게 비판하는 영국의 매완호(Mae-Wan Ho) 박사는 유전공학을 '나쁜 과학(Bad Science)'이라고 부르기를 서슴지 않는다. 그녀는, 유전공학은 환원론과 그것의 특수한 형태라고 할 수 있는 유전자결정론이라는 잘못된 과학적 방법을 기반으로 하고 있기 때문에 자연을 이해하고 그것을 조작하려는 유전공학의 시도가 실패하고 있다는 과학적 증거들이 나타나고 있다고 주장한다. 현실이 이러한데도 주류 과학자들은 이러한 증거를 애써 감추고 왜곡하는데, 그것은 산업적 측면의 이익과 현상태를 유지하려고 하기 때문이라는 것이다. 그래서 유전공학은 '나쁜 과학'이라고 그녀는 말한다(Mae-Wan Ho, 1998).

유전자결정론에 빠져 있는 과학자들은 목적으로 하는 형질의 '원인' 유전자를 규명하고 이것을 조작하거나 새로운 개체에 도입해서 원하는 형질을 얻으려고 하지만, 대개의 경우 특정한 유전자의 조작 혹은 도입은 원하는 결과를 나타내지 않거나 전혀 예상치 못한 많은 형질변화를 가져온다. 자연적인 해충제인 Bt 독소를 생산하도록 유전자 조작된 면화를 실험실이 아닌 자연상태에서 재배했을 때 실험실 안에서와 다르게 농사를 망쳤던 사건이라든가,[18] 토마토를

---

17) 사회생물학의 유전자결정론의 진수를 보여주는 것으로는 리처드 도킨스(1994) 참조.
18) 이것은 화학·생명공학 산업 분야의 초국적 기업 몬산토 사에서 진행된 것으

유전자 조작해서 염분에 견딜 수 있는 품종을 얻으려는 시도가 그 성질이 여러 개의 다른 유전자와 관련이 있다는 점 때문에 곤란을 겪고 있나는 사실(Knight, 1997)은 유전자결정론에 따른 유전공학이 겪게 되는 어려움의 극히 일부에 불과하다.

이와 같은 사실은, 대다수 유전공학자들이 유전자결정론이라는 이론적 가정에 갇혀서 유전자 조작의 결과가 가져올 환경재난과 위험의 가능성을 제대로 이해하지 못함으로 해서 파국적인 결과를 몰고 올 수 있다는 것을 의미한다. 다시 말해 유전자결정론에 입각한 유전공학은 잘못된 가정으로 인해서 엄청난 물리적 위험 가능성을 안고 있는 것이다.

한 발 양보해서 유전자결정론에 빠져 있는 사람들이 앞으로 우리가 직면할 수 있는 물리적 위험을 제대로 인지하지 못한다는 사실을, 순진하게 받아들인다면 '선의에도 불구하고 일어난 잘못' 정도로 이해할 수도 있을 것이다. 그렇지만 유전자결정론의 이데올로기적 효과는 적극적으로 조장되었다고 생각지 않을 수 없는데, 특히 급진적 과학운동론자들은 이 점에 대해 줄기차게 비판해 오고 있다.[19]

신좌파의 맥락에서 과학기술에 대한 비판에 전념해 온 서구의 급진적 과학운동론자들이 과학기술의 중립성 관념을 거부하고 과학의 이데올로기 측면을 부각시키고자 했을 때, 가장 먼저 눈에 들어온 것은 다름아니라 생물학 분야였다. 이들이 보기에 IQ제도, 현대 우생학, 성차별(sexism)에 근거한 생물학 같은 과학기술은 인종주의, 여성 억압적 가부장주의, 노동자를 비롯한 사회적 약자에 대한

로, 이에 대한 보고와 비판은 http://www.greenpeaceusa.org/reports/biodiversity/chgiant.htm의 그린피스 글 참조.

19) 급진적 과학운동에 관해서는 홍성욱(1991, 82~93쪽) 참조.

차별과 억압을 정당화하는 이데올로기를 반영하고 있었다. 특히 급진적 과학운동론자로서 과학의 이데올로기 문제에 대해 지속적으로 관심을 기울여온 스티븐 로즈는 동료들과 함께 신자유주의가 등장하기 시작한 80년대에도 비판의 고삐를 늦추지 않았다.

80년대 초에 집권한 영국의 대처 정부와 미국 레이건 정부의 신자유주의적 반동이 진행되고 있던 1984년에, 로즈와 그 동료들은 생물학주의(생물학적 결정론)를 비판하는 『우리 유전자 안에 없다: 생물학 · 이념 · 인간의 본성(*Not in Our Genes: Biology, Ideology, and Human Nature*)』을 출판하였다(Rose, et al., 1984). 이 책에서는 '신우익(New Right)'[20]으로 지칭되는 영국의 대처 정권, 미국의 레이건 정권의 등장과 이들이 대변하는 신자유주의 이념을 생물학적 결정론과 대비하면서, 생물학적 결정론이 가지는 이데올로기가 신자유주의 이념과 대단히 유사하다는 점을 밝히고 있다(같은 책, 이상원 옮김, 1장 참조).

생물학적 결정론자들은 개인의 모든 행동 —— 따라서 모든 인간사회 —— 은 그/그녀들이 지닌 생물학적 특성 그리고 궁극적으로는 각자가 가지고 있는 유전자에 의해서 결정된다고 설명하면서, 사회의

---

20) 이 책에서 스티븐 로즈와 그의 동료들은, '신우익'은 자유주의와 구별되며 60년대 말과 70년대 초에 일어난 사회적 · 경제적 위기에 대한 대응으로서 70년대 말, 80년대 초에 자유주의로부터 이념적 투쟁의 역할을 넘겨받았다고 평가하고 있다. 이와 같은 인식은 신자유주의의 그것과 동일하므로, 이 책의 '신우익'을 신자유주의로 이해해도 틀리지 않을 것이다. 80년대에 케인즈주의에 대한 비판으로 새롭게 등장한 보수적 이념을 신우익(New Right), 신보수주의(Neo-Conservatism), 신자유주의(Neo-liberalism), 급진우익(Radical Right), 급진자유주의(Libertarianism) 등 다양한 용어로 표현하면서 내부적인 차이를 구별하기도 하지만, 가족 · 문화와 같은 분야가 아닌 경제분야에서는 대체로 동일한 것으로 이해한다(김정훈, 1995 참조). 그 밖에 사회 · 정치 · 외교 측면에서의 다양한 차이에 관해서는 라이만 타우워 사르젠트(1994) 참조.

변화는 생물학적 특성에 의해 지배받는 개인들의 적자생존 경쟁의 결과라는 식의 '야만적인' 진화론의 논리를 펼치고 있다. 이러한 생물학적 결정론은 시장질서에 대한 정부의 개입을 '자연에 역행'하는 것이라고 비판할 수 있게 해주며, 노동자 · 실업자 · 빈민 · 장애인 · 여성 같은 사회적 약자에 대한 사회복지정책 또한 불필요하다는 주장을 뒷받침해 준다.

결국 생물학적 결정론의 이와 같은 이데올로기적 함의는 국가에 의한 개입이 아니라 지유로운 시장질서와 경쟁, 그리고 공동체가 아닌 개인의 책임을 강조하는 신자유주의 이념과 일치하는 것이다 (같은 책, 157쪽). 로즈를 비롯한 비판자들은 바로 이 때문에 신자유주의가 생물학적 결정론을 적극적으로 수용하고 지원한다고 본다.

생물학적 결정론의 이데올로기와 신자유주의 이념의 유사성으로부터, 우리는 양자의 관계를 보다 근본적인 측면에서 생각해 볼 수 있다. 신자유주의는 대체로 18~19세기의 고전적 자유주의의 부활로 평가되고 있는데, 고전적 자유주의가 제시하고 있는 가치와 이념들을 부활시켜, 전후 자본주의의 황금기를 거친 후 70년대부터 드러나기 시작한 자본주의의 위기를 극복하고자 하는 것으로 이해되고 있는 것이다.[21] 시장에 대한 국가의 적극적인 개입으로 이해되는 케인즈주의를 비판하면서 '작고 강한' 국가로 표현되는 시장에 대한 국가개입의 축소와 개인의 경제적 자유를 강조한다는 측면에서 볼 때, 신자유주의는 분명 고전적 자유주의의 부활이다.

신자유주의가 고전적 자유주의에서 물려받은, 개인의 경제적 자유에 대한 강조는 자유주의의 핵심인 개인주의와 연결되어 있다. 자유주의적 개인주의는 "개인을 사회와 사회제도 및 사회구조에 앞

---

21) 고전적 자유주의에서 케인즈주의로 그리고 케인즈주의를 비판하는 신자유주의적 흐름으로의 진행과정에 관해서는 이상헌(1996, 11~37쪽) 참조.

서는 것으로 보고 사회보다 더 현실적이고 보다 더 기본적인 것으로 본다. 그것은 또 사회나 집단보다 개인에게 보다 더 높은 도덕적 가치를 부여한다. 따라서 개인의 권리와 요구는 사회의 그것보다 도덕적으로 우선한다"고 설명한다(노명식, 1991, 31쪽).

그렇다면 개인이 사회보다 더 현실적이고 기본적인 근거는 무엇인가? 자유주의 사상의 성립에 기여한 홉스는 인간 상태를 "만인에 의한 만인에 투쟁"으로 파악하면서 인간은 선천적으로 — 생물적으로 결정되어! — 상호투쟁의 상태에 있으며, 따라서 사회조직의 목적은 단지 이러한 상태의 피할 수 없는 특징들을 조절하는 데 지나지 않는다고 본다. 그런데 로즈는 홉스의 이와 같은 사상을 생물학적 결정론의 기원으로 파악하고 있다(Rose, et al., 1984, 이상원 옮김, 22~23쪽).

자유주의의 핵심 사상은 개인주의가 (원시적인) 생물학적 결정론적 경향을 포함하고 있으며, 신자유주의는 개인의 경제적 자유를 강조하는 고전적 자유주의의 부활이라는 점에서, 신자유주의와 생물학적 결정론(특히 유전자결정론과 그를 기반으로 한 생명공학)의 관계는 보다 근본적인 측면에서 고찰될 필요가 있을 것이다. 이외에도 '신자유주의와 생물학적 결정론'이라는 주제는 사회적 다윈주의와 자유주의의 관계를 통해서도 검토될 수 있다.[22]

---

22) 케인즈는 경제적 자유방임주의(＝자유주의)와 사회적 다윈주의의 유사성을 지적하여 비판한 것으로 알려져 있으며(이상헌, 1996, 15쪽), 다윈의 진화론에 기여한 맬서스의 인구론을 통해서 고전경제학과 사회적 다윈주의가 연결되어서 자유주의의 전통에 사회적 다윈주의의 요소가 스며들었다고 평가되고 있다(노명식, 1991, 208쪽). 유전자결정론의 기원을 다윈의 진화론에서 찾는 것으로는 Ho(1998, Ch. 4) 참조.

3. 맺음말

이상에서 살펴본 세 가지 이야기는, 생명공학과 그것의 사회적 맥락인 신자유주의가 단순히 시간적으로 일치하는 우연적인 관계가 아니라는 추측이 결코 터무니없는 것이 아님을 보여주고 있다.

그렇다면 신자유주의와 생명공학은 어떤 관계를 가지고 있을까? 첫번째 이야기를 쉽게 생각해서 신자유주의가 자신의 필요에 따라 생명공학을 단순히 이용하고 있다고 말할 수도 있다. 또 이와 달리 생명공학의 발전을 추동하는 동기가 식량증산이니 인류건강의 증진이니 하는 '엄숙한' 것에 있기보다, 두번째 이야기에서 살펴본 생명특허가 핵심적인 동기라고 이해한다면 신자유주의와 생명공학은 보다 긴밀한 관계를 가지게 될 것이다. 나아가 세번째 이야기처럼, 신자유주의의 이데올로기와 생명공학의 이론적 가정은 지적·사상적으로 동일한 기원을 가진다고 본다면 '생명공학의 신자유주의적 이용'이라는 식의 이해는 너무 단순한 것으로 보인다.

오히려 필자는 '신자유주의 프로그램이 (필연적으로) 내재하고 있는 생명공학' 혹은 '생명공학을 통해서 완성되는 신자유주의'라는 식의 주장도 가능하리라고 생각한다. 요컨대 사회적 맥락으로서의 신자유주의와 생명공학을 분리해서 이해할 수는 없다는 것이다. 물론 이러한 주장이 타당성을 가지기 위해서는, 신자유주의가 생명공학의 '적정한' 사회적 맥락으로 이해되는 것이 타당한가 하는 논의부터 필요할 것이다. 사실 지금으로서는 신자유주의의 등장과 생명공학이 산업으로 등장한 시기가 일치한다는 사실, 그리고 생명공학에 대해 비판 혹은 저항하는 (서구의) 운동그룹들이 이를 신자유주의에 대한 저항운동에 포함시키고 있다는 현실적인 이유밖에 제시할 수 없기 때문이다.

마지막으로, 필자는 생명공학과 신자유주의가 상호 연결되어 있다는 정도의 인식에 머물지 않고, 양자의 관계를 부각시키고 그에 대한 총체적인 인식을 하고자 하는 바람이 있음을 말하면서 글을 맺고자 한다. 그것은 생명공학의 문제점을 둘러싸고 진행되고 있는 (혹은 앞으로 국내에서 전개될지 모르는) 논쟁에서, 반(反)신자유주의는 생명공학의 주된 비판자로서 다른 입장 ── 예를 들어 생태주의 ── 들이 해내지 못하는 역할을 할 것이라고 필자는 보기 때문이다. 예를 들어 생명공학이 가지고 올 환경적 위험에 대한 불확실성이나 '자연스러움'이 무엇인가를 두고 논란을 벌이는 것도 필요하겠지만, 생명공학의 발전과 사회구조를 연결하여 설명함으로써 생명공학이 경제적 격차와 사회적 차별을 얼마나 증대시켰는지를 보여주는 것은 '대중의 불안에 기댄 협박'만큼이나 혹은 그보다 더 중요할 것이다.

참고문헌

김세균 (1996), 「신자유주의 정치이론의 연구경향과 문제점」, 『이론』 제15호, 여름/가을호.

김정훈 (1995), 「국가주의 프로젝트의 위기와 신보수주의」, 김호기 외 편역, 『포스트포드주의와 신보수주의의 미래』, 한울.

김호기·김영범·김정훈 편역 (1995), 『포스트포드주의와 신보수주의의 미래』, 한울.

김호연·이영석 (1992), 「봉건제에서 자본주의로의 이행」, 배영수 편, 『서양사강의』, 한울.

김환석 (1997a), 「양의 복제, 시민의 침묵: 생명공학에 대한 사회학적 성찰」, 『녹색평론』 제34호, 5/6월.

______ (1997b), 「생명공학의 바람직한 발전을 위하여: 시민참여를 통한 과학기술

의 민주적 통제」, 『다른과학』 제3호, 8월호.

노명식 (1991), 『자유주의의 원리와 역사: 그 비판적 연구』, 민음사.

라이만 타우워 사르젠트 (1994), 『현대사회의 정치사상』, 부남철 옮김, 한울.

로버트 쿡-디간 (1994), 『인간 게놈 프로젝트』, 황현숙·과학세대 옮김, 민음사.

리처드 도킨스 (1994), 『이기적 유전자』, 홍영남 옮김, 을유문화사.

미셸 초스도프스키 (1998), 『빈곤의 세계화』, 이대훈 옮김, 당대.

민주와진보를위한지식인연대 김성구·김세균 외 (1998), 『자본의 세계화와 신자유
주의』, 문화과학사.

박재혁·안두현·정교민·정선양·한성구 (1997), 『생명공학 기술혁신 전략 연
구』, 과학기술정책관리연구소.

송성수 편역 (1995), 『우리에게 기술이란 무엇인가』, 녹두.

앤드류 킴브렐 (1995), 『휴먼 보디숍: 생명의 엔지니어링과 마케팅』, 김동광·과학
세대 옮김, 김영사.

유네스코 (1997), 『인간 게놈과 인권에 관한 보편선언』.

이상원 (1995), 「생물학적 결정론, 진화, 이데올로기」, 『인간은 유전자로 결정되는
가』, 명경.

이상헌 (1996), 「경제학과 신자유주의」, 『이론』 제15호, 여름/가을호.

전태일을따르는민주노조운동연구소 (1998), 『신자유주의와 세계민중운동』, 한울.

책임있는유전학을위한회의 (1997), 「유전공학에 대한 책임」, 『Science for the
People ― 과학기술자의 정체성 찾기』, 김상현 옮김, 서울대 공대 '97 공학
제 과학기술 주제행사 자료집.

치 헹렝, 레일라 엘-하맘시, 존 플레밍, 노리오 후지키, 제노베바 케이요, 바르타 마
리아 노퍼스, 대릴 메이서 (1998), 「생명윤리학과 인간집단 유전학 연구」,
『유네스코포럼』 4호(봄), 유네스코한국위원회.

피에르 독케스·베르나르 로지에 (1995), 『자본주의 발전의 재검토: 모호한 역사』,
김경근 옮김, 한울.

한스 피터 마르틴·하랄드 슈만 (1997), 『세계화의 덫: 민주주의와 삶의 질에 대한
공격』, 강수돌 옮김, 영림카디널.

현원복 (1998), 「유전공학계의 '풍운아' 크레이그 벤터」, 『과학과기술』, 10월호.

홍성욱 (1991), 「급진적 과학운동과 그들의 '과학관'」, 과학세대 엮음, 『과학세대』,
동녘.

A SEED Europe (1998), 『기업 지배에 저항하라!: Hot Spring '98 ― 기업 지배에
맞선 투쟁을 위한 자료집』, 국제연대행동네트워크 옮김.

Harbisnn, R. (1998), 「유전 특허(Genetic Patents) 경쟁: 우리의 지식, 식량 그리고 건강에 대한 기업의 통제」, 서울국제민중대회 환경워크숍 발표문.

Ho, Mae-Wan (1998), *Genetic Engineering —Dream or Nightmare?: The Brave New World of Bad Science and Big Business*, Gateway Books.

Knight, J. (1997), "Tomatoes with a Pinch of Salt," *New Scientis*, 26 July.

Krimsky, S. and R. P. Wrubel (1966), *Agricultural Biotechnology and the Environment: Science Policy and Social Issues*, Univ. of Illnois Press.

Rifkin, J. (1998), *Harnessing the Gene and Remaking the world: The Biotech Century*, Penguin Putnam Inc.

Rose, S., R. C. Lewontin, and L. J. Kamin (1984), *Not in Our Genes: Biology, Ideology, and Human Nature*, Penguin Books. (이상원 옮김,『우리 유전자 안에 없다: 생물학 · 이념 · 인간의 본성』, 한울, 1993.)

Sclove, R. E. (1995), *Democracy and Technology*, The Guilford Press.

Thompson, D. (1998), "Venter's Bold Venture," *TIME*, June 29.

Warnock, K. & J. Bonner (1998), *Greed or Need? Genetically Modified Crops*, Pano Media Briefing No. 30, Oct.

생명공학 특허와 제3세계의 유전자 자원[*]

정관혜

1. 머리말

많은 논란을 거듭한 끝에 생명과 관련된 여러 물질들이 특허를 통해서 그 상업적 가치를 보호받게 된 뒤부터, 어느 국가나 개인을 막론하고 이런 생명관련 특허의 근원적 바탕이 되는 유전자 자원과 그 다양성 보호의 필요성을 잘 인식할 수 있게 되었다. 그러나 유전자 자원과 다양성의 보호라는 표현과 관련하여 선진국과 개발도상국의 실천양식은 그 이해관계에 따라 다르게 나타날 수밖에 없다.

열대지방에 위치해 있음으로 해서 풍부한 유전자 자원을 보유하고 있는 개발도상국들은 유전자 자원을 원래의 형태대로 보유하고 그 원형에 대해 분명한 소유권을 가지는 것이 유리할 것이며, 상대적으로 유전자 자원이 부족한 선진국의 경우에는 개발도상국의 유

---

* 『다른과학』(1999년, 제6호)에서 재수록.

전자 자원을 인류 공통의 유산으로 간주하고 자국 내에 보존되는 형태로 수집해서 그것을 연구하는 것을 유전자 자원의 보호라고 주장할 것이다.

이렇게 이해관계가 엇갈리는 속에서, 미국을 비롯한 선진국들에서는 자신들의 앞선 기술을 이용하여 전세계의 유전자 자원으로부터 얻을 수 있는 상품화 가능한 요소를 생명체와 관련된 새로운 지적재산권으로 보호하기 위한 작업들을 진행시키고 있다. 선진국들은 제품개발에 많은 투자와 오랜 기간이 요구되는 생명공학 산업이야말로 지적재산권의 보호 없이는 성립할 수 없다고 주장하면서, 무역 및 지적재산권과 관련된 국제조약이라든가 특허당국간의 협정 등을 통해 생명공학 분야의 지적재산권 보호 문제를 집요하게 거론하여 자국의 이익을 최대한 확보하려고 하는 것이다.

국내에서는 수많은 반대에도 불구하고, 미국의 압력에 밀려 물질특허가 개방되었으며(1987. 7. 1), 이에 따라 생명공학 분야에서는 그 유용성이 밝혀진 DNA 단편이나 재조합 DNA, 플라스미드, 아미노산 서열 등의 물질에 대한 특허 청구가 가능해졌을 뿐 아니라 생명체 자체에 대한 특허 청구가 인정되기 시작하였다.

현재 우리는 본격적으로 다가올 생명공학 산업을 통한 또 다른 산업혁명에 앞서 생명체와 그의 이용에 관한 배타적 권리의 인정이 어떤 형태로 이루어질 것인가를 가늠하는 중요한 시기에 있다고 할 수 있다. 이에 대해 좀더 구체적으로 생각해 보기 위해서 이 글에서는 생명공학과 관련된 특허제도를 간략하게 살펴보고 이를 바탕으로 제3세계의 유전자 자원에 대한 권리의 문제를 예를 들어서 살펴보고자 한다.

2. 생명공학 특허

생명공학 특허의 특성과 미생물 특허

생명공학 분야의 특허는 그 유용성의 입증에서, 생명공학 기술이나 물질특허 개념이 도입된 신물질 의약품을 개발한 경우에는 동물실험이나 조직배양에서 나타난 실험결과를 명세서에 기재하여 실제적인 유용성을 입증해야 한다. 또한 판정의 어려움으로는, 첫째 작물이나 거대 실험동물을 대상으로 한 치료효과는 실험입증에 대한 시간의 개념을 도입할 수 없는 경우가 있으며, 둘째 통상의 지식이 전문적이어서 그 방면의 권위자에 국한되고, 셋째 논문으로 발표되어 현상의 명백함이 입증되었다고 하더라도 특수한 발명은 특허를 받지 못하며 이 경우 개정특허로 계속 출원하고 있는 점을 들 수 있다.

또한 생명체를 이용한 발명은, 다른 화학물질 또는 기계장치 등의 발명과 달리 생명체 자체가 복잡하고 살아 있는 것이어서 명세서 기재요건을 충족시킬 수 없으므로 이를 보완하기 위해 해당 사항이 있을 경우 전제조건으로서 미생물[1]의 기탁[2] 및 분양[3] 제도가 발전

---

1) 특허법상 미생물이란 유전자, 벡터, 재조합 벡터, 형질 전환체, 융합세포, 재조합 단백질, 모노클로날 항체, 바이러스, 세균, 효모, 곰팡이, 버섯, 방선균, 단세포조류, 원생동물, 동식물의 세포 · 조직 배양물 등 특허절차상 기탁 가능한 생물학적 물질(biological material)을 의미함(생명공학분야 특허심사기준, 1998. 3).

2) 미생물은 구조가 복잡하고 살아 있는 것이어서 특허 명세서에 타인이 반복 재현할 수 있도록 기재하는 것이 곤란하기 때문에 출원된 미생물을 공인 기탁기관에 기탁하고, 공개 후에는 제3자가 분양받을 수 있도록 함으로써 명세서 기재사항을 보완하기 위한 것임.

3) 출원 공개된 내용만으로는 그 발명을 재현하기가 어려우므로 시험이나 연구 목적으로 미생물을 분양해 주는 제도를 둠(특허법 시행령 제4조).

242

하였다. 이러한 제도를 위해 국제적으로는 부다페스트 조약[4]이 체결되었으며, 이 조약의 핵심은 국제기탁기관 중 한 곳에 최초 기탁 후 출원시 기탁한 미생물은 다른 체약국에 역시 미생물을 기탁한 것과 같은 효력을 갖는다는 것이다.

세계적으로 생명체 자체에 대한 특허권을 최초로 인정한 사례는 1930년 미국의 식물 특허(plant patent)이다. 그러나 이 식물 특허에서는 무성(無性)으로 반복생식이 가능한 식물변종은 그 균일성과 안정성이 인정되므로 특허로 보호해 주되, 명세서 기재요건과 신규성 판단요건을 완화하고 공보에 컬러사진을 게재할 수 있게 하는 등 일반 특허(utility patent)와 구별되게 하였다.

그러다가 일반 특허법에 의해 생명체 자체에 대한 특허권이 부여되기 시작한 것은 차크라바티(Chakrabarty)의 특허 출원과 그에 대한 미국 연방최고법원의 판례에 따른 특허 인정(USP 4259444, 1981)이 효시를 이룬다. 차크라바티는 원유를 분해할 수 있도록 탄화수소의 분해능력을 나타내는 여러 플라스미드를 미생물 내에 공존시키는 방법을 개발하였고 이 미생물에 대해 미국 연방최고법원은 "특허법상 생물과 무생물의 구분은 없으나 자연의 산물과 인간이 만든 발명 사이에 구분은 있으며 인간이 관여한 결과 얻어진 미생물은 특허받을 수 있는 물질로 간주된다"고 판결을 내렸던 것이다.

동 · 식물의 특허

동 · 식물 개량이나 육종 등은 생명활동이 극히 복잡하여 과정에

---

4) 특허절차상 미생물 기탁의 국제적 승인에 관한 부다페스트 조약(Budapest Treaty)은 1977년 4월 28일 부다페스트에서 체결되어 1988년 3월 28일 대한민국에 대하여 발효되었으며, 1998년 10월 현재 44개국이 가입해 있다.

대한 기술이 곤란하고 돌연변이 등의 가능성이 높아 반복 가능성이 적다는 이유로, 특허제도 등을 통해 보호하지 않고 있는 국가가 많았다. 동·식물 특허의 개념은 개량하고자 하는 형질이 동물 또는 작물 등에서 발현되는 발명에 해당하므로, 성체에서의 육종을 의미한다. 그리고 동·식물의 세포주(cell-line)는 미생물 특허에 해당한다. 그러나 고등생물에서의 형질유지에 대한 걱정은 생명공학 기술의 발전으로 점차 사라지고 있다.

식물에 도입되고 있는 기술은 유전자 재조합, 세포융합, 조직배양, 인공종자 등이다. 유전자 조작된 식물의 야외실험은 1983년부터 시작되었고 몬산토 사를 비롯한 미국이 앞서고 있다. 또 1985년 다배체(polyploid) 굴이 자연에 없는 인위적인 생명체로 인정되어 그에 대한 특허가 받아들여지면서 시작된 동물에 대한 특허는, 포유동물인 암에 걸리기 쉬운 쥐 하버드 마우스(Harvard mouse)에 대한 특허(USP 4736866, 1988)로 이어지며 그 특허 보호범위가 점점 확대되고 있는 추세이다.

1987년 4월, 미국 특허청 상고심 재판소는 다배체 굴을 미국 특허법 제101조에 따라 특허받을 수 있는 물질이라고 판결하였고, 여기서 특허청은 인공적으로 개발한 비인간 다세포 생물(non-human multi-cellular organism)에 대해 특허를 허용한다는 입장을 밝혔다. 그리고 이에 반대하는 민주당 캐스텐메이어(R. K. Kastenmeier) 의원의 요청을 받아들여, 특허청은 8개월간의 자발적인 유예기간을 거쳐서 1988년 4월 하버드 마우스에 대한 특허를 등록시켰다.

그러나 동물 특허에 대한 반대여론이 빗발치자 미국 국회는 청문회를 포함한 14개월의 조사를 실시하였으며 이 내용을 바탕으로 법사위원회가 내린 결론은 다음과 같다.

형질 전환 동물이 특허로 보호를 받지 못한다 해서 이에 대한 연구가 중단되지는 않는다. 그러나 이러한 연구영역에 대한 민간인 투자를 위축시킬 수 있다. 생물학적 발명의 특허 보호는 현재의 생물산업에 촉매가 되어왔으며, 이러한 신기술은 포유동물에 적용할 시기까지 발전하였다. 동물에 대한 특허 보호는 모험투자를 유발하는 중요한 요인이며, 동물 특허에 대한 유예기간이나 금지조항은 인류복지 증진에 필요한 중요한 연구를 방해할 것이기 때문에 현명하지 못하다.

그리고 1988년 9월, 미 하원은 법사위원회 보고서의 추천대로 동물특허법안(Animal Patent Bill)을 통과시켰다. 그후 최근 들어서는 실험동물 등 형질 전환 동물의 개발기술이 급속도로 발전하여, 하버드 마우스 이후 현재까지 쥐·양·토끼 등에 관한 1,200여 건의 동물 특허가 출원되어 총 82건에 대해 특허권이 인정되었다. 일본도 현재까지 총 13건에 대해 동물 특허를 허가하였다(〈표 1〉 참조).

〈표 1〉 미국과 일본의 동물 특허 현황

	1988	1992	1993	1994	1995	1996	1997	계
미국	1	3	3	1	6	23	45	82
일본		2	1	1	1	5	3	13

인간 유전자의 특허

인간 유전자에 대한 특허는 윤리성 문제로 계속 논란의 대상이 되어왔다. 특히 미국의 국립위생연구소(NIH) 주관으로 추진되고 있는 인간 게놈 프로젝트(Human Genome Project)에 의해 얻어진 인간 유전자의 염기서열 일부가 특허 출원되면서 특허 허가 여부에 대한 논란이 있었으며, 1994년 2월 NIH가 6,869건에 달하는 특허 출원을 철회함으로써 일단락되었다.

하지만 유용성과 그 기능이 규명된 인터페론·인터루킨 등을 지정하는(coding) 인체 유전자 염기서열에 대해서는 특허가 인정되고 있는데, 1981~95년 전세계적으로 총 1,175건의 특허가 허가되었다. 2005년까지 총 30억 달러가 투자되는 '인간 게놈 프로젝트'에 의해 10만 개에 달하는 유전자의 서열이 밝혀지면, 이를 이용한 각종 의약품 개발과 유전자 치료 등의 기술이 개발되면서 특허 출원이 급증할 것으로 예측되고 있다.

생명공학 관련 특허에 관한 EU 지침

1998년 5월 12일, EU 의회는 1988년부터 추진해 온 '생명공학관련 발명의 법적 보호에 관한 EU 지침(The EU Directive on the Legal Protection of Biotechnological Inventions)'을 통과시킴으로써 EU 역내 국가의 생명공학 기술 개발 및 투자를 촉진하고 미국과 일본에 대한 경쟁력을 확보할 수 있는 기틀을 마련한 것으로 평가되고 있다.

EU 지침은 크게 특허대상(patentability), 보호범위(scope of protection), 상호 강제실시권(compulsory cross-licensing), 미생물기탁(deposit, access and re-deposit of a biological material), 종결규정(final provisions)으로 구성되어 있다. 그리고 이 지침은 생명공학 관련 발명이 지적재산권으로 보호받을 수 있는 대상·보호범위·보호방법 등에 대하여 EU 국가들간에 적용되는 최소한의 요건을 규정한 것으로, EU 국가들은 지침이 발표되는 날로부터 2년 내에 국내법으로 이 지침을 수용하여야 한다.

EU 지침의 주요 내용을 살펴보면 다음과 같다.

- 사람은 특허 불허대상으로 하되 동물, 식물 및 사람으로부터 분리된 물질은 특허대상으로 규정
- 동물의 품종, 식물의 품종 및 기능이 알려지지 않은 유전자는 특허 불허대상으로 규정
- 인간을 복제하는 방법, 변형된 특징이 후대에 전해지도록 인간의 유전자를 조작하는 방법, 인간의 배(embryo)를 상업적 목적으로 사용하는 용도 등은 공서양속에 위배되므로 특허될 수 없다고 규정
- 품종보호권과 특허권 상호간의 강제실시권 허가에 대한 규정

유럽은 미국이나 일본에 비해 상대적으로 낙후되어 있던 생명공학 관련 기술의 개발 및 보호를 위해 다양한 조치를 강구하고 있으며, EU 지침의 확정도 그 일환인 것으로 보인다. EU 지침은 특허대상의 실질적 확대를 통해 생명공학 관련 R&D의 결과물을 강력한 지적재산권으로 보호해 줌으로써 기술발전과 투자확대를 도모하고, 미국과 일본보다 상대적으로 열세에 있던 유럽의 생명공학 관련 산업이 경쟁력을 갖출 수 있도록 한 것이라고 할 수 있다. 그리고 이것은 동식물의 특허 가능성을 최소한 보장하면서도(예를 들어 유전자 변형으로 만들어진 동·식물 발명을 특허대상으로 한 것), 인간 자체나 인간을 복제하는 방법 등은 특허대상에서 제외함으로써 그 동안 유럽에서 논란이 되어왔던 '생명체의 특허와 윤리성' 문제를 반영했다고 볼 수 있다.

국내 상황

우리나라의 경우도 80년대 이후 생명공학 관련 연구의 결과가 여러 기관에서 축적됨에 따라 국내 기업에 의한 생명공학 분야의 특허 출원도 급증하면서 선진국과 국내·외 시장을 확보하기 위한 기술개발 경쟁이 치열해지고 특허분쟁 또한 증가할 것으로 예상된다(〈표 2〉 참조).

현재까지는 우리나라에서 동물에 대한 특허권이 인정된 적이 없지만, 9건 정도의 동물 특허가 출원되어 있으며 이 가운데 심사청구된 내국인 출원 5건에 대한 심사가 착수될 예정이다. 그리고 1998년에는 생명공학 분야 특허에 대한 심사기준이 제정되었고, 제정된 '생명공학분야 특허심사기준'은 '일반 심사기준'이 아닌 '산업부문별 심사기준'으로 1년여의 검토를 거친 끝에 1998년 2월 최종 확정

〈표 2〉 국내 기업의 생명공학분야 특허출원 추이

(단위: 건)

	1985	1986	1987	1988	1989	1990	1991
내국	53	83	115	129	138	190	222
외국	199	270	399	431	581	538	482
계	252	353	514	560	719	728	704
내국인 출원비율(%)	21.0	23.5	22.4	23.0	23.8	26.0	31.5

	1992	1993	1994	1995	1996	1997	계
내국	271	374	564	489	551	530	3,709
외국	497	493	541	635	731	871	6,469
계	768	867	1,105	1,124	1,282	1,401	10,178
내국인 출원비율(%)	35.3	43.1	51.0	43.5	43.0	37.8	36.4

되어 1998년 3월 1일부터 시행되고 있다(〈표 3〉 참조).[5] 이 심사기준
제정에서 특히 눈에 띄는 것은 동물 특허에 대한 심사기준을 신설
하여 동물 특허를 인정하도록 한 것이다.

〈표 3〉 새로운 심사기준에 따른 특허 보호의 대상

구분	대상	특허 여부	비고
물질	유전자 (DNA서열)	특허 가능	유용성 밝혀진 경우만 특허 가능(단순한 유전체genome 서열만으로는 특허 불가)
	단백질 (아미노산서열)	특허 가능	
	단세포 생명체 (virus, bacteria)	특허 가능	관련 미생물 기탁의무 →특허법 시행령 제2조
	동물	특허 가능, 단 공서양속에 반하지 않는 것이어야 함	동물발명에 대한 심사기준 신설
	식물	무성번식 변종식물만 특허 가능	특허법 제31조 (식물특허발명)
	인간, 신체의 부분	특허 불가	인간의 존엄성을 해치는 발 명은 특허대상에서 배제
방법	수술·치료 방법	사람→불가, 동물→가능	사람의 치료·진단 방법은 의 료행위에 해당하므로 산업상 이용 가능성이 없는 것으로 간주(특허법 제29조 제1항)
	유전자 치료법	사람→불가, 동물→가능	
	진단방법	사람→불가, 동물→가능	

5) 새로운 심사기준에 대한 특허청의 설명은 다음과 같다.
　　기존의 생명공학 분야의 특허심사기준은 산업부문별 심사기준 내에 '유전공학
　　관련 발명' '미생물의 발명' '응용미생물 공업' '무성번식 변종식물'로 산재되어
　　있을 뿐 아니라 그 내용이 중복되고 최근의 기술발전 추세와 맞지 않는 면이 있
　　었다. 따라서 이 분야 특허 출원의 효율적인 심사를 위하여 '유전공학관련 발명'
　　심사기준 내용을 보강하고, '응용미생물 공업'에 해당하는 부분은 '미생물관련
　　발명' 심사기준에 통합시켰으며, '동물관련 발명'에 관한 기준을 신설·추가하여
　　체계적이고 일관성 있는 '생명공학분야 심사기준'을 제정하게 되었다. 이 심사기

식물품종의 특허

식물품종에 관한 권리의 보호범위는 농업 및 관련 산업에서부터 생산·유통·육종현장에 이르기까지 큰 영향을 불러일으키기 때문에 농업 및 관련 산업의 사정을 배려한 제도의 구성이 필요하다. 따라서 식물품종보호제도에서는 농가의 자가채종을 권리의 보호범위에서 제외하여 지금까지의 농가의 관행적 행위를 존중하는 동시에 육종에서는 통상 다수의 품종을 육종소재로 이용하는 것이므로, 육종의 진흥을 도모하기 위해서 육종소재로서 사용의 자유를 보장하고 있다. 또한 식물품종보호제도는 등록품종에 관하여 명칭사용 의무를 부과하는 한편 해당 명칭을 다른 품종에서 사용하는 것을 금지하고, 종묘의 유통과정에서 관계자가 명칭으로 품종을 식별할 수 있도록 하여 품종의 혼동을 피하기 위한 조치를 취하고 있다.

식물특허의 신규성[6]과 진보성[7]에 대한 판단은 논란의 여지가 많

준은 산업상 이용 가능성, 신규성, 진보성 등 일반적인 특허요건을 생명체 관련 발명에 적용할 때 특별히 고려할 점에 대하여 구체적으로 제시하였다.

특허 심사기준은 유전자 재조합 기술이 급속히 발전하여 동물·식물에까지 적용됨에 따라 유전공학 관련 발명에 대한 심사기준을 대폭 보강하였으며, 이 분야 특허 출원의 핵심이라 할 수 있는 핵산염기 및 아미노산 서열에 대한 컴퓨터 판독이 가능한 전자파일 제출을 1999년 전자출원과 동시에 의무화하기 위한 전단계로 서열 관련 출원의 명세서 작성지침을 제정·추가하였다.

또한 1997. 12. 13부터 농림부에서 관장하는 식물 신품종보호를 위한 '종자산업법'이 발효되고, 그 하위법령인 시행령과 시행규칙이 1998. 3. 1부터 시행됨에 따라 특허법 제31조(식물특허발명)의 심사기준을 명확히 하였다.

한편 인간을 제외한 동물에 대한 특허권이 인정되는 국제적인 추세와 국내에서도 이러한 동물에 관한 발명이 특허 출원되어 심사단계에 접어들고 있는 점을 감안하여 공서양속에 반하거나 공중위생을 해할 염려가 있는지를 판단할 수 있는 윤리성에 대한 요건을 보다 구체화함으로써, 제반 특허요건을 충족하는 동물 발명에 대하여 특허를 인정하도록 하였다.

은데, 식물의 형태적·생리적·생태적 특성이 야외의 육종활동을 통해 공지·공용 또는 간행물에 기재된 것이라고 해도 그로 인해 즉각적으로 해당 식물의 유전자 구조가 신규성을 잃었다고 해석할 수는 없다. 이처럼 식물의 특성을 통해서 유전자 구조의 서로 다름을 추인하는 것은 식물 혹은 식물소재에 있어서는 상당히 어려운 문제를 발생시킬 수 있다. 진보성의 경우도 현재 식물의 유전자형이나 유전자형에 의거한 표현형질 대부분이 아직 해명되지 않았기 때문에, 진보성의 판단기준이 되는 공지기술이 반드시 명확하다고는 볼 수 없다. 따라서 식물발명에 대한 진보성의 판단은 필연적으로 아주 곤란하다고 볼 수 있다.

그렇기 때문에 식물종자는 특허 이외에도 식물품종으로, 구체적으로는 '식물의 신품종에 관한 국제협약(UPOV)'[8]을 통해 국제적으로 보호를 받고 있다. UPOV에서 신품종은 인위적이거나 자연적으로 생긴 것 또는 자연적인 돌연변이에 의한 것 모두 가능하며, 구성요건으로는 공지된 것과 명확하게 구별할 수 있는 본질적인 특질(구별성), 그 식물을 동일한 번식방법으로 다수확할 때 각각의 개체

---

6) 대한민국 특허법 제29조 제1항

  ① 산업상 이용할 수 있는 발명으로서 다음 각 호의 1에 해당하는 것을 제외하고는 그 발명에 대하여 특허를 받을 수 있다.

  1. 특허출원 전에 국내에서 공지되었거나 공연히 실시된 발명

  2. 특허출원 전에 국내 또는 국외에서 반포된 간행물에 기재된 발명

7) 대한민국 특허법 제29조제2항

  ② 특허출원 전에 그 발명이 속하는 기술분야에서 통상의 지식을 가진 자가 제1항 각 호의 1에 규정된 발명에 의하여 용이하게 발명할 수 있는 것일 때에는 그 발명은 제1항의 규정에도 불구하고 특허를 받을 수 없다.

8) 1961년 파리에서 최초로 체결되었으며(12개국), 이후 1978년 미국 등 비가맹국의 가입을 쉽게 하기 위해 협약을 개정하여 가입국이 21개국으로 늘어났으며, 1991년에는 생명공학에 의한 신품종을 보호하기 위해 협약을 개정했다.

가 서로 균일하여 기술적인 객관성을 나타내야 하며(균일성), 번식
방법을 반복해도 같은 식물이 얻어질 것(안정성), 판매되지 않은 것
(신규성), 특허법과 달리 상표를 등록해야 하는 의무가 부여되고 있
다.

　그리고 미국에서는 식물 특허(무성생식), 식물품종보호법(유성생
식) 이외에도 일반 특허에 의한 선택적 보호를 인정하려는 움직임
이 있다. 우리나라의 경우도 1995년 종래의 종묘관리법과 주요 농
산물종자법을 폐지하고 종자산업법을 제정하여 1997년부터 시행하
고 있다.

　식물품종보호권은 특허권과 마찬가지로 배타적 독점권이면서도,
특허권과 달리 사상 자체가 아니기 때문에, 해당 식물품종에 대해
구체적으로 인정하고 있다. 따라서 식물품종보호권은 실제로 존재
하는 식물품종을 원칙적으로 벗어나지는 않는다. UPOV에서는 권
리의 효력범위를 확대하는 것을 인정하고는 있지만, 원칙적으로는
주로 농업정책상 좁게 제한되고 있다. 또한 영리 이외의 목적으로
서 자가소비를 위한 보호품종의 실시·시험 또는 연구를 위한 보호
품종의 실시, 다른 품종을 육성하기 위한 보호품종의 실시에 해당
하는 경우에는 품종보호권의 효력이 미치지 않는다(종자산업법 제58
조 1항). 그리고 농민이 자가생산을 목적으로 자가채종을 하는 경우
에는 품종보호권을 제한할 수 있다(종자산업법 제58조 2항).

　한편 개정된 UPOV에서는 육성된 다른 품종에 관하여 '본질적으
로 유래하는 품종' 개념(종속의 원칙)을 채택하여 육성된 다른 품종
이 이른바 종속품종인 경우에는 등록품종에 관한 식물품종보호권
자의 동의가 필요하다고 했으며, '본질적으로 유래하는 품종'의 범
위에 대한 판단기준도 규정하고 있다.

3. 생명공학 특허와 제3세계의 유전자 자원에 관한 권리

제3세계의 유전자 자원에 관한 권리

여러 가지 이유로 유전적 자원의 보존은 과학자·기업가·정치인·일반인들 사이에서까지 중요한 문제로 부각되고 있다. 동·식물의 육종, 식품, 화학물질, 환경산업, 제약과 의학의 잠재적인 저장고라고 해도 과언이 아닌 유전적 자원은 현재 점점 더 위험에 빠져들고 있다. 그 소멸률이 인간 출현 이전에 비해 100배 내지 1천 배까지 빨라지고 있는 것으로 추정되고 있다. 하지만 유전적 자원의 현장(in-situ)에서의 보존을 위한 조처들은 미온적인 데 반해, 유전자은행을 통한 유전적 자원의 현장 외(ex-situ)에서의 보존은 대부분 선진국들에 의해 활발히 이루어지고 있다. 이와 함께 최근의 기술들은 이 유전적 자원의 상업적 이용 외에도, 생물물질로부터 가치 있는 유전적 정보를 빠르게 발견하기 위한 새롭고 경제적인 가시적 방법들을 보여주고 있다.

유전적 자원의 80%가 열대지방에 위치한 개발도상국들에 있지만, 이런 유전적 다양성 자원을 보유한 국가들은 자국의 유전적 자원이 세계경제 노는 특정한 국가에 경제적 이익을 발생시키는 데 기여한 데 대해 그 보상은 물론이거니와 그외 어떠한 형태의 이익도 거의 받지 못하고 있다. 이러한 현상들은, 광물자원이나 원유 같은 천연자원을 보유한 국가들이 그로 인해 부유해진 점이라든가 또 이런 천연자원으로부터의 이익이나 대우와 비교해 볼 때 설명되기 힘든 것이 아닐 수 없다.[9]

---

9) 다른 자원들과 비교할 때 유전적 자원이 표면상 차별적인 대우를 받는 중요한 이유는 유전적 자원의 자연적 능력과 법적 취약성 때문이다. 식물·동물·곤충·

　유전적 자원의 보유국은 그 동안 그 이용으로부터 아무것도 얻을
수 없었음에 반하여, 확실히 선진국들은 선진국과 개발도상국들 간
에 오랫동안 지속되어 왔던 유전적 자원의 이용과 보전을 둘러싼
논쟁들에서 성공을 거두었다. 1983년, FAO의 후원으로 식물 유전
자원에 대한 국제협의가 결론지어졌는데, 여기에서 채택된 '식물 유
전자원은 인류 공통의 유산을 구성한다'는 개념은 후에 우량·신품
의 종자와 돌연변이를 포함한 특별한 유전적 축적을 포함하는 것으
로 해석되었던 것이다.[10]

　많은 사람들은 과거와 현재까지도 새로운 지적재산권이 정부로
부터의 최소한의 간섭 아래서 사람들로 하여금 자원을 보존하고 지
속 가능하게 사용하도록 유도할 것이라고 주장하고 있다. 그러나
생물학적 다양성의 자원으로부터 생명공학적 특허를 만들어내기
위해서는 정교하면서도 많은 시간과 비용이 드는 연구가 필요하며,

미생물 같은 유전적 자원으로서의 생물학적 물질들은 재생 가능한 자원들이다.
즉 자기복제가 가능하거나 생물학적 체계 속에서 재생된다. 그들의 자손에게 전
달되는 유전물질 속에 저장되어 있는 정보에 의해 스스로를 영속시킬 수 있는 것
이다. 다른 말로 표현하면, 유전적 정보의 전달체로서의 생물학적 물질의 자기재
생산 능력은 소유권의 주장에 대한 분명한 한계를 드러낸다. 그것은 합법적 방법
이든 아니든 일단 취득하였을 경우, 그 원래의 주인은 그 유전적 정보가 자신의
소유임을 증명하는 것이 불가능하다. 예를 들어 종자를 이후의 번식에 쓰기 위하
여 재생하는 것과 마찬가지로, 형질 전환 동·식물을 만들거나 세포배양을 통해
유용한 단백질을 만들거나, 유용한 활성 생화학물질을 합성하기 위해 분리된 유
전자 또한 재생 가능한 것이다.

10) 1983년 이후, 유전적 자원에의 접근과 이용에 대한 소유권을 조정하는 법적 골
　　격은 생물다양성협약(CBD, 1992. 6. 5. 리우데자네이로)과 무역관련 지적재산
　　권 협약(TRIPs, 1994. 4. 15)이라는 두 가지 국제적인 법적 도구에 의해 근본적
　　인 변화를 겪게 된다. CBD가 표현형(phenotypes)으로서의 유전적 자원의 접
　　근과 이용에 대한 유형의 자산 측면과 관련된 규정을 제공하는 데 우선을 두는
　　반면에, TRIPs는 유전적 정보와 관련된 지적재산권을 포함한 지적재산권 보호
　　에 관한 국제적인 의무기준과 관련된 사항에 관계한다.

이러한 작업들은 그 결과물이 가질 수 있는 배타적 독점권에 대해 값을 지불할 수 있는 다국적기업과의 연계 속에서 이루어진다.

개발도상국에서의 유전적 자원과 다양성의 보호 그리고 그 지속 가능한 개발은 두 가지 큰 원칙이며, 지적재산권제도가 이 생물학적 다양성과 특정 생태계와 연관된 경제적 활동에 또한 이익이 되도록 작용해야 한다는 것은 가장 핵심적이며 필수적인 요소이다. 문제는 생명공학 분야의 새로운 지적재산권제도들이 이러한 특정한 필요를 충족시키고 있는가 하는 점이다.

이에 관해 1992년 생물다양성협약[11]과 관련 문건들은 다음 세 가지 원칙을 세계적으로 전개하려고 시도하였다.

(1) 각국은 그들이 영토와 광물자원·근해를 소유하고 통제하는 것과 마찬가지로, 생물학적 다양성을 소유하고 통제해야 한다.

(2) 정부와 법만으로는 인간의 약탈활동으로부터 생태계를 보호할 수 없으며, 사실상 보존과 지속 가능한 발전은 모든 주민과 이해관계자들의 힘과 경제적 힘을 연합하여 이성적으로 자연을 이용할 때만 가능하다.

(3) 앞의 사항들이 사실이라면, 각국은 이러한 생물학적 자산으로부터 경제적 가치를 창출하기 위한 법령을 (가능하면 국제적으로 조화를 이루어) 개발해야 할 것이다.

---

11) 1992년 리우회의에서 기후변화협약과 함께 채택된 172개국의 전지구적 조약으로서, 전지구적 생물 다양성의 보존 필요성을 담은 최초의 국제협약이다. 이 협약에서는 가맹국에 생물 다양성의 보존, 생물자원의 지속 가능한 사용, 그로부터 나오는 이익의 균등한 분배를 의무로 하고 있으나, 추상적 수준에서만 합의하고 있고 구체적인 실천방안은 결여되어 있는 관계로, 그 해석을 두고 선진국과 개발도상국, 기업과 시민사회 간에 논란이 되고 있다.

　개발도상국의 유전자 자원에 대해 이야기할 때 또 한 가지 중요한 사실은 그 유전자 자원의 발굴과 이용에 관한 토착민 지역공동체의 지적 자산에 관한 것이다. 고등식물로부터 현재 추출되어 근대의학에 의해 널리 쓰이고 있는, 약효가 인정된 120종의 화합물 가운데 75%는 전통적인 체계에서 이미 알려진 것을 이용하고 있는 것이다. 이 가운데 간단한 화학적 조작에 의해서 합성된 것은 12개도 채 안 되며, 나머지는 식물로부터 직접 추출하여 정제한 것일 뿐이다. 전통적인 지식의 이용은 식물의 의학적 이용을 정확히 밝혀내는 능력을 400% 이상 높이고 있다는 보고도 있다. 즉 생물자원의 탐사에 의해 밝혀지고 있는 유용한 유전자 자원이라는 것은 대부분 토착민 지역공동체에서 오랜 세월 동안 축적되어 온 지적 자산에 근거해 있으면서도, 다국적기업들이 생물자원 활용을 할 때 이에 대한 고려를 전혀 하지 않는다는 것이다.

개발도상국의 유전적 자원에 대한 선진국의 특허

　최근 개발도상국의 유전적 자원을 그 근원으로 하는 많은 다국적 특허들이 출원되고 있으며, 이에 대한 반대운동은 주로 비정부기구(NGO)들에 의해 제기되고 있다. 대표적인 비정부기구로는 캐나다의 국제농촌진흥기금(RAFI), 스페인의 국제유전자원행동(GRAIN), 오스트레일리아의 오스트레일리아종자자원보호단(HSCA), 제3세계 네트워크(TWN)가 있다. 이 단체들은 이런 유의 특허를 '생물해적질'이라 규정하고 환경 · 시민 · 종교 단체들과 연대하여 교육 · 홍보 활동을 벌이고 국제기구를 방문하는가 하면, 개별 특허사안에 대한 각국에서의 법적 저지활동을 전개하고 있다.

　이 단체들이 전개한 전세계적 차원의 반대운동과 구체적 자료제출 등에 힘입어, 1996년 12월 NIH는 파푸아뉴기니 원주민 하가하이(Hagahai)의 인간 세포주(human cell line) 특허(USP 5397696)를 철회하였고, 그레이스(W. R. Grace) 사의 형질 전환 면화종에 대한 특허가 1994년 2월 인도 정부에 의해 인도 면화산업에 너무 큰 영향을 미친다는 사유로 취소되었으며, 최근 미국 몬산토 사의 형질 전환 콩의 EPO종 특허(EP 0301749B1)가 이의신청되는 등의 성과를 거두기도 하였다.

이러한 반대활동의 근거는 단순히 개발도상국의 유전적 자원에 대한 보상의 문제 이외에도 그중 일부는 특허권들이 사용될 경우 개발도상국에 심각한 불이익을 가져다 주며 때로는 지역주민들의 삶 자체와 생물 다양성[12]이 파괴될 가능성이 있기 때문이라는 데 있다. 최근에도 관련된 특허와 이에 대한 반대운동이 벌어지고 있는데, 대표적인 세 가지 사례를 통해서 이 문제를 구체적으로 살펴보도록 하겠다.

님나무에 대한 특허

님나무(*Azadirachta indica*)는 의학이나 농업의 용도로 아시아, 특히 인도 지방에서 오랫동안 재배되어 오던 잘 알려진 나무이다. 오늘날에는 이 나무를 이용한 10여 가지의 다국적 특허가 제출되어 있다. 가장 최근에는 몬산토 사가 님나무의 항진균 · 방충 효과가 있는 왁스와 오일에 대한 특허를 제출하였다.

인도에서는 고대부터 님나무를 토양과 식물 · 가축의 병을 치료하는 데 사용해 왔다. 님나무 씨에서 기름을 짜고 남은 찌꺼기를 가축에게 먹여 토양을 비옥하게 하였고, 그 기름은 살충제로 사용하

---

12) 농업생물 다양성은 농부들이 자신들의 종자에 대한 모든 통제권을 가질 때 비로소 보존될 수 있었다.

였다. 또 이 나무로부터 유래한 여러 성분들이 치료의 목적으로 이용되었다. 최근에는 인도 내에서 이 식물에 대한 과학적 연구도 이루어져 살충제·치료제·화장품 같은 상품도 소량생산되기도 하였다. 그런데 1971년 목재수입상에 의해 미국에 건너간 이 식물은 1985년 그레이스 사 등에 의해 관련된 10여 가지의 특허가 출원되었고(USP 5124349, USP 5411736, USP 5409708, EP 436257 등), 마침내 특허된 방법으로 종자 추출물을 생산하는 공장을 마고사와 합작하여 인도 현지에 설립하여, 생물살충제(biopesticide)를 대량생산하고 있다. 이에 대해 인도의 각종 단체와 학계들은 이 특허가 인도의 전통적인 추출법과 근본적으로 크게 다르지 않음을 근거로 내세우면서 반대운동을 펼치고 있다.

바스마티 쌀에 대한 특허

아시아 지역에서 가장 잘 알려진 향기나는 쌀인 바스마티(Basmati) 쌀에 대하여, 미국 라이스텍(RiceTec) 사가 변종 바스마티 쌀로 미국에서 1997년 9월 특허를 출원하였다(USP 5663484). 인도와 파키스탄 정부는 미국 특허를 인정하였는데, 이는 수출용 바스마티 쌀을 경작하고 있는 인도와 네팔·파키스탄의 수백만의 농가에 위협이 되는 조처이다. 이 소식이 전해지자, 인도의 5만여 군중은 미국대사관 앞에서 반대시위를 벌였다. 인도에서만 연간 8억 달러에 이르는 바스마티 쌀이 수출되며, 경작되는 바스마티 쌀의 80%가 수출용이다. RAFI를 비롯한 수많은 NGO들은 라이스텍 사의 품종이 파키스탄과 인도의 전통적인 품종과 그 계통이 겹치는 것이라고 주장하며 해당 특허에 대한 반대운동을 펼치고 있다.

터미네이터 기술

터미네이터 기술(terminator technology)은 미국 농무부와 목화 종자회사인 델타 앤드 파인랜드 사가 공동개발하여 특허 출원한 '식물 유전자의 발현조절' 기술로서, 그 종자에서 수확한 농산물의 발아를 정지시켜 종자로 재사용할 수 없게 하는 이른바 일회용 종자 기술이다. 이 기술은 종자회사의 권리보호를 위해 정품의 유통종자가 아니면 발아를 하지 못하게 해서 종국(lethal)을 맞는다는 의미에서, RAFI가 '터미네이터 기술'이라고 명명하였으며 이에 대한 경계의 목소리를 드높인다는 차원에서 이 명칭은 널리 쓰이고 있다. 처음 이 기술은 '식물 유전자 발현의 조절(Control of Plant Gene Expression)'이라는 이름으로 미국을 비롯하여 세계 각국에 특허 출원되었다(USP 5723765). 현재 이 기술은 목화·담배 등 여러 가지 종자 생산에 적용되어 시험중에 있으며, 2000년 이후에는 이 기술로 개발된 목화종자가 상품화될 것으로 예상된다.

이 기술은 먼저 미국에서 특허(US 5723765, 1998. 3. 3)를 취득하였으며, 현재 캐나다(CA 2196410), 오스트레일리아(AU 9532050), 유럽특허청(EP 775212) 등에서 심사계류중이다. 또한 이 특허 출원은 국제특허출원(PCT) 절차 등에 따라 독일·영국·일본·한국 등 78개 국을 지정하여 출원중이며 그 기술명세서가 공개(WO 96/04393)되었다.

개발회사인 '델타 앤드 파인랜드'는 이 기술이 특허제도가 존재하지 않거나 미약한 국가들에 유용하게 활용될 것이라 기대하면서 "개발한 품종권리를 보호함으로써 기술개발 의욕이 높아지고 농업분야 이익도 향상된다"고 주장하고 있지만, 반대여론은 계속 높아가고 있다. 특히 RAFI와 시민단체 등은 전통적으로 인정되어 온 자가종자생산(Farm Save)의 권리를 부정하고 일부 기업에 실질적인 종자독점권을 줄 수 없을 뿐만 아니라, 식물의 번식력을 박탈하는 비윤리적인 기술이므로 당장 활용을 중지해야 한다고 주장하고 있다. 한편 1998년 5월, 슬로바키아 브라티슬라바에서 개최된 생물다양성협약 4차 당사국 총회에서도 종자 수입국(주로 개도국)들의 우려가 심각하게 대두되어 이의 사용을 규제해야 한다는 주장도 강하게 제기되었다.

4. 맺음말

이상의 예에서와 같이, 제3세계의 유전자 자원을 근거로 한 선진국들의 특허권 행사에 대한 현재로서의 중요한 대응활동들은, 일단 현행 생명공학 관련 특허제도의 심사사항들을 활용해서 문제의 여지가 있고 또 이후 관련 특허의 전례가 되어 개도국들에게 다시 비용을 요구할 여지가 있는 특허들을 대상으로 합법적이고 구체적인 이의제기를 하여 특허 출원의 저지나 자발적 철회 등을 유도하는 방식을 취하고 있다. 이와 함께 생명체의 유전자 조작이나 특허 허용 자체에 대한 반대운동 역시 많은 환경·종교 단체들이 중심이 되어 계속 전개되고 있는데, 이 또한 개도국의 유전자 자원에 대한 다국적기업의 무분별한 특허 출원에 제재를 가하는 요인이 되고 있다.

단체나 개인들간의 생각에는 차이가 있을 수 있겠으나 결국 이러한 활동들은 모두 이제 새롭게 개념이 형성되고 있는, 유전자 자원을 이용한 특허의 형태에 영향을 미칠 것이며, 그 결과는 대부분의 유전적 자원을 보유한 개도국들에게 어떤 형태로든 혜택이 돌아가는 것으로 나타날 것이다.

그러나 보다 장기적으로는 생물 다양성의 보전에 관한 국제협약

에 명시되어 있는, 유전자원의 지속 가능한 연구개발과 그 이익의
분배에 관한 목표,[13] 이를 위한 정책·교육방안 등의 구체적인 이행
을 촉구해야 할 것이다. 그리고 국제기구 등의 차원에서 개도국이
자국의 유전적 자원에 대해 그 다양성과 본래의 삶의 방식을 보존
하면서 지속 가능한 방법으로 개발·이용할 수 있는 연구개발 능력
을 키울 수 있게 그에 대한 지원을 늘려나가도록 유도해야 할 것이
다. 이를 통해서 개도국에서의 표본수집과 유용자원에 대한 1차 심
사·검토 후, 선진국의 재심사·검토, 상품개발 등의 방법으로 공
동연구가 가능하며, 일부는 시행되고 있다.[14]

---

13) Agenda 21, Chapter 15. 4

(d) 생물공학을 포함한 생물 및 유전자원의 연구·개발·이용으로부터 얻어지
는 이익의 공정하고 공평한 배분을 위한 적절한 조치 모색

(g) 생물 다양성의 보전과 생물자원의 지속적인 이용에 대한 여성의 특별한 역
할을 강조하고, 토착민과 그 지역사회의 전통적인 방법과 지식의 인정 및 육성
그리고 전통적인 방법과 지식의 이용으로부터 얻어진 경제·상업적인 이익분
배에 이들 그룹의 참여기회 보장

(h) 생명공학이 생물 다양성의 보전과 생물자원의 지속적인 이용에 기여할 수
있음을 고려하여, 생명공학의 개선·재생·개발 및 가능한 이용과 특히 개발도
상국에 대한 안전한 이전을 위한 제동의 시행

(j) 생물다양성협약에 규정되어 있는 바와 같이 특히 개발도상국인 유전자원
원산국 또는 유전자원 제공국, 생명공학의 발전과 이들 자원으로 얻어지는 부
산물의 상업적 이용으로 나오는 이익을 보장할 수 있는 조치 및 제도적 개발

14) 머크(Merck) 사는 코스타리카의 비영리 보전단체인 INBio(Instituto Nacional
de Biodiversidad)와 INBio가 코스타리카로부터 제공하는 식물, 곤충, 미생물
로부터 약을 개발할 수 있는 권리에 대하여 100만 달러의 선금을 지불하기로
계약하였다(1991). 또한 1~3%의 개발된 제약에 대한 로열티를 INBio와 코스
타리카 자연자원부가 공유하기로 하였다. 이중 초기 지불금의 10%와 이후 로
열티의 50%가 보존사업에 사용될 것이다. 그리고 머크 사는 13만 5천 달러의
화학추출 설비증여와 과학자 교환을 통한 기술이전 계획에 동의하였다.

미국 국립위생연구소, 국제보전협회(Conservation International), 브리스틀
마이어스 스큅(Bristol-Myers Squibb) 사, 버지니아 주립대학, 버지니아 폴리테

현재 이러한 연구의 계약들은 그 상품으로서의 결과물이 특허를 통해 보호될 수 있기 때문에 가능하다고 주장되고 있다.[15] 그러나 이 과정에서 선진국과 개도국의 기업 또는 연구기관, 정부기관들 간의 유전적 자원 제공에 따른 계약 등에 다음 몇 가지 문제들이 여전히 존재한다. 첫째, 그 내재적 가치에 대한 충분한 보상이 이루어진 것인가. 둘째로, 그 계약이 유전적 자원의 효용성을 실질적으로 소유·사용하고 있고 그 효용성에 대한 결정적인 정보를 제공하는 지역 주민들의 참여 속에서 이루어지고 또 그 이익이 그들에게 합당하게 돌아갈 수 있는가. 셋째로, 그러한 계약이 실제로 한 국가에 대한 유전적 자원의 독점적 착취의 근거로 사용될 가능성은 없는가. 넷째로, 계약에 의한 유전적 자원의 개발시 그 다양성과 본래의 삶의 방식을 보존하면서 지속 가능한 차원에서 개발·이용할 수 있는 방법으로 이루어지는가. 따라서 이 같은 문제들에 대해 현재의 지적재산권 보호 제도가 어떤 역할을 할 수 있는지, 그리고 이에 대한 대안에 관해 더 많은 연구가 필요하다고 생각된다.

크닉 연구소, 미주리 식물원과 수리남 사이에 의학용 식물 개발에 대한 계약이 있었다(1993). 이 계약에서 브리스틀마이어스 사는 수리남의 원주민에게 지역의 식물로부터 얻어지는 약에 대하여 로열티를 지불하기로 하였다.

몬산토 사는 카예타노 페루대학과 안데스산맥의 우림지역 의약 식물에 대하여 연구하기로 계약하였다.

15) 브라질의 경우, 1996년 자국의 특허관련 법률을 TRIPs의 요구사항에 앞서 제약관련 상품을 보호할 수 있게 개정한 이후 다국적 연구기반의 제약관련 산업에 의한 23억 달러의 직접투자를 끌어들였다고 주장한다.

참고문헌

김두안 (1997), 「생물공학에 의한 식물품종의 법적 보호」, 『창작과권리』 여름호.

이덕록 (1998), 「생명공학 발명의 특허보호제도」, 『생명공학동향』 제5권 제4호.

이성우 (1997), 「생명공학분야의 지적재산권보호 현안」, 『생명공학동향』 제5권 제2호.

______ (1998), 「생명공학분야의 특허심사기준」, 『생명공학동향』 제5권 제4호.

정교민 (1991), 『생명공학과 특허』, 한울.

특허청 홈페이지, http://soback.kornet21.net/~genexam/

Genetic Diversity and Intellectual Property, Workshop No. V(1998. 5. 24~29, Rio de Janeiro), AIPPI 1998 IX.

Rural Advancement Foundation International(RAFI) 홈페이지, http://www.rafi.ca/

Shiva, V. (1997), *Biopiracy: The Plunder of Nature and Knowledeg*, Boston: South End Press. (한재각 외 옮김, 『자연과 지식의 약탈자들』, 당대, 2000.)

Third World Network(TWN) 홈페이지, http://www.twnside.org.sg/

아시아의 밥그릇에 특허를 붙인다?
쌀관련 지적재산권에 대한 NGO들의 분석

GRAIN 외*

1. TRIPs와 생물해적질, 무엇이 문제인가

1998년 4월 3일, 인도 뉴델리. 수백 명의 성난 농민들이 바스마티 쌀(Basmati Rice)에 대한 미국의 특허를 철회할 것을 요구하며 거리로 나왔다. 지난 몇 년 동안 심황(Tumeric)과 님(Neem), 그 밖의 토착자원들에 대한 미국 특허에 화가 난 인도 농민들은, 자기들의 쌀에 대한 미국의 독점요구에 대항하여 반기를 내걸었다. 이 시위에 참여한 농업노동조직(Hind Mazdoor Kisan Panchayat)의 자야 제틀리(Jaya Jetlie) 사무총장은 기자에게 이렇게 말했다.

지금까지 우리는 우리나라의 보물을 보호하는 데 충분한 노력을 기울이지 못했다. …우리가 (쌀) 수출을 못하게 되고 우리의

---

* BIOTHAI, MASIPAG, PAN-Indonesia, GRAIN 등 4개 단체가 공동집필한 글 (1998. 5)을 허남혁이 발췌 번역했음.

전통과 부를 잃어버린다면, 인도는 이 땅에 있는 바위와 심지어 조약돌 하나하나까지 외국 사람들이 다 소유해 버리는 그런 나라가 될 것이다.

그로부터 몇 주 후, 방콕의 거리도 뉴델리와 비슷한 모습이었다. 수백 명의 농민들이 총리공관 밖에서 진을 치고는 농촌문제 해결을 요구하고 있었다. 이들의 요구사항 가운데는, 미국 기업들이 태국 재스민 쌀(Jasmine rice)에 대한 특허와 상표권, 육종 종자의 권리(plant breeder's right) 등 지적재산권에 대해 통제를 요구하는 것에 대한 불만도 들어 있었다. 태국 북동지방에 거주하는 500만 명의 농민들은 재스민 쌀 경작에 의존해서 생계를 이어가고 있는데, 이것을 미국 기업이 독점한 것이다. 다음은 수린(Surin)에서 온 한 유기농 농민의 말이다.

재스민 쌀은 우리 할아버지의 할아버지 때부터 재배해 오던 것이다. 우리 태국 농민들, 태국 지역사회들에 속하는 것이다. 어느 누구도 재스민 쌀에 대한 소유권이나 독점권을 주장할 수는 없다.

태국 농업부 차관 네윈 지드춥(Newin Chidchob)은 즉각 "미국이 재스민 쌀을 모방하여 침해하는 데 대해, 정부는 WTO 앞에서 공식적인 항의시위를 준비하여 싸울 것"이라는 요지의 결의를 발표했다. 그리고 "미국은 상품의 모방에 대해 오랫동안 반대해 왔다. 미국 기업이 위반자인 이번 경우를 맞이하여 과연 미국이 이 문제를 어떻게 다룰지 궁금하다"며 호언장담했다.

바스마티 쌀과 재스민 쌀 두 경우 모두 라이스텍 사가 문제였다

현재 아시아에서는, 유전자원이 풍부한 개발도상국가들의 지역 사회로부터 유전물질과 지식을 도둑질하는 생물해적질(biopiracy)이 점점 더 중요한 문제로 부각되고 있다. 산업국가들은 제3세계의 생물 다양성을 이용하고 그에 대한 소유권을 갖기를 희망한다. 어떤 면에서 이것은 영국이나 네덜란드가 아시아의 곡물자원에 대한 통제권을 갖고서 면화 · 설탕 · 차 · 고무 · 후추 등에 대해 자신들의 무역제국을 건립했던 식민시대로 돌아가는 것이다. 생물해적질은 이러한 오랜 역사를 지닌 과정에 대해 부여한 새로운 명칭이라고 할 수 있다.

세계시장을 지배하려는 선진국가들은 GATT나 APEC을 주도해 나가면서 이와 같은 장을 통해서 무역자유화의 압박을 가하고 있다. 오늘날 이들 선진국들의 전략의 핵심은 지적재산권법을 통해서 아시아의 생물 다양성과 토착지식에 대한 독점적 통제권을 확보하는 것이다.

무역관련 지적재산권에 관한 협약(TRIPs)[1]은 1994년 GATT의 우루과이라운드 막바지에 조인되어서 1995년부터 시행되었다. 지금

---

1) TRIPs 협약은 특허, 저작권, 상표권 등 전세계적으로 지적 재산권 보호를 위한 획일적인 의무기준을 확립하고 있다. 현재는 국가들이 동 · 식물에 대한 특허를 배제하는 것을 허용하고 있다. 하지만 모든 국가들은 미생물, 미생물적 과정과 산물, 식물품종의 '발명자'에 대해서 지적 독점권을 보호해야 한다. 식물품종은 특허 가능하거나, '효과적인 독자적 체계(effective sui generis system)'에 따라야 한다(27조 3항 (b)). 대부분의 정부들은 이러한 독자적 체계라는 단서를, 유럽에서 육종기업들을 위해 발전된 특정한 종류의 특허를 통한 식물품종 보호로 이해하고 있다. 식물품종보호(PVP) 관련 내용 또한 논란이 되고 있다. 원칙적으로 개발도상국가는 2000년까지, 후진국은 2005년까지 이 조항을 시행해야 한다. 하지만 1999년에, 논란거리인 TRIPs의 27조 3항 (b)는 재검토될 것이다. 현재

은 GATT의 후계자인 WTO가 이 협약을 관장하고 있다. TRIPs는 WTO 회원국 모두에게 식량안보와 보건의 기반이 되는 식물품종들에 대해서까지 지적재산권을 확장할 것을 강요한다는 점 때문에 제3세계 국가들로부터 강력한 저항을 받고 있다.

현재까지는 아시아 국가들은 국민들의 기본적 필요에 영향을 미치는 기업독점이 위험하다는 이유로, 생명체에 대한 특허를 금지해 오고 있다. 뿐만 아니라 대부분의 아시아 문화들은 서구 기술과 재산권 체계가 근본적으로 무시하고 있는, 생명에 대한 전일적 시각과 존중을 유지하고 있다.

아시아의 거의 대부분의 국가들이 WTO TRIPs 협약에 가입해 있다. 이것은 2000년까지 아시아 정부들은 종자에 대하여 완전히 합법적인 지적재산권제도를 만들어야 한다는 것을 의미하는 것이다. 또 이것은 생명공학을 통해 농업과 전세계 식량 생산 및 공급·소비 체계(food system)를 통제하고자 하는 초국적 기업들에게 유리하게 작용할 것이다.

현재 아시아 지역 내의 경제위기에도 불구하고, 초국적 기업들은 아시아 농업, 특히 새롭게 열린 중국 시장에 침투하기 위해서 혈안이 되어 있다. 특허로 인하여 작물에 대한 연구는 이들에게 이윤창출의 기회를 제공할 것이며, 이들은 생명공학에 대한 시장통제권을 갖게 될 것이다.

하지만 이것이 아시아에서, 10억이 넘는 소농들에게는 무엇을 의미하는 것인가? TRIPs는 지속 가능한 발전을 증진할 것인가, 아니면 '개발'을 빙자한 초국적 기업들의 지배를 공고하게 해줄 것인가? 이 글에서는 아시아에서 가장 중요한 곡물인 쌀의 측면에서, TRIPs

___

개도국들은 생물 다양성에 미치는 영향이 분명해질 때까지 TRIPs의 시행을 연기해야 하며, 생물다양성협약에 부속되어야 한다고 주장하고 있다.

가 가지는 의미를 생각해 보고자 한다.

2. 망가지고 있는 유산, 쌀의 생물 다양성

아시아의 대부분의 국가들에서 쌀은 식량안보와 동의어로 사용되고 있다. 이 지역은 전세계 쌀의 90%를 생산하며, 수확면적은 거의 1억 5천만ha에 달한다. 쌀은 아시아 농가소득의 반을 차지하며, 민중들의 칼로리 섭취의 거의 80%를 차지한다. 대부분의 아시아 사회에서 쌀은 아침 · 점심 · 간식 · 저녁의 ── 이렇게 자주 먹을 수 있는 사람들에게는 ──주식이다.

아시아 농업 역사에서, 쌀은 수만 년을 거슬러 올라간다. 이러한 오랜 시간 동안 농민들은 쌀 속에 엄청난 양의 유전적 다양성을 개량하고 보존해 왔다. 몇몇 과학자들은 농촌공동체들이 14만 종 이상의 쌀품종을 개량해 왔다고 추정한다. 이 가운데 약 8만 종은 현재 필리핀의 로스바뇨스에 있는 국제벼연구소(IRRI, 전세계에서 쌀을 가장 많이 수집해 놓고 있는 곳임)의 유전자은행에 저장되어 있다. 태곳적부터 농민과 소비자들은 이러한 다양한 품종들로 자신들의 필요를 충족해 왔다. 몇몇 품종은 가뭄에도 잘 자라고, 또 몇몇은 특정한 해충에도 잘 견딜 수 있다. 그런가 하면 어떤 품종들은 길고 홀쭉한 쌀을 생산하고, 또 어떤 것은 짧고 둥근 쌀을 생산한다. 향이 나는 것, 차진 것, 조리하는 데 시간이 걸리는 것, 약용으로 쓰이는 것… 아시아의 농업공동체들이 발전시켜 온 각종 쌀들은 실로 경이롭기 그지없다.

하지만 이러한 다양성의 대부분이, 그리고 거기에 체화되어 있는 공동체의 지식이 지난 30년 동안에 사라지고 있었다. 녹색혁명은,

전세계를 먹여살린다는 위장막을 펴고서 아시아 농민들을 세계무역체계의 손아귀로 몰아넣는 거대한 캠페인이었다. 획일적인 기술 패키지들—비료, 고수확 종자, 농약, 기계, 관개시설, 신용 및 판촉기획 등—이 수많은 지역의 농민들이 보유하고 있던 생태적인 부와 숙련기술 그리고 자존심을 순식간에 대체해 버렸다. 이 모든 것이 근대화(modernization)였다.

녹색혁명은 몇몇 관개지역—아시아 벼농사지역의 절반도 채 안 된다—에서 쌀생산량을 증대시켰지만, 이렇게 되기까지 농민과 소비자 모두 환경·건강·경제적 문제라는 심각한 비용을 치러야 했다. 쌀 재배농민들은 대부분의 국가에서 빈농에 속한다. 토양 비옥도와 소출은 계속 떨어지고 있다. 공동체들은 취약하기 이를 데 없는 고원(高原) 생태계로 밀려나 하루하루의 삶을 이어나가고 있다. 농약사용량은 물론 급증했다.

실제로 이러한 문제들 대부분은 생물 다양성의 상실과 생산자원에 대한 농민들의 통제력 상실에 그 직접적인 원인이 있다. 논에 치명적인 해충 벼멸구의 등장은 아시아 대부분 국가들에서 고수확 품종이 빠르게 확산된 것과 정확히 일치한다. 이것은 1970년 인도네시아와 타이완에서 분명히 나타났다. 그리고 태국이나 베트남처럼 새롭게 고수확 품송으로 바꾼 나라들에서는 더욱 뼈저리게 분명해졌다. 베트남 농업부 대변인은 이렇게 말하고 있다.

베트남에서의 녹색혁명은 선호되는 몇몇 필요 품종들만 단작하는 결과를 가져왔으며, 그로 인해 병해충이 늘어났다. 게다가 화학물질 사용이 늘어나면서 자연생태계의 불균형과 토양 비옥도의 손실이 나타났다.

이러한 획일성 —유전적 독점—이 오늘날 아시아 농민들을 지배하고 있다. 태국과 미얀마에서는 수도작 지역의 거의 40%가 불과 5개의 품종만 재배한다. 파키스탄에서는 상위 5개 품종이 전체 면적의 80%를 차지하고 있다. 캄보디아에서는 국제벼연구소가 개발한 IR66 단 하나가 건기(乾期) 작물의 거의 84%를 차지한다. 농민들과 식량안보 면에서, 이것은 실로 위험천만한 것이 아닐 수 없다. 이와 같은 획일화 때문에 농민들은 생물학적 획일성이 갖는 본질적인 약점으로부터 작물을 보호하기 위해서 독성 화학물질과 (앞으로는) 생명공학자들에게 의존하도록 강요당하고 있다.

이것은 민중조직, NGO들 그리고 이에 동조하는 과학자들이 아시아 농업의 지속 가능한 대안을 발전시키기 위해 그 동안 해온 노력과 상반되는 것이다. 농민들이 통제력을 다시 회복하고 화학물질, 경제적 의존, 환경파괴를 야기하는 산업적 농업으로부터 대안적인 영농체계를 발전시키기 위한 광범위하고 역동적인 운동이 지금도 계속되고 있다. 지속 가능한 농업은 장기적인 차원에서 산출을 증대시키고 농민들에게 기회를 회복해 주는 시스템을 제공하는 것을 목표로 삼는다. 하지만 지난 20년 동안 추진되어 온 이러한 운동은 지금 WTO TRIPs에 의해 위협받고 있다. 생명공학과 생명에 대한 지적재산권의 강제로 인하여, 이러한 대안들을 추구할 수 있는 여지는 직접적으로 침해받게 될 것이다.

3. 생명공학으로의 길, 과연 장밋빛인가

민간부문은 종자의 시작점에서부터 쌀을 장악하는 데 관심을 기울이고 있다. 지금까지 쌀 부문에 대한 산업계의 개입은 화학물질

투입, 기계, 운송 및 무역에 그 초점을 두고 있었다. 종자는 그다지 관심 있는 대상은 아니었다. 아시아 농민들은 종자의 거의 80%를 자가채종하여 다시 사용하며, 대부분이 해마다 종자를 살 형편이 못 되는 빈농들이다. 그런데 이러한 상황이 최근 들어 급격하게 변하고 있다.

사기업들은 돈을 벌 수 있다는 생각에서 벼관련 생명공학 연구에 투자하기 시작했다. IRRI의 녹색혁명 30년은 아시아에서 생태적 붕괴를 가져왔다. 그에 따라 이제 환경친화적인 쌀생산이 각광을 받고 있다. 그런데 생명공학은 유기농이 확산되어 나감에 따라 화학기업들이 입었던 손실을 보상해 주게끔 되어 있다. 만약 이 화학기업들이 종자에 대한 로열티와 생명공학 기술에 대한 사용료를 거둘 수 있다면, 화학물질의 판매격감으로 인한 손실은 곧바로 상쇄될 것이다. 벼관련 생명공학 연구에서의 다음 몇 가지 주요 경향들은 이 부문에 대한 기업들의 논리를 잘 보여주고 있다.

제초제 저항성 벼 일부 기업들은 제초제 저항성 벼를 개발하는 데 총력을 기울이고 있다. 최근 아시아에서는 제초제 사용량이 늘어나고 있는데, 이것은 IRRI가 홍보한 직파(直播)전략 때문이다. 이제 기업들은 벼 속에 유전자를 집어넣어서 화학물질에 견딜 수 있는 벼를 만들고 있다. 기업들의 광고에서는 농민들이 제초제를 적게 사용해도 될 것이라고 말하고 있지만, 사실 이들은 농민들이 제초제를 더 많이 쓰기를 바란다.

미국의 사이나미드(Cynamid) 사는 대학, 공공 및 민간 종자기업과 협력하여 IMI라는 상표로 판매되고 있는 이미다졸리노네(imidazolinone) 성분 제초제에 저항성을 갖는 벼품종을 개발하였다. 아그레보(AgrEvo) 사는 자사의 제초제 리버티를 써야 하는 리버티링크(Liberty Link) 벼를 연구하고 있다. 몬산토(Monsanto) 사의 라운드업레디(Roundup-Ready) 벼는 글리포세이트(glypho-sate) 성분에 저항력을 갖도록 연구중이다. 자포니카 계열의 벼들은 2002년까지 일본, 중국, 미국 등의 온대지역 국가들 시장에 등장할 예정이며, 동남아시아와 남아시아에서 경작되는 인디카 벼에 제초제 저항성 유전자를 삽입하는 계획도 진행중이다.

Bt 벼 또 한 가지 추세는, 토양 박테리아의 일종인 바실루스균(*Bacillius thuringiensis*)로부터 나오는, 해충을 박멸하는 독성을 함유하고 있는 Bt 벼의 출현이다. 이 Bt 벼는 스스로 살충제를 생산해내는데, 이화명충 같은 해충이 이 식물을 갉아먹으면 죽게 된다. 하지만 해충들은 독성에 대한 내성을 금방 키우게 되며, 소비자들은 Bt 쌀을 먹을 때 발생할 수 있는 알레르기 및 기타 부작용의 위험을 떠안게 된다.

시바-가이기(Ciba-Geigy, 산도즈와 합병 후 현재는 노바티스Novartis) 사는 IRRI와 스위스연방기술연구소를 통해서 아시아의 수도작 지역에 광범위하게 퍼져 있는 Bt에 내성을 갖는 유전자를 찾아내서 소유하려는 작업을 하고 있다. IRRI는 곧 Bt 벼에 대한 야외실험을 시작할 것이며, 그러면 이것은 아시아 국가들의 프로그램으로 넘어갈 것이다.

벨기에에 본사를 둔 플랜트 제네틱 시스템스(Plant Genetic Systems, 현재는 아그레보가 소유)도 IRRI와 공동으로, 벼에 삽입하기 위하여 아시아 Bt의 7,500가지가 넘는 필리핀 토종 특성을 포함하여 수천 가지 특성들을 수집하고 있다. 이 기업은 "Bt 유전자를 포함하는 모든 형질 전환 식물들"에 대한 미국 특허를 획득했는데, 이는 여전히 논쟁거리다. IRRI는 아시아에서 Bt 벼를 방출하는 데 있어 결정적인 역할을 하고 있다.

잡종 벼 세번째로 중요한 추세는 F1 잡종의 개발이다. 벼 종자는 일반적으로 수확기에 수확되어 다음해에 다시 파종이 가능하다. 그런데 기업들은 이러한 관행에 제동을 걸어서, 농민들이 해마다 새로운 종자를 사게 만들려고 한다. 아시아에서 잡종 벼에 투자하고 있는 기업들로는 카길(Cargill), 하이브리드 라이스 인터내셔널(Hybrid Rice International), 이스트-웨스트 종자회사(East-West Seed Co.) 등이 있다. 해마다 종자를 사게 하기 위해 서로 다른 기술들이 개발중에 있으며, 이 가운데 상당수는 IRRI에서 나오고 있다.

가장 극단적인 방법은 '터미네이터 기술(terminator technology)'이라고 이름붙여진 기술로서, 1998년 3월 미국에서 특허를 받았다. 미국 농무부의 지원으로 델타 앤드 파인랜드(Delta & Pineland) 사가 개발한 이 기술은 유전자를 집어넣어서 종자가 발아하지 못하도록 하는 것이다. 이 특허권은 벼를 포함한 어떤 식물에도 터미네이터 유전자를 집어넣는 것을 가능하게 하고 있다.

이상의 연구추세들은 모두 지속 가능한 농업의 옹호자들로부터 강력한 이의제기를 받고 있다. 선전과는 반대로, 이러한 경향들은 화학물질과 기타 외부 투입물들에 대한 농민의 의존도를 오히려 증대시킴으로써 새로운 건강상의 문제를 불러일으키고 생태적 균형의 파괴를 더욱 부채질할 것이기 때문이다. 잡종 벼는 특히 농업부문에 위협이 되고 있다.

사실 이러한 연구들 대부분은 그 어디에서도 경제적 정당성을 찾기 어렵다. Bt 벼는 이화명충 방제에 주목적이 있지만, 실제로 이화명충으로 인한 피해의 정도는 아시아의 전체 벼수확 가운데 5%도

채 안 될 뿐더러 농가들이 생태적으로 통제 가능한 해충이기도 하다. 제초제 저항성은 제초제 판매를 늘리기 위한 것에 지나지 않는다. 잡종 벼는 분명히 종자의 판매량은 늘리겠지만, 농민들의 소득역시 높여주는 것이 아님은 명백할 것이다. 이 종자를 심으면 약 15~20%의 산출증대가 이루어질 것으로 예상되지만, 그만큼 종자가격도 당연히 올라갈 것이기 때문에 빈농들은 접근하기 어려울 것이다.

4. TRIPs와 생물해적질

미국 정부가 주도하고 있는 생명공학 로비는 무역협상을 이용해서 전세계적으로 시장과 기술에 대한 강력한 보호를 획득해 나가고 있다. '자유무역'에 대한 옹호에도 불구하고, 지적 독점은 보호주의의 한 형태이다. 기업들은 자신들의 이른바 혁신에 대한 법적인 소유권이 보장되지 않으면 자신들이 아시아 지역 농업연구에 투자할 유인이 없다고 불평한다. 하지만 이러한 주장이야말로 본말이 전도된 것이다.

지적재산권은, 지금까지 제3세계가 발전시켜 온 종자와 지식에 대해 선진국 기업들이 거기다 약간만 뭔가를 보태서 '새로운 것'이라고 명명하고 그에 대한 소유권을 가질 수 있도록 허용해 준다. 벼에 대한 생명공학은 식물이 갖고 있는 수만 개의 유전자에다가 유전자 몇 개를 더하는 것 이상이 아니다. 만약 누군가의 권리를 보호할 필요가 있다면, 그것은 지식과 유전적 다양성을 발전시켜 온——공식적으로 교육받은 과학자들에 의해 착취되고 있는——농민과 공동체의 권리이지, 결코 이들 선진국 기업들의 권리가 아닐 것이다.

274

아시아의 쌀 경제와 문화가 TRIPs가 강요하는 지적재산권 체제 때문에 위협받고 있다. 이미 IRRI는 아시아 농민들에게 아무런 대가도 건넴이 없이, 선진국들이 자국의 이득을 위하여 아시아의 벼 생물 다양성에 대한 접근을 가능하게 하는 교활한 통로로서 기능하고 있다. 만약 TRIPs가 계획에 따라 시행된다면, 현재는 간헐적으로 출원되고 있는 벼에 대한 특허들이 밀물처럼 밀려들 것이다. 그리고 그 이득은 절대로 제3세계의 빈민들에게 돌아가지 않을 것이다.

전세계적으로 벼에 대한 생명공학 특허는 이미 160개나 된다. 대부분의 특허는 미국과 일본의 초국적 기업들이 보유하고 있으며, 상위 13개 특허보유자들이 아시아의 주식(主食)에 대하여 반 이상의 생명특허를 갖고 있다(전체의 51%인 81개 보유). 특허가 가장 많은 특성은 해충 저항성(10%)과 제초제 저항성(8%), 균류 저항성(8%),

벼관련 특허보유 기업의 현황

기 업	국적	보유특허수
파이어니어 하이브레드 인터내셔널(Pioneer Hibred International)	미국	17
미쓰이-토아츠화학(Mitsui-Toatsu Chemicals)	일본	13
몬산토(Monsanto)	미국	9
재팬 투바코(Japan Tobacco)	일본	8
노바티스(Novartis)	스위스	5
어드밴스드 테크놀러지(Advanced Technology)	영국	4
아그레보(AgrEvo)	독일	4
코넬연구재단(Cornell Research Foundation)	미국	4
미쓰비시/미쓰비시화학(Mitsubishi/Mitsubishi Chemicals)	일본	4
스미토모화학(Sumitomo Chemicals)	일본	4
듀퐁(DuPont)	미국	3
구보타(Kubota)	일본	3
제네카(Zeneca)	영국	3

* 자료: *Derwent Biotechnology Abstract*(1982~1997. 12). 정리는 GRAIN.

전분함유(8%)이다.

이 표는 매우 기만적인 현실을 조금밖에 보여주지 못하고 있다. 왜냐하면 수많은 기술과 특정 유전자들이 모든 작물들에 대하여 ─예를 들어 벼를 거명하진 않지만 잠재적으로 벼 연구와 시장에 영향을 미칠 수 있다─특허 출원되고 있기 때문이다. 예를 들어 아그레보는 Bt를 포함하는 모든 형질 전환 작물들에 대한 특허보유자이다. 재팬 토바코는 모든 형태의 형질 전환 벼에 대한 아그라세투스사 보유 특허에 대한 특허권리를 갖고 있다. 델타 앤드 파인랜드의 불임유전자 특허는 벼를 포함한 모든 작물에 적용된다.[2]

이러한 광범위한 특허는, 그 대상이 누구든 철저한 방식으로 기술 사용을 중단시킬 수 있는 권리를 기업들에게 부여한다는 이유에서 논란의 여지가 많은 문제이다. 하지만 이러한 권리가 아시아에서는 쉽사리 행사되지 못할 것이다.

TRIPs는 지금과 같은 추세를 합법화하고 보편화해 나가려고 한다. 이것은 모든 개도국들에게 생명체와 관련하여 특허법률을 확장시키고 독자적인(특수한) 체계를 수립할 것을 강요하고 있다. WTO의 무역제재 위협 때문에, 2000년까지 식물품종들은 독점권 아래에 놓이지 않을 수 없다. 그러나 이에 대한 아시아 국가들의 대응은 매우 소극적이고 불만족스럽다. 대부분의 정부들은 독자적 체계 구축이라는 조건과 그 시행방법에 대하여 합의할 태도를 취하고 있다. 기업부문은 식품품종보호법률을 기정사실화하기 위해 열심히 로비를 벌이고 있다. 하지만 선진국의 산업적 농업에 맞게 틀지어진 이러한 법률들은 유전적 획일성을 조장하고 농민의 권리를 제약할 것이다.

---

2) *Derwent Biotechnology Abstracts*; RAFI, news release, 1998. 3. 13.

특허체계건 독자적 체계건 그 결과는 처절한 것이다. 농민들은 지적재산권으로 보호받는 종자에 대해 로열티를 지불해야 할 것이다. 하지만 왜 다국적기업들이 자신들의 종자를 유전적으로 약간 변형시켰다고 해서 그에 대한 권리를 갖게 되는지 이해하지 못할 것이다. 과학자들 또한 우려하고 있다. 지적재산권은 관리비용도 많이 들고 이를 둘러싼 분쟁도 많이 발생할 뿐 아니라, 더욱이 생명특허는 아시아 사회에 심각한 윤리적 딜레마를 제기할 것이다. 학계는 지적재산권으로 인해 인간의 필요에 따른 연구에서 특허 가능한 결과를 만들어낼 수 있는 연구로 방향을 선회하리라는 것을 알고 있다. 게다가 외국인들은 이미 아시아 지역 특허의 70% 이상을 보유하고 있다.[3]

하지만 어떠한 안전망도 생물해적질을 용납하게 만들지는 못할 것이다. 다국적기업들은 항상 협상에서 유리한 위치를 차지하고 있다. 이와 같이 점점 커지는 위협으로부터 아시아의 쌀농사 농민들을 보호하는 유일한 방법은, 생물 다양성에 대한 어떠한 형태의 지적재산권도 금지하는 것이다. 결국 생물 다양성은 집단적인 유산이며, 생물다양성협약은 이를 국가주권으로 간주하고 있다. 그러한 권리를 팔아먹는 것은 아시아의 지속 가능한 발전이라는 목표를 훼손할 것이다.

---

3) World Intellectual Property Organization, IP/STAT/1994/B, Geneva, 1996. 11.

쌀 특허 반대, 생명 특허 반대!

동남아시아를 비롯하여 아시아의 다른 지역들에서 쌀은 생명이다. 지난 수천 년 동안 쌀은 우리 식량·언어·문화, 다시 말해 우리의 생명 그 자체의 토대였다. 이 지역 농업공동체들은 수세기에 걸쳐 수십만 종이 넘는 서로 다른 쌀품종들을 다양한 기호와 필요에 맞게 개량하고 보호해 왔다.

그러나 60년대에 국제벼연구소(IRRI)가 주도한 녹색혁명으로, 농토에서는 이러한 다양성이 사라지기 시작했으며 농약·비료·고수확종자·관개 시스템·신용 및 판촉계획 등과 같은 고에너지 투입을 필요로 하는 전혀 지속 가능하지 않은 영농체계가 확산되었다. 이 과정에서 농민들은 자신들의 종자와 자신들의 지식과 자신감에 대한 통제권을 상실했다. 오늘날 이 지역 민중들은 유전자원과 토착지식에 대한 농민들의 통제권 확보를 바탕으로 한 보다 지속 가능한 농업체계를 재구축하기 위하여 투쟁하고 있다.

과거에, 생산에서 분배에 이르기까지 쌀경제의 전체 순환은 농민들 스스로의 통제권 아래 있었다. 오늘날 전지구적 기업들은 쌀부문을 장악하고 있다. 산업적 영농의 확장과 더불어, 이들은 연구프로그램, 정책개입 그리고 농기계·농약·비료 수출을 통해서 지배력을 확립해 왔다. 이제 이들은 생명공학을 통해서 우리의 쌀문화에 대한 통제력을 드높이려고 하고 있다.

그런데 바로 이러한 기술이 우리에게 약속해 주는 쌀은 환경과 보건을 위협하고 있다. 예를 들어 제초제 저항성 벼는 제초제 사용을 더욱 늘릴 것이다. Bt 유전자를 가진 벼는 생태균형을 깨뜨릴 것이다. 이러한 것들은 소비자에게도 결코 안전하지 않다. 알레르기 반응, 항생제 내성, 기타 건강상의 위험을 야기할 것이다. '터미네이터 기술'이라고 불리는 기술에 근거한 새로운 품종들은 농민들에게 해마다 다국적기업들로부터 볍씨를 사도록 강요하게 될 것이다.

WTO 체제하의 무역관련 지적재산권에 관한 협약(TRIPs)을 통한 특허제도의 확장으로 다국적기업들은 쌀 그리고 생명 그 자체에 대한 독점소유권을 주장할 권리를 갖게 되었다. 선진국 기업들은 이미 쌀에 대한 지적재산권을 주장하기 시작했다. IR-8에서부터 IRRI가 만든 '기적의 벼'에 이르기까지, 미국에서 이미 80년대에 지적재산권을 통해 독점화되었다. 최근에 텍사스에 소재한 라이스텍(RiceTec) 사는 바스마티 쌀에 대한 특허를 출원하였다. 이것은 인도와 파키스탄에 대한 생물해적질(biopiracy)이다. 이 회사와 미국 내 다른 많은 기업들은 재스민 쌀이라는 것을 판매하고 있는데, 이 또한 지적 · 문화적 도둑질일 뿐 아니라, 동남아시아 농업공동체들에 대해 직접위협을 가하는 행위이다. 왜냐하면 재스민 쌀은 태국에서 생산되며, 재스민 쌀의 생산과 판매 면에서 생태적인 대안을 발전시키려 애쓰고 있는 이 지역 500만 빈농들에 의해 재배되고 있기 때문이다.

우리는 지역 내의 이러한 경향에 저항하면서 농민과 공동체의 권리를 주장하는 지역단체들을 강화해야 한다. 이러한 이유로 우리는 다음과 같은 요구사항을 주장한다.

1. WTO 회원국들은 농민과 공동체의 권리가 지적재산권보다 우위에 있으며, 지적재산권이 생물 다양성을 파괴한다는 것을 인정해야 한다. 현재 동남아시아에서는 농민과 공동체의 권리를 발전 · 시행하고자 하는 많은 시도들이 이루어지고 있다. 이러한 시도들이 지원받고 강화되어야 한다.
2. 우리는 아세안(ASEAN) 회원국들이 지역 및 국가적 차원에서 지적재산권 체계의 확산에 저항하고, 공동체의 권리를 발전시키고자 하는 인도와 아프리카 동맹조직의 시도를 지원해 줄 것을 요청한다.
3. 벼와 기타 식량작물에 대한 생명공학은 금지되어야 한다.
4. 농업과 생물 다양성은 WTO 체제, 특히 TRIPs에서 배제되어야 한다.
5. 쌀에 대한 특허 및 생명에 대한 특허를 반대한다!

1998. 5

■ 참고 1

국제벼연구소(IRRI)의 역할

최근까지도 아시아의 쌀문화는 지역주민들의 통제 아래 있었다. 그런데 60년대 이래로 필리핀에 위치한 국제벼연구소(IRRI)가 거의 장악해 버렸다. IRRI는 세계은행(World Bank)으로부터 지원을 받는 국제농업연구자문단(CGIAR)을 통해 설립된 국제기관으로서, 이 연구소의 목적은 아시아의 쌀생산과 소득을 증대시키는 것이다. IRRI는 비료나 농약 등의 화학물질에 잘 반응하는 새로운 벼 특성을 개발했다. 하지만 이는 곧 한계에 봉착했는데, 소출은 더 이상 늘지 않았고 환경은 오염되고 농민들은 부채의 나락으로 빠져들었다. 그럼에도 IRRI는 인구의 폭발적인 증가를 우려하면서, 이것을 공급 차원의 문제로 희석시켜 버린다. 현재 아시아의 쌀 수확량은 ha당 약 3.7톤인데, IRRI는 이것을 15톤으로 끌어올리는 '슈퍼 벼'를 개발하려고 하고 있다.

IRRI는 아시아의 쌀농사를 장악할 수 있었는데, 그것은 농민들이 가지고 있는 벼품종들을 수집하여 그 종자를 유전자은행에 저장해 두었기 때문이다. IRRI는 전세계 벼 육종자들이 새로운 벼품종을 개발하는 데 필요한 거의 모든 유전자들을 수집해 두고 있다. IRRI는 가난한 나라들을 위해 벼 연구에 집중하는 것이 아니라, 선진 산업국가들에 그 이익을 보내고 있다. 미국 쌀생산의 3/4는 IRRI가 제공한 배원질(germplasm)에 의존하고 있으며, 이로써 미국은 1970년 이후로 연간 10억 달러의 경제적 이익을 거두어들이고 있다. 실제로 IRRI가 제공하는 벼 배원질은 미국 · 오스트레일리아 · 뉴질랜드 · 캐나다의 쌀산업에 연간 6억 5500만 달러의 부가가치를 창출해 주고 있다.

선진국들이 제3세계의 생태적 자산으로부터 거두어들이는 불평등한 이익을 감안해서, 생물다양성협약(CBD)에서는 개도국들의 유전자원에 대한 접근에 대해 국제적으로 합의된 조건을 확립하고 있다. 제3세계의 생물 다양성을 이용하려면 이제 사전승낙과 이익균분 조건에 따라야 한다. 하지만

CBD는 1993년 12월에 시행된 협약 이후에 수집된 배원질에 대해서만 적용된다. 미국의 압력 때문에 CGIAR(IRRI는 그 구성원임)가 보유하고 있는 모든 유전자원에 대해서는 이 협약을 적용하지 않는 예외를 둔 것이다. 이렇게 예외는 유전자은행이 보유하고 있는 전세계 식량작물 배원질의 40%를 차지하고 있다. 이것은 여전히 선진국들은 이 배원질을 마음대로 꺼내다가 특허 출원할 수 있다는 것을 의미한다. UN에서 제3세계의 다수 국가들을 대신하여 활동하고 있는 필리핀 정부는, 이러한 관행을 바꿀 것을 요구하면서, 종자가 국제유전자은행에서 꺼내질 때에는 사전에 원산지 국가와 협의해야 하고 CGIAR의 수집품들은 CBD하에 놓여야 한다고 주장하고 있다.

임기응변으로, 국제유전자은행에 보관되어 있는 이와 같은 종자들은 1994년 세계식량농업기구(FAO)의 보호 아래 들어갔다. FAO와 CGIAR의 위탁협약에 따라, 지정된 배원질에 대한 특허는 금지되고 있다. IRRI의 유전자은행에 보관되어 있는 대부분의 벼 종자들은 이 협약 아래 들어가게 되었다. 하지만 이것이 완벽한 것은 아니다. 최근에 국제농촌진흥기금(RAFI)은, 오스트레일리아 정부가 인도에 있는 IRRI의 자매연구소 ICRISAT의 유전자은행에서 직접 가져온 두 종의 이집트콩에 대한 특허권을 받아들인 것을 발견했다. 그리고 위탁협약 아래에 있는 물질들을 약탈해 간, 적어도 16가지의 다른 사례들이 현재 조사중에 있다.

IRRI는 지적재산권에 대해 독자적인 정책을 수립해 놓고 있다. IRRI는 유전자은행에서 나온 종자는 특허되어서는 안 되지만, 공공이건 민간이건, 아시아 사람이건 미국 사람이건 간에 과학자들이 그것으로 육종작업을 진행하면, 그 물질은 특허 가능한 것이라고 명시하고 있다. 라이스텍 사가 바스마티 쌀에 대한 특허를 출원한 문제를 둘러싸고 최근 일고 있는 논란에 IRRI는 직접적으로 연루되어 있다. 라이스텍 사는 IRRI로부터 바스마티 종자—IRRI는 이 종자를 인도와 파키스탄에서 가져왔다—의 세포주를 가져온 것이다. 이제 이것들은 미국에서 특허 출원되어 있다. 태국의 재스민 쌀 또한 미국에서 지적재산권의 희생물이 되어 있다. 이것도 IRRI 덕분에 거기에 있는 것이다.

1999년의 TRIPs 재검토

1999년 무역관련 지적재산권에 관한 협약(TRIPs)은 WTO 회원국들에 의해 재검토하기로 되어 있다. 미국은 이것을 2000년까지로 늦추려고 하면서, WTO 무역협상을 위한——농업, 지적재산권, 기타 이슈들을 통합하는——새로운 밀레니엄 라운드를 추진하고 있다. 미국의 이 같은 행위는 개도국들로부터 시행이 요구되기 전에 TRIPs에 도전할 권리를 빼앗는 것이다. 제3세계 국가들은 이제 생물다양성협약(CBD)하에서 보호되어야 한다고 주장하는 생물 다양성과 공동체의 권리에 미칠 중대한 영향 때문에, 시행을 연기할 것을 요구하기 시작했다. WTO는 만약 항의가 생길 경우 TRIPs에 대한 일시정지를 준비하고 있다.

NGO, 과학자, 변호사, 학계와 함께 아시아 시민운동은 자신의 정부들에 TRIPs에 저항하는 동시에, 1999년의 재검토를 통해 민중과 국익에 합치하도록 협약을 재협상할 것을 주장하고 있다. 이는 생물 다양성과 공동체의 권리에 대하여 지적재산권을 허용하는 모든 의무사항을 제거하는 것을 의미한다. 아시아는 생물해적질과 생명공학을 통해서 결코 식량안보를 이루지 못할 것이며, 오직 토지와 생산자원에 대한 농민의 정당한 권리에 기반할 때에만 가능할 것이다.

제4부
반대 GMO!

GMO 농작물의 최근 동향
유전자 조작 식품과 농업의 미래
반대 GMO!
우리의 안전한 먹거리를 위하여

박민선(농협중앙회 조사부)
허남혁(한국농어촌사회연구소 연구간사)
조완형(한살림 기획과장)
매완 호(Mae-Wan Ho, 영국 개방대학교Open University의 생물전자역학연구소 소장)

GMO 농작물의 최근 동향*

박민선 · 허남혁

1. 머리말

  상업화된 지 불과 몇 년 안 되어 급속히 확산되면서 농민들에게
하나의 기적이라고 평가받던 GMO 농작물이, 최근 새로운 국면을
맞이하고 있다. 1998년은 전세계적으로 유전자 조작 작물의 식부면
적이 1996년 대비 약 15배 가량 증가한 것으로 추정되며(중국은 제외
한 추정치임), 유럽에서도 상업용 유전자 조작 작물이 식부되기 시작
한 첫해이다. 유전자 조작 작물의 전세계 판매액도 12억~15억 달
러로 1997년에 비해 2배 이상 증가하는 등, 지난 4년 동안 20배 증
가한 것으로 추정된다. 이러한 증가추세를 기초로 한 추정결과에
따르면, 전세계 GMO 작물 시장은 2000년에는 30억 달러, 2005년

---

* 이 글은 한국농어촌사회연구소, 한국여성민우회. 참여연대 과학기술민주화를위
  한모임, 한국여성환경운동본부가 주최하여 지난 1999년 11월 8일 열린 'GMO 농
  산물 및 식품의 표시제에 대한 토론회'에서 발표된 글을 수정한 것이다.

에는 80억 달러로 성장할 것이라고 한다(James, 1999).

그러나 1999년에 들어서면서 이러한 낙관적 전망을 뒤엎는 새로운 변화가 나타나고 있는데, 이 같은 변화를 촉발하는 가장 중요한 요인은 무엇보다도 GMO 작물에 대한 소비자들의 반응이라고 보아야 할 것이다. GMO 식품의 안전성을 우려한 소비자들의 저항은 각국 정부가 표시제를 도입하도록 유도하였고, 농식품 관련 기업 역시 소비자의 반응에 민감하게 대응하고 있다. 또한 이러한 동향은 GMO 농산물을 직접 생산하는 생산자와 GMO 농산물 개발기업 그리고 이 기업들에 투자하는 금융계에까지 연쇄적으로 영향을 미치고 있다. 뿐만 아니라 제3세계에서도 다국적 생명공학 기업에 대한 농민의 저항이 일어나고 있다. 최근 들어 나타나고 있는 이러한 변화는 앞으로 WTO 협상결과에 따라 큰 영향을 받을 것으로 보인다.

이 글에서는 GMO 농작물과 관련된 최근의 동향을 살펴봄으로써, 앞으로 우리나라 시민사회 및 정부의 대응방향에 시사점을 제시하고자 한다.

2. GMO에 대한 소비자들의 인식 확대가 몰고 온 변화

GMO 농산물에 대한 소비자들의 반대운동은 유럽 국가들에서 먼저 확산되었다. 유럽 소비자들은 광우병, 다이옥신 파동과 같은 식품문제가 제시되면서 GMO 농산물에 대해 더욱 민감하게 반응을 하고 있는 것으로 보인다. 또한 지난 15년에 걸쳐 성장호르몬을 주사한 쇠고기 분쟁 등으로 이미 오랫동안 쟁점이 되어왔다는 사실 역시 소비자들의 인식을 높이는 계기가 되었을 것 같다.

유럽에서는 소비자들의 반대운동으로 GMO에 대한 표시문제가 다른 지역보다 일찍 쟁점화되었고, 소비자들의 저항이 커지면서 GMO에 대한 규제 또한 상당히 구체적으로 논의되었다. 그 결과 1999년 6월 하순에 가맹국 환경장관들은 룩셈부르크에 모여 환경이사회를 개최하고 GMO에 대한 논의를 하였다. 이 이사회에서는 새로운 유전자 조작 작물의 재배 허가를 사실상 동결하고 유전자 변형 식품에 관한 규제를 강화하는 것을 골자로 하는 강령을 채택하였다. 이 강령은, 첫째 새로운 변형 작물의 재배와 유통 허가를 일시정지하고, 둘째 재배허가의 유효기간을 2년으로 제한하고, 셋째 리스크에 관한 새로운 정보가 나오면 허가를 다시 고려한다는 것을 주요 내용으로 하고 있다. 그리고 표시제와 관련해서는, 가공식품 원료까지 표시 의무화하는 것을 주 내용으로 하고 있다(『月刊JA』, 1999a, 12쪽; 농림부, 1999). 또 같은 해 10월, 환경이사회는 GMO의 의무표시제에 대한 수준을 결정하였는데, 이 결정에 따르면 하나의 성분이 1% 이상 유전자 변형된 물질을 함유한 식품에 대해 의무표시제를 시행한다는 것이다. 그러나 이것이 유전자 변형이 안 된 식품(GMO-free)이라는 표시를 해도 된다는 의미는 아니라고 밝히고 있다. 이에 대해 환경단체들에서는, 허용치 1%는 너무 관대한 조치라고 비판하고 있다. 아무튼 이 결정은 유럽이사회를 통과하게 되면 시행된다(Reuters, 1999. 10. 21).

GMO에 대한 표시 논의가 일반화되면서 가장 먼저 나타난 변화로는, 유전자 조작 농산물의 수입량이 크게 줄었다는 점을 들 수 있다. 한 자료에 따르면, 1999년 EU의 옥수수 수입량은 1/20로 떨어졌다. 이러한 식품문제에 대한 소비자 인식이 고조되면서, 대부분의 소비자들이 식품의 생산과 소비에 이르는 전반적인 식품체계(food system)에 대해 의문을 제기하고 있는 것으로 보인다. 바로 이것이 유럽에서 유기농산물에 대한 관심을 높이는 계기가 되고 있다.

일본에서도 소비자들의 반대운동이 일본 정부가 GMO에 대한 의무표시제를 도입하도록 하였다. 일본은 2001년 4월부터 GMO가 사용된 작물을 원료로 하는 식품에 대한 표시가 의무화된다. 구체적으로는 두부나 낫토(納豆, 발효한 콩에 간을 해서 말린 것)처럼, 가공 후에도 치환된 유전자 혹은 그것에 의해 생긴 단백질이 식품 속에 존재하는 가공식품 30개에 대해 표시를 하는 것으로 하였지만, 간장이나 콩기름은 가공과정에서 치환된 유전자가 분해·제거된다고 해서 표시가 불필요한 것으로 결정하였다. 그런가 하면 일본의 소비자단체들은 유전자 조작 식품의 무역자유화에 반대하고 나섰다. 1999년 11월 7일, 일본의 16개 소비자협회는 미국의 농산물 제조업체와 농부들에게 공개서한을 보내 농산물을 수출할 때 GMO와 비(非)GMO 식품을 분리할 것을 촉구하였다(『한겨레신문』, 1999. 10. 8).

이처럼 유럽이나 아시아 국가 소비자들의 GMO 식품에 대한 반대가 점점 거세어지자, 미국 식품의약품국(FDA)은 GMO에 대한 국내 여론을 수렴하기 위해 1999년 11월과 12월에 청문회를 개최하여 GMO 식품의 안전성에 대해 재평가하고 표시제의 시행 여부를 중점 논의할 것이라고 발표하기도 했다(연합뉴스, 1999. 10. 19).[1] FDA의 이 같은 결정은 그 동안 GMO에 대한 안전성을 주장해 왔던 FDA의 태도변화를 의미하는 것으로서, 해외와 미국 내 소비자들의 표시제 요구에 대한 반응이라고 볼 수 있을 것 같다. 그리고 미 의회에서도 표시제 관련 법안이 상정될 예정이다(Reuters, 1999. 10. 7).

그 밖에 오스트레일리아와 뉴질랜드에서도 GMO 식품에 대한 의

---

1) 그러나 이를 미국 내의 전체 입장으로 보기는 어려울 것이다. 농무부 장관인 글리크먼은 미국 내에서 다원화되어 있는 GMO 농산물에 대한 규제체계를 농무부이 전담하는 것이 바람직하다는 입장을 피력하였다. 또한 FDA의 견해가 WTO 차기협상과는 독립적인 것이라는 의견도 발표되었다.

무표시제를 도입할 것으로 알려져 있으며, 캐나다에서는 식품소매
업자들의 자발적인 표시제 지침을 개발중인 것으로 알고 있다
(Reuters, 1999. 8. 3).

3. 소비자의 저항이 기업을 움직인다

유럽과 일본에서는 GMO 식품에 대한 소비자들의 저항에 부응하
여 식품유통업체들도 표시를 강화하고 비GMO 식품으로의 전환을
모색하는 현상이 나타나고 있다.

영국에서는 1999년 4월 말 거대 식품기업인 유니레버가 유전자
조작 원료를 제품에 사용하지 않을 것이라고 밝혔으며, 네슬레도
유전자 조작 식품의 사용중단을 발표하였다. 영국에 비해 냉담한
반응을 보였던 프랑스에서도 최대 유통업체인 까르푸가 영국의 대
형 유통업체인 세인즈베리와 협력하여 벨기에·스위스·이탈리
아·아일랜드의 대형 유통업체와 함께 유전자 변형 식품을 판매대
에 두지 않기로 연맹을 맺는 등, 식품유통업계의 국제적 연대 움직
임도 보인다. 또 프랑스 전국식품산업협회(ANIA)는 현재의 식품유
통구조상 유전자 변형 식품을 포함하지 않는 것을 보증하기가 매우
어렵기 때문에, 회원기업에 표시를 호소하는 양상을 보인다.

미국에서도 언론에 보도된 바와 같이, 이유식 업체인 거버와 하인
즈가 GMO 식품을 원료로 사용하지 않겠다고 발표하였다(*The
Independent*, 1999. 8. 2). 그리고 애완동물 식품제조업체에서도 콩이
나 옥수수 등의 GMO 농산물은 개나 고양이 먹이로 적합하지 않다
는 선언을 하였다(Reuters, 1999. 9. 15).

일본의 식품 가공·유통업계의 경우, 가공제품의 원료를 비GMO

원료로 교체하고 비GMO 원료 사용 표시와 같은 대응을 하고 있다. 콩을 주로 가축사료로 사용해서 간접 섭취하고 있는 미국이나 유럽과 달리, 특히 일본은 콩가공 식품이 많은 나라이기 때문에 소비자와 업계의 반응이 더욱 민감할 것으로 예상된다.

먼저, 대두가공업자 8개 단체는 의무화 1년 전까지 자주적으로 표시기준을 도입하기로 결정하고 '국산대두 사용' 상품의 표시를 100% 국산대두를 사용한 것에 한정할 것으로 잠정 결정을 내리고 있다. 일부 업계에서는 50% 이상 국산을 사용하면 이 표시를 사용할 수 있었으나, 앞으로 비율을 명시하기로 결정하였다(『월간JA』, 1999b, 27쪽). 또한 제분 · 두부 · 된장 · 식용유 · 면류 같은 콩과 옥수수 가공업계에서는 비GMO 원료로의 교체가 진행되고 있는데 이러한 움직임은 주로 대기업을 중심으로 이루어지고 있다.

옥수수전분을 사용하는 맥주 제조업체에서도 민감한 반응을 나타내고 있는데, 맥주는 GMO 표시를 의무화한 품목이 아니지만 업

일본 업체들의 GMO 원료 기피 현황

관련업체	대응방식
니혼제분	1999년 가을부터 비GMO 옥수수를 사용한 업무용 튀김가루 판매
간토콩도매상 조합연합회	가을부터 비GMO 수입콩 공동구입
다카메 푸드	9월 중순부터 청국장 제조에 비GMO 원료 사용 표시
아사히식품공업	두부제조 원료 비GMO 콩으로 전량 대체
후지제유	원료콩을 순차적으로 비GMO 콩으로 10월부터 대체
하나마루키	된장제조에 내년 봄부터 비GMO 원료 사용
유아식품협의회	원칙적으로 GMO 원료를 사용하지 않을 방침

* 자료:『日本農業新聞』, 1999. 9. 29.

계에서는 소비자의 반응을 감안해서 이 같은 결정을 내린 것으로 보인다. 기린(麒麟)맥주가 2001년부터 비GMO 옥수수로 대체할 것을 발표한 후 삿포로도 이에 따를 생각이며 아사히는 2000년 4월까지 교체할 계획을 발표하였다(Reuters, 1999. 8. 24). 한편, 유통업계에서는 쟈스코가 1999년 9월 9일부터 자사 브랜드 상품에 GMO와 관련된 정보를 표시하기 시작하였다. 또한 일본 농협에서는 국내산이 비GMO임을 알리는 설명문을 배포하기도 했다. 하지만 일본 생협에서는 정부에서 공식적으로 의무표시 결정을 내리기 전부터 자체적으로 표시를 해오고 있다. 그 밖에 외식산업인 조나산은 2000년 봄부터 비GMO 원료 사용을 식단표에 표시하기로 결정하였으며 헤이세이(平成) 푸드서비스는 원료 대부분을 비GMO로 교체하기로 발표하였다.

업계들의 이와 같은 움직임은 콩과 옥수수의 수입의존이 높은 곡물수입상에게도 매우 큰 관심사가 아닐 수 없다. 수입상사인 혼다 트레이딩은 미국 오하이오 주에 비GMO 전용의 콩 선별·포장 공장을 건설하여 1999년 10월부터 가동하기 시작하였다. 이토츠 상사도 가을부터 비GMO 콩으로 전면 대체하고 있다(『日本農業新聞』, 1999. 9. 29).

일본 정부가 의무표시제도를 발표하면서 나타난 식품가공업계와 유통업계 그리고 농산물 수입업계의 반응은 GMO 표시제가 미칠 광범위한 영향을 보여주는 단적인 예라고 할 수 있다. 표시제에 대한 움직임은 궁극적으로는 GMO 작물과 비GMO 작물의 분리 생산과 집하·저장·수송 등을 전제로 하는 것이다. 지금까지 GMO 작물의 급속한 확산은 비GMO 작물과 혼합 집하·저장·수송으로 별도의 유통비용이 추가되지 않았다는 데도 부분적으로 원인이 있다. 그러나 소비자의 반대운동과 식품 가공·유통업계의 표시제가 확산되면, 이것은 GMO 작물의 생산과 유통에 추가비용을 발생시킴으로써 경제적으로도 GMO 작물의 확산에 제동이 걸릴 것으로 보인다.

4. 미국과 제3세계 농민들도 나섰다

GMO 농작물을 가장 많이 재배하고 있는 미국의 농민과 곡물업체 역시 소비자의 반응에 직면하여 새로운 대응방안을 모색하고 있다. 무엇보다 GMO 농산물의 최대 생산국인 미국의 농민들이 GMO에 대해 불안감을 갖기 시작한 것이다.

미국 농민들의 종자기업에 대한 배신감과 태도변화는 미국옥수수생산자연합(ACGA)의 보도자료에서 분명하게 드러나고 있다(ACGA, 1999a). GMO의 판로보장 문제를 포함하여 몇 가지 과제를 종자회사에서 해결해 주지 못하면 2000년부터는 GMO 농작물을 재배하지 않을 것이며, 지금 필요로 하는 비GMO 종자를 확실하게 확보해 달라는 주장이다. 그리고 의회에서 감독청문회를 열어 이를 감시해 달라는 요구까지 하기에 이르렀다(ACGA, 1999b).

종자구입의 비율이 높고 또 몇 가지 품종의 점유율이 매우 높은 미국에서 농민들의 이 같은 요구는 매우 절실한 것이라고 할 수 있다. 그뿐만 아니라 미국가족농협회 및 가족농, 프랑스 농민 들은 그동안 생명공학 반대운동에 앞장서 왔던 제레미 리프킨(J. Rifkin)과 함께 다국적 종자기업을 상대로 반(反)독점소송을 준비하여, 최근 소송을 제기하였다(『한겨레신문』, 1999. 12. 16). 이 소송은 마이크로소프트 사에 대한 반독점소송 이후 가장 큰 규모라고 전해지고 있다.[2] 이처럼 농민들만 그런 것이 아니다. 곡물기업인 ADM도 미국 농민들에게 앞으로 GMO 곡물과 비GMO 곡물을 분리해서 경작하라고 통보하였다(Reuters, 1999. 9. 2). 다국적 곡물기업의 이러한 변화는 앞으로 미국 농민들에게 결정적인 영향을 미칠 것으로 보인다.

한편 제3세계에서는 다국적기업의 포장(圃場)에서의 GMO 작물 시험재배 문제, 식량주권 그리고 종자에 대한 특허 문제로 다국적 종자기업과 농민의 갈등이 심화되고 있다. 이 가운데 인도의 농민운동은 매우 상징적인 것이다(Kingsnorth, 1999).

1998년 8월 9일, 인도에서는 몬산토에 반대하는 농민조직연합이 "몬산토는 인도에서 떠나라(Monsanto quit India)!"라는 캠페인을 시작하였다. 이날은 간디가 영국 식민지정부를 향해 인도를 떠나라고 통지하고 독립운동을 시작한 날이기도 한데, 이로써 몬산토 반대운동이 식량주권 회복이라는 상징성을 표현하는 것임을 짐작할 수 있다. 인도 농민들은 "인도의 농업은 우리가 능숙하게 관리할 수 있다"고 외치고 있는 것이다. 몬산토는 인도의 최대 종자회사였던 마히코의 주식을 매입하였으며, 이는 그 동안 인도가 개발하고 보유해 온 유전자원을 고스란히 몬산토가 지배할 수 있다는 것을 의미한다.

같은 해 11월에는 본산토가 40여 개소의 일반포장에서 GMO 작물을 시험재배하고 있다는 것이 언론에 보도되었는데, 주정부·지방자치단체·지역주민들조차도 이 사실을 전혀 알지 못했다는 것

---

2) 영국과 미국의 법률회사들은 각국의 농민과 소비자를 대신하여 몬산토와 듀퐁 등 세계적인 유전공학 기업을 상대로 집단소송을 준비하고 있는 것으로 알려지고 있다. 소송의 쟁점은 유전자 조작 기업의 반독점법 위반 혐의와 유전자 조작 식품 판매를 위한 담합 여부, 안전성에 대한 연구 없이 성급하게 상품화했는지 여부가 될 것이다(『한겨레신문』, 1999. 10. 25).

이다. 그런가 하면 인도 농민단체들은 시험재배중인 GMO 작물을 뽑아 불태우기도 했다. 이들은 인도 안에서 행해지고 있는 모든 유전자 조작 작물의 시험재배를 금지할 것, 인도의 특허법을 개정하여 기본적인 작물 품종의 특허를 금지할 것 그리고 인도 내에서 몬산토의 영업을 금지할 것 등을 요구하였다.

유전자 및 종자에 대한 다국적기업들의 특허행위에 대한 반대운동도 펼치기 시작하였다. '9개의 종자(Navdana) 운동'이라고 불리는 이 운동은 쌀·대두·소맥·옥수수를 포함한 9개 종자가 인도 사회에서 차지하는 중요성을 상징적으로 표현하고 있는데, 그 9개 종자는 환경을 포함한 우주 전체와 영양의 균형을 상징하는 것이기도 하다. 이 운동을 통해 인도는 9개의 농촌사회에 종자은행을 설립하는 운동을 시작하였으며, 특히 이 운동은 종의 다양성과 식량의 다양성을 존중하는 사상을 단적으로 표현하고 있다(シバ, 1999).

몬산토는 제3세계 농민들의 저항에 직면하여 터미네이터 종자의 개발 포기를 선언하고 자신들의 영업방식에 문제가 있었음을 시인하였다. 그러나 아직 GMO 종자 개발을 포기한 것은 아닐 뿐더러, 몬산토를 비롯한 종사회사가 계속 GMO 종자를 판매하려고 한다면 지적소유권과 같은 제도적 장치를 더욱더 확고히 하려고 애쓸 것이다. 따라서 지적소유권을 둘러싼 제3세계 농민과 다국적기업 간의 갈등의 소지는 결코 해소되지 않았다고 볼 수 있다.

인도에 이어 태국 정부도 자국 내에서의 포장실험을 비롯하여, 과학적으로 안전성이 입증될 때까지 유전자 변형 종자의 수입을 금지한다고 발표하였다. 또한 동물사료 생산을 위한 옥수수와 콩의 수입은 허용하지만 식용이나 경작용으로는 통관을 허용하지 않기로 결정하였으며, 이러한 조치는 GMO 식품이 단점보다는 장점이 많다는 증거가 확립될 때까지 지속될 것이라고 했다(연합뉴스, 1999. 10.

19). 세계 제1위의 쌀 수출국이자 아시아의 농산물 수출국의 하나인 태국은 국제적으로 GMO 식품의 안전성에 대해 우려가 고조되고 있는 것에 적극적으로 대응해서 이러한 조치를 취한 것으로 보인다.

5. 농업 생명공학에 회의적인 반응을 보이는 금융업계

생명공학 산업은 21세기를 주도할 고부가가치 산업으로 인식되어 왔다. 이러한 낙관적인 전망은 유전자 변형 작물이 상업화되고 급속도로 확산되면서 더욱 확고한 것으로 받아들여졌다. 그러나 최근 들어서 금융계에서는 농업 생명공학계에 대한 회의적 반응이 점점 확산되고 있다.

먼저 도이체 방크가 전세계 기관투자가들에게 "GMO는 죽었다"라는 제하의 보고서를 배부하고 관련 기업에 대한 투자에 의구심을 나타냈다. 이 보고서에서는 비GMO 곡물에 프리미엄이 붙어서 거래되는 경향을 주시하면서 GMO가 전세계적으로 점차 천덕꾸러기가 되어가고 있다고 지적하고 있다(Deutsche Bank, 1999). 지금까지 높은 성장 가능성을 가진 것으로 평가되어 오던 농업 생명공학 기업의 성장성과 수익성에 문제가 있다는 판단을 하여 투자보류 평가가 내려졌고 이를 근거로 전세계 기관투자가들에게 주식매도 권고를 하기에 이른 것이다. 일례로 최고 60달러 선을 넘나들던 몬산토 사의 주식은 이 보고서가 나오기 6개월 전부터 하강곡선을 그리면서 11% 하락하다가, 이 발표 이후로 50달러에서 40달러로 그리고 1999년 9월 한때는 32달러까지 떨어졌다. 그리고 노바티스(Novartis) 사는 난국 타개책의 하나로 자사 내 농업분야에 대한 거래를 준비하고 있다는 소식도 나오고 있다.

투자수익성의 변화에 민감하게 반응하는 금융업계의 동향은 생명공학업계의 앞으로의 성장 가능성을 나타내는 의미 있는 지표라고 할 수 있을 것이다. 그 동안 생명공학업계의 거품현상에 대해서는 여러 가지 관점에서 많은 지적이 있었다. 일부에서는 생명공학을 "밀레니엄의 끝 무렵에 나타난 남태평양의 거품 같은 존재"라고 표현하면서 1998년 초 1천억 달러에 이를 것이라고 예측한 GMO 농산물의 세계시장 규모를 480억 달러로 하향 조정하였다(Ho, et al., 1998).[3] 그나마 그중에서 식량과 농업이 차지하는 비율은 1%에 불과할 것이라고 전망하는 견해도 나오고 있다.

이러한 금융업계의 반응은 매우 의미심장하다. 앞으로 식품 안전성에 대한 소비자의 우려를 불식시킬 수 있는 확고한 증거가 제시되거나 보다 정교한 기술의 개발, 수확량의 확실한 증가 혹은 생산비 절감, 판로확보 문제 등이 해결되지 않으면 GMO 농산물의 생산은 크게 위축될 것으로 보인다. 한편 생명공학업계는 유전공학 관련 인력이나 자원을 농업분야에 비해 부가가치가 훨씬 크고 일반 소비자들의 저항이 적은 의약분야에 집중하게 될 가능성도 있다. 그리고 몬산토의 사피로 회장은 그린피스에서의 강연회에서 GMO에 대한 투자 우선순위를 낮추겠다고 발언한 것으로 전해지고 있지만(『한겨레신문』, 1999. 10. 8), 아무튼 관련 기업의 향후 추이는 금융업계의 대응에 크게 영향을 받을 것으로 보인다.[4]

---

3) ISAAA는 2000년경 세계시장 규모를 30억 달러로 추정하였다.

4) 세계 유수의 투자은행인 JP모건 사 관계자는 몬산토가 주가를 회복할 수 있는 유일한 방안은 유전자 변형 사업 관련 분야를 매각하고 리스트럭처링을 하는 것이라고 지적하는 등(*The Guardian*, 1999. 10. 19), GMO 관련 기업의 투자전망은 불투명하다.

6. 국제협정을 둘러싼 국가들간의 치열한 각축전

WTO 차기협상 과정에서 변형 농산물 문제가 중요한 이슈의 하나가 될 것이라는 점은 관계 당사국간의 사전협의 과정이나 미국 고위관리의 발언을 통해 이미 널리 확인되고 있다. 미국의 주요 수출품목인 콩과 옥수수의 국내 재배량 가운데 유전자 변형된 작물의 비율이 각각 50%, 30%를 넘고 있는 것으로 추정되고 있는 가운데, 미국으로서는 차기협상에서 GMO 농산물에 대한 협상결과가 자국에 미치는 영향이 막대하기 때문이다.

미국 농업계를 대표하는 입장은 농무부 장관 글리크먼이 1999년 7월에 한 연설에서 잘 드러나고 있다(Glickman, 1999). 이 연설에서 그는 유전공학에 대해 다음 5가지 원칙을 제시하였다. 첫째, 기업에 대한 냉정한 규제, 둘째 소비자의 수용, 셋째 농민에 대한 공정성 원칙, 넷째 기업의 공공성(corporate citizenship), 마지막으로 자유개방 무역의 원칙 표방 등이 그것이다.

글리크먼이 강조하는 바의 기업에 대한 규제는 기업과 일정한 거리를 유지하고서 규제해야 공공의 건강·안전, 환경을 계속 보호할 수 있다는 것이다. 또 소비자의 수용은 정부의 냉정한 규제과정을 그 기본으로 하는데, 그것은 GMO 식품에 대한 표시 역시 소비자에 대한 정보제공 역할을 하지만 기본적으로 소비자들의 GMO 식품 수용은 건전한 규제에 의존하기 때문이라고 밝히고 있다. 이러한 미국의 입장은, 유럽의 광우병이나 다이옥신 육류 파동은 유럽의 소비자들이 자신들의 규제기관에 대한 불신을 표출한 것이라면서 엄격한 규제가 GMO 농산물에 대한 소비자의 신뢰를 회복하는 길이라고 말한 농무성의 한 고위관리의 발언에서도 잘 드러난다. 세번째 농민에 대한 공정성 원칙은, 유전공학은 농민들에게 더 많은 선택의 기회를 제공하는 것으로서 특히 중소규모의 농민들에게 공정한 제품의 개발 필요성을 강조하고 있는 것이다. 자유무역의 원칙에서는 "농산물 교역에 방해가 되는, 입증되지 않은 과학적 주장 뒤로 숨어버리는 사람들은 용납되지 않는다"고 주장한다.

이러한 미국 농무부의 입장은 앞으로 농업분야의 WTO 협상과정에서 미국의 입장을 대표할 것으로 예측되는데, 레벨보다는 보다 엄격한 규제를 통해 신뢰를 얻겠다는 것이며 GMO 농산물에 대한 자유로운 농업무역에서 후퇴할 뜻이 없음을 명확히 한 것이라고 하겠다. 구체적으로, 차기 협상에서는 GMO 농산물에 대한 표시문제가 큰 관건이 될 것으로 보이는데 미국측에서는 표시문제를 무역에 대한 비과학적 수입규제 혹은 무역을 부당하게 저해하는 표시라고 주장할 가능성이 높다는 것이다. 이에 반해 EU측에서는 GMO 농산물에 대한 협상과 농산물에 대한 자유무역 협상을 별도의 문제로 접근할 것을 주장할 것으로 보인다.

현행 국제규정 가운데 각국이 대립할 것으로 보이는 규정은 WTO 협정 내 무역 및 지적소유권에 관한 협정(TRIPs), 식품위생검역협정(SPS), 무역의 기술적 장애협정(TBT)을 들 수 있다. 이 협정들은 '상품'의 개발과 무역 촉진을 주목적으로 하고 있다. TRIPs는 GMO 기술과 품종을 특허로 보호하고 있는데 이에 대한 지적소유권을 둘러싸고 유전적 자원을 보유하고 있는 제3세계 국가들은 '경작자의 권리'를 주장하면서 대항하고 있다. SPS는 식품 안전성에 대한 협정이나 비과학적인 수입규제를 배제하고 있지만, EU는 GMO 작물에 대한 수입승인을 동결하고 있고 미국은 이를 비판하고 있다. 그리고 TBT는 무역을 부당하게 저해하는 표시를 배제하는 협정으로서, 특히 EU나 일본을 비롯한 GMO 식품에 대한 각국의 의무표시제에 미국이 반발하고 있다.

WTO 협정 외에도 환경보전을 보다 중시하는 생물다양성협약에 따른 생명안전성의정서에서는 수입국의 생태계 보전을 위해 GMO 작물의 수출시 상대국의 승인을 얻도록 하고 있는데, 이 규정에 대해 미국을 비롯한 수출국들은 식품원료를 대상에서 제외해야 한다고 저항을 하고 있다. 또 국제식품규격위원회(CAC)에서는 안전성위원회가 2000년부터 GMO 식품의 안전성 검토에 들어가고, 표시문제와 관련해서는 GMO표시위원회가 1999년 11월부터 원안을 검토할 예정으로 되어 있다. 그러나 이 검토작업들을 둘러싸고도 농산물 수출국과 수입국의 대립이 예상된다.

최근 미국은 WTO 차기협상에서 각국이 GMO에 대해 분별 있는 제안(sensible proposal)을 한다면 이를 검토할 용의가 있다고 발표하였다(Reuters, 1999. 10. 19). 그러면서도 지난 UR 협상 때 어렵게 타결된 SPS를 다시 논의하자는 제안은 받아들일 수 없다는 입장을 밝혔다. SPS는 명백한 과학적 근거가 있을 때에만 수입을 제한할 수 있도록 한 협정이다. EU와 미국의 성장호르몬 주사 육류에 대한 판정의 예에서 알 수 있듯이, 명백하게 드러나는 과학적 근거를 제시하지 못할 경우 무역제재를 가할 수 있도록 협의했기 때문에 GMO의 장기적이고 잠재적인 영향과 같은 현재 밝혀지지 않은 위험을 다루는 문제에서는 각국들 사이에 갈등이 없지 않을 것으로 보인다.

한편 일본은 1999년 10월 캐나다 몬트리올에서 개최된 주요 국가의 농업장관회의에서 차기 무역협상에서 GMO 농산물에 대한 조정 역할을 맡기로 하면서, GMO 식품의 현상분석·문제점을 비롯하여 각종 국제협정과의 관계정리 등을 다각적으로 검토하기 위한 적절한 기구의 설치를 제안하고 나섰다(日本農林水産省, 1999). GMO 문제는 농업협정에 한정되지 않고 각종 WTO 협정들과 밀접하게 관계되어 있기 때문에 종합적인 검토가 필요하며, 이런 상호관계를 어떻게 정리할 것인가를 준비해 나가야 한다는 것이 일본측의 주장 요지이다. 그리고 기구의 설치 제안과 함께 이 기구에서 다루어질 것으로 예상되는 주요 검토사항을 다음과 같이 밝히고 있다. 첫째, GMO 안전성 평가 문제와 GMO 표시제에 대한 각국의 현황은 어 떠하며 또 어떻게 문제를 정리할 것인가? 둘째로, 다른 국제규정의 논의 상황과 결과를 WTO는 어떻게 받아들일 것인가? 셋째로, WTO 협정과 관련된 SPS · TBT · TRIPs 등 각각의 협정이 새로운 과제에 대응하여 납득할 만한 내용으로 되어 있는가?

7. 맺음말: 앞으로의 전망

지금까지는 주로 최근의 동향을 중심으로 살펴보았다. 1999년은 유전자 조작 농산물에 대한 낙관적 전망이 급격히 퇴조한 해라고 할 수 있다. 이것은 무엇보다도 각국 소비자와 농민 그리고 환경단 체 등 GMO 농산물에 대한 반대운동을 벌여온 사람들의 노력의 산 물이다. 특히 소비자들의 반대와 그를 수용한 각국 정부의 GMO 표 시제 도입이 식품 생산 · 소비에 관련된 모든 집단에 영향을 미치는 것을 확인할 수 있었다.

일반적으로 소비자들은 생산자, 특히 소생산자가 아닌 기업적 생 산자에 비해 자신의 이해를 표출하는 데 매우 소극적이라는 평가를 받고 있다. 그러나 광우병, 다이옥신 육류, GMO 식품처럼 기본적 으로 생명과 관련된 문제 앞에서는 소비자들도 상당히 적극적인 모 습을 보인다. 또한 소비자들의 이런 적극적인 저항은 전지구적 식 품체계(globalized food system)에 대한 하나의 반작용이라고 볼 수 있다. 사실 현재의 전지구적 식품체계하에서는, 식품이 전세계 시장을 대상으로 생산·유통됨에 따라 매우 복잡한 가공과정을 거쳐 생산되고 소비자와 생산자의 거리는 극단적으로 확대될 뿐 아니라 그로 인해 소비자는 자신의 건강에 직접 영향을 미치는 식품의 생산과정을 전혀 알 수 없거니와 개입조차 할 수 없는 실정이다. 이런 점에서 볼 때, GMO 농산물은 역으로 식품에 대한 소비자들의 관심을 촉발하여 이들의 인식을 유기농산물처럼 지역에 기반을 둔 식품체계(local food system)로까지 확산시킬 수 있는 계기가 될 수도 있을 것이다.

전세계적으로 표시제가 확산되면, GMO 식품과 비GMO 식품 시장은 일단 분화되어 갈 것이다. 앞에서 살펴본 유럽을 비롯한 일본의 이러한 움직임은 궁극적으로는 차별적인 농산물 및 식품 시장을 형성하게 될 것이다. 1999년 10월 말 일본 정부는, 도쿄곡물상품거래소와 간사이(關西)상품거래소는 2000년 4월부터 유전자 조작 기술을 사용하지 않은 대두를 세계에서 처음으로 상장한다고 발표했다. 두 거래소는 현재 상장되어 있는 수입콩과 별도로 비유전자 조작 콩의 상장을 농림수산성에 신청할 예정이라고 한다. 일본에서는 유전사 조직 식품 표시의무화에 따라 현물시장에서 비유전자 조작 식품의 가격은 종전에 비해 30% 이상 올라갔으나 유전자 조작 곡물이 섞인 식품값은 반대로 떨어졌다(『한겨레신문』, 1999. 10. 26). 이러한 점은 비유전자 조작 식품에 대한 차별적인 시장이 이미 형성되기 시작했음을 알려주고 있다.

우리나라에서도 농림부와 식품의약품안전청이 유전자 조작 식품에 대한 표시제 계획을 발표하였다. 앞으로 표시제가 가져올 파급효과에 대해 속단하기는 이르지만 식품업계의 반응이 주목된다. 특히 유전자 조작 식품을 인체가 직접 섭취하는 식품소비 구조를 가진 우리나라에서 표시제가 가져올 영향은 적지 않을 것이다.

참고문헌

국내외 각종 신문기사.

농림부 (1999), 「EU, 2002년까지 GMO 승인 중지」, http://152.99.166.2/scropts/ wtochagi/select3.idc? number=54.

허남혁 (1999), 「농업 생명공학의 최근 동향: GM 작물을 중심으로」, 『농민과사회』 통권 20호, 가을호.

シバ, V. (1999), 「多國籍企業に食糧の權利を賣り渡してはならない」, 『生活と自 治』, 2月號, 生活クラブ事業聯合生活協同組合聯合會.

『月刊 JA』 (1999a), 「遺傳子組み換え體をめぐる動き」, 8月號, 全國農業協同組合中 央會.

______ (1999b), 「遺傳子組み換え表示で搖れる食品業界」, 10月號, 全國農業協同組 合中央會.

日本農林水産省 (1999), 「遺傳子組煥え體(GMO)に係る日本の補足提案」, http:// www.maff.go.jp/wto/gmo.html.

American Corn Growers Association(ACGA) (1999a), "Corn Growers Call on Farmers to Consider Alternatives to Planting GMOs If Questions Are Not Answered," 보도자료, Aug. 24, http://www.acga.org/news.

______ (1999b), "Corn Growers Forecast Dramatic Drop in GMO Planted Corn Acres Next Year: ACGA Calls on Congress the Hold Oversight Hearings On Availability of Traditional Seeds," 보도자료, Sep. 20, http://www. acga.org/news.

Deutsche Bank (1999), *GMOs Are Dead*, Deutsche Bank Research(http://www. sustain.org/biotech/library/admin/uploadedfiles/GMOs_Are_Dead_0521 99.htm).

Glickman, D. (1998), "New Crops, New Century, New Challenges: How Will Scientists, Farmers, and Consumers Learn to Love Biotechnology and What Happens If They Don't," http://www.usda.gov/news/releases/ 1999/07/0285.

Ho, Mae-Wan, H. Meyer, and J. Cummins (1998), "The Biotechnology Bubble,"
    The Ecologist, Vol. 28, No. 3.

James, C. (1998), "Global Status of Transgenetic Crops in 1997," ISAAA Briefs
    No. 5.

______ (1999), "Global Review of Commercialized Transgenetic Crops," ISAAA
    Briefs No. 8.

Kingsnorth, P. (1999), "India Cheers while Monsanto Burns," *The Ecologist*, Vol.
    29, No. 1.

유전자 조작 식품과 농업의 미래

조완형

1. 혁명적인 변화, 생명공학 기술

농업과 식품의 상업화

원래 식품은 대량생산·대량소비가 어려워, 지역 범위에서 생산·소비되는 것을 기본으로 한다. 그러나 지난 수십 년 동안 식품의 생산 및 가공·유통에는 엄청난 변화가 일어났다. 보존제, 냉장 설비, 장거리 수송이라는 현대의 마법에 힘입어 지금은 한겨울에도 채소·토마토·딸기 등속이 식품매장에 진열되고 있다. 또 합성보존료·착색료·감미료·산미료 같은 식품첨가물을 사용해서 오래 두어도 썩지 않고 맛이 변하지 않게 하고 있다.

같은 기간 동안 농업생산성 역시 엄청나게 향상되었다. 계절변화에 따라 생활하고 자연이 말하는 소리를 주의 깊게 들으면서 한 농가의 수확으로 여남은 명이 먹고 살던 시절이 있었다. 그러나 오늘날에는 한 농가의 수확이 수십 명에게 식품을 넉넉히 공급할 수 있을 정도이다.

절대적인 결핍과 배고픔의 시대가 지나고 또 물품부족 시대가 끝나자, 식품매장에는 신선식품·훈증식품·통조림 등 수많은 상품이 등장하여 소비자의 눈을 휘둥그래지게 했다. 그래도 혁신적인 식품들이 끊임없이 더 많이 쏟아져나오고 있다. 오늘날 식품은 공장의 생산라인에서 새로운 가공기술에 의해 대량 제조된다.

실험실에서 태어나는 식품

20세기 말에 이르러, 우리의 밥상에는 자연이 키운 식품이 아니라 과학기술로 생산된 식품이 등장하게 되었다. 끝없이 더 많은 이익을 노리는 거대기업이 생명공학 기술을 이용하여 식품 원래의 성질을 변화시키기 시작한 것이다. 거대기업이 접근하는 과학기술은 우리의 무관심과 만족할 줄 모르는 식욕을 이용해서 새로운 생물을 계속 만들어내고 있는 것이다.

이제 그리운 과거 농장의 모습에 대한 추억 대신에 실험실의 배지에서 태어난 식물과 동물의 온기 없는 모습이 현실로 다가서고 있다. 이대로 간다면 21세기 대부분의 식품은 생명공학 기술에 의해 만들어질지도 모를 일이다. 장래 식품매장 신선품 코너에 진열되어 있는 '유전자 조작 토마토'의 저장기간은 일수가 아니라 월수로 헤아릴지도 모른다. 유제품 진열대에는 더 많은 우유를 생산하도록 성장호르몬이 투여된 젖소에서 짜낸 우유가 놓여 있을 것이다. 식육코너에서는 닭장에서의 '비참한 생활'에 잘 견딜 수 있도록 유전자 조작된 닭고기가 팔리게 될 것이다.

1996년 유전자 조작 식품의 제1진이 슬그머니 국제시장에 등장하였다. 지금은 수백 종류에 이르는 유전자 조작 식품이 개발단계에 있거나 승인을 기다리고 있는 중이다. 생명공학의 선진국인 미국에서는 1998년 중반까지 유전자 조작 농산물이 64종류 승인되었다. EU에서는 생명공학을 정면으로 반대하는 운동이 전개되면서, 승인된 유전자 조작 농산물이 불과 몇 개밖에 되지 않는다.

　유전자 조작 농산물이 출현하고 나서 처음 몇 년 동안 생명공학은 경이적인 발전을 거듭하였다. 미국의 경우 생명공학 기술로 만든, 제초제 라운드업에 내성을 지닌 대두의 재배면적이 1996년 40만ha에서 1997년 360만ha, 1998년 1천만ha로 급격히 늘어났다. 2000년에는 유전자 조작 농산물의 재배면적이 전세계적으로 6천만ha에 이를 것으로 예상되고 있다. 북미에서는 경작 가능 농지의 81%, 아시아에서는 10%, 라틴아메리카에서는 8%, 유럽에서는 1%를 유전자 조작 농작물이 차지하게 될 것으로 보인다.

　유전자 영역에서의 과학적 진보를 시장으로 끌어내려고 획책하고 있는 것은 다름아니라 생명과학 분야의 세계적 거대복합 기업이다. 국제적인 규모로 경영되고 있는 이 거대복합 기업들은 주로 미국 회사들로서, 생명공학을 지원하는 미국의 규제·경제 환경 아래서 그 사업중심을 합성화학 물질에서 식품 쪽으로 서서히 옮기고 있다. 생명공학 기술이라는 새로운 생물학적 능력을 통해, 1700년대의 산업혁명처럼 우리의 삶의 여건을 근본에서부터 뒤엎는 혁명이 일어나고 있는 것이다.

식품혁명, 과연 안전한가

　생명공학 추진론자는 "DNA 조작 기술의 출현은 양자물리학의 발견에 필적하며, 농업 생명공학은 증기엔진·트랜지스터·컴퓨터 등의 혁신적인 기술과 동등한 과학적 가치가 있다"고 말한다. 그들은 21세기는 바이오 기술(biotechnology)의 세기라고 명명하고, 역사의 대변혁을 추진하는 실험실에서 시작되는 기술혁명의 시대라고 말한다. 이런 혁명적 변화는 그 영향을 직접적으로 받는 일반사람의 눈에서 멀리 떨어진 기업의 실험실에서 조용히 이루어지고 있다.

생명공학이 유망한 성장산업이라고 생각하는 미국이 생명공학의 혁명적 변화를 묵인하고 있기 때문에, '시험관 식품(유전자 조작 식품)'이 식품매장에 등장하기 시작하고 있는 것이다. 그러나 대부분의 소비자는 이 '식물혁명'을 알아차리지 못하고 있다. "유전자 조작 식품은 정말 안전한가, 과학의 진보에 어떤 제동을 걸어야 하지 않을까, 유전자 조작 식품에 표시를 해야 하지 않을까" 하고 스스로 되묻기조차 하지 않는다. 우리가 의식하지 못하는 가운데 우리는 이 혁명을 향해 돌진하고 있음을 경고하고 싶다.

SF작가는 상상력을 구사하여 인공적인 생물의 세계를 마법과 같이 그려낸다. DNA가 생명의 기본 요소라고 과학적으로 인식된 것은 1932년의 일이지만, SF작가는 그 이전부터 끝없는 과학의 진보에 의해 인간성이 소외되는 미래 모습을 표현하였다. 1800년대에 메리 셸리(Mary Shelley)가 쓴 『프랑켄슈타인』에는 과학이 급속도로 발전하는 시대에 활약하는 천재 과학자가 등장한다. 천재 과학자와 그가 만들어낸 괴물의 운명을 표현함으로써 셸리는 "과학은 어디까지 생명을 개조할 수 있도록 허용받은 것일까?" 하고 강한 의문을 제기하였다. 오늘날 이 물음은 더 절실해지고 있는 듯하다.

유럽의 매스컴에서는 유전자 조작 식품을 '프랑켄슈타인 푸드'라고 이름붙였다. 그러나 이 식품은 괴물의 모습을 하고 있지 않다. '시험관 식품'은 우리들이 자연의 산물이라고 보는 식품과 전혀 구별되지 않거니와, 자연에는 없는 작물임을 나타내는 명확한 표시도 없다. 오늘날 우리는 SF작가의 상상력을 훨씬 뛰어넘어 과학이 끝없이 진보하는 시대에 살고 있으며, 이것은 환경, 인간과 동물의 건강, 세계적인 식품생산 시스템, 지구상의 생물 다양성에 헤아릴 수 없이 많은 영향을 미칠 것이다.

2. 위협하는 생명공학 기술

유전자 조작에 의한 사고, 이미 현실이다

유전자 조작에 의한 사고가 계속 일어나고 있다. 유전자 조작에 의한 대표적인 사고로는 우선 '쇼와덴코(昭和電工)의 트립토판 사건'이 있다. 일본에서 유전자 조작한 세균으로 대량생산한 트립토판이 수면 및 정신안정을 위한 건강식품으로 미국에 수입되어 판매되었다. 그런데 유전자 조작에 의한 세균의 변화로 트립토판뿐만 아니라 유해 불순물질까지 생산되었던 것이다. 이 트립토판을 복용한 사람 가운데 근육통과 호흡곤란을 호소하는 환자가 나오고, 사망자까지 발생하는 사고가 일어났다.

그리고 미국에서는 이미 실용화되어 젖소에 투여하는 유전자 조작 성장호르몬 rbGH는 박테리아에서 배양되어 젖소의 우유생산을 늘리는 데 쓰이는데, 개발과정에서는 전혀 예견하지 못했던 문제가 발생하였다. 목부들은 rbGH가 젖소의 유선염 발병을 증가시키고 번식을 감소시킬 뿐 아니라 우유생산의 증가로 인해 젖소의 생리에 부과되는, 전과 다른 대사요구는 젖소를 쇠약하게 하거나 심지어 죽음에 이르게까지 한다는 사실을 발견하였던 것이다. 이리하여 미국의 낙농가에서 rbGH의 사용은 이미 줄어들고 있는 실정이다. 뿐만 아니라 연구결과에서도 rbGH가 투여된 젖소의 우유는 영양이나 안전성 면에서 떨어진다는 사실이 지적되고 있으며, 백혈구 및 유선염 치료에 사용된 항생제의 함유수치가 높은 것으로 나타났다. 이와 같이 시판 후 발생하는 문제는 유전자 조작 식품의 특징으로서, 예기치 못한 문제와 부작용 발생을 증명하는 예로 삼을 수 있다.

또 유전자 조작 감자를 쥐들에게 먹인 결과 위장장애가 발생했다는 연구결과도 있다. 유전자 조작 감자에는 병충해에 대한 저항력을 높여주는 렉틴이라는 단백질이 들어 있는데, 바로 이 렉틴이 쥐의 위장과 일부 점막을 손상시켰다는 것이다. 하지만 이런 사실을 발표한 연구자가 공직에서 추방되는 등, 유전자 조작 작물을 개발하는 대기업으로부터 과학자가 압력을 받는 일이 일어나고 있다.

뿐만 아니라 Bt 옥수수가 환경에 미치는 영향이 명확히 밝혀진 실험도 있다. 개발회사는 옥수수에 붙은 해충만 죽이기 때문에 환경에는 영향이 없다고 했지만, Bt 옥수수의 화분(花粉)에 의해 해충 이외의 나비 유충도 44%나 죽는다는 사실이 밝혀졌다. 유전자 조작 작물의 재배는 지구환경에도 나쁜 영향을 미친다. 이 보고를 받은 EU에서는 즉시 Bt 옥수수의 재배 허가를 동결하였다.

이상에 살펴본 바와 같이, 유전자 조작에 의해 예상할 수 없는 변화가 일어나고 또 사고가 발생하고 있다. 이것은 유전자 검사, 단백질 검사만으로는 그 위험성을 예측할 수 없음을 여실히 보여주고 있으며, 유전자 조작 기술이 결코 안전하다고 말할 수 없음을 증명하는 것이다. 더구나 과학적으로도 안전하다고 단언할 수 없다고 주장하는 과학자들이 늘어나고 있는 실정이다.

장기적 영향, 누구도 예상할 수 없다

유전자 조작이 시작된 지 20년이 지났지만 변이 바이러스와 세균이 누출되어 환경오염을 일으킨 적은 없었다고 바이오 기업들은 주장한다. 자연에 존재하지 않는 생물을 취급했기 때문에 병에 걸린 연구자는 한 사람도 없으며, 엄밀한 실험을 통해서 건강에 전혀 위험성이 없다는 것이 보증되고 있다고 말한다.

그렇지만 과연 유전자 조작의 장기적 영향이 어떨지 예측할 수 있을까? 과학은 이전에도 과오를 범한 적이 있다. 오존층 파괴, 체르노빌 원전사고, 다이옥신 파동, 환경호르몬 문제 등이 그 예이다. 1948년의 과학실험에서 DDT를 적절하게 사용하면 유해한 병충해를 살상할 수 있다는 사실이 증명되면서, DDT는 모든 인류에 은혜를 가져다 줄 것이라고 했지만 그후 전세계적으로 가장 비난받는 금지 농약의 하나로 전락하고 말았다.

물론 과학 그 자체는 선도 악도 아니다. 중요한 것은 어떻게 이용하는가의 문제이다. 생명공학을 새로운 의약품 개발에 응용하면 의료분야에 큰 진전이 있을 것이다. 그러나 유전자 조작 식품의 경우, 그 개발기업의 주주가 받는 이익 이외의 유용성은 보잘것없지 않을까? 오히려 그보다는 그 위험성이 현실로 나타날 가능성이 더 높다. 과학이 나쁜 것은 아니지만, 나쁜 과학이라고 일컫는 것도 존재한다. 생명공학 기술은 공공의 이익에 반하는 당장의 이익을 위해 대기업을 편드는 나쁜 과학이라고 단언하고 싶다.

신기술을 제창하는 사람들은 그 유용성을 과대하게 평가하고 위험성을 과소평가하기 쉽다. 그러나 생명공학의 혁명은 그 진행이 매우 빠르기 때문에 우리들의 적응능력으로는 대처할 수 없다. 그런데 우리는 과학기술의 눈부신 발전에 넋을 잃고 과학계의 열광에

휩쓸려 냉정한 판단력을 잃고 있는 것은 아닐까?

지금까지 등장한 기술과는 달리 생명공학은 인간에게 자연을 능가하는 힘을 주었다. 생명공학 추진론자는 그 유용성을 계속 주장하지만, 건강과 생명, 환경, 동물의 복지 및 생물 다양성에 미치는 위험성을 경시하고 있다. 생명공학 기술에 의해 마침내 인간은 생명의 유전적인 청사진을 지배하는 힘을 획득했다. 생명을 고쳐 바꾸는 전례 없는 이 힘이 아무런 피해를 가져오지 않는다고 과연 누가 장담할 수 있단 말인가? 아무런 윤리의식도 없이 기업이 과학자에게 개발경쟁을 시켜도 좋은가? 진정한 의미의 유용성이란 무엇인가? 미지의 세계에 더 이상 발을 들여놓기 전에 철저히 검토해 봐야 할 일이다.

유전자 조작 표시가 가지는 위력

혁명에는 부정적인 측면이 따르게 마련이다. 가장 새로운 혁명이라 할 수 있는 생명공학 기술에도 부정적인 측면이 없지 않을 것이다. 생명공학에서는 증식하는 생물을 자연계에 해방시키려고 한다. 그렇게 되면 생명공학의 부작용이 밝혀진다 하더라도 그 유전자를 다시 용기 속으로 되돌려넣을 수는 없다. 인공적인 생명이 자연계를 압도하는 세계를 생명공학 반대자들은 '유전자 오염'이라 표현하고 있다.

장래 생명공학으로 인해 발생되는 혼란은 누가 책임질 것인가? 유전자 조작 옹호자일까? 유전자 조작 생물에서 환경과 건강에 미치는 영향이 발견될 때, 오로지 이익만 추구한 기업의 책임은 묻지 않고 다시 사회가 책임져야 하는 것은 아닐까?

기업은 단기적인 이익에 기초해서 운영되고 있다. 장기적인 영향이 나타나기 전에 기업도, 경영진도, 주주도 이미 바뀌어버리는 경우가 허다하다. 그런데 우리와 미래세대의 건강과 복지에 관한 중대한 결정을 주로 단기적인 이익에만 기초해서 다국적기업이 결정하고 있는 것이다.

'표시를 하지 않는다'는 것은 단순한 것 같지만, 결코 그렇지 않다. 바로 이것이 생명공학을 성공시켜 주는 기반이 되고 있다. 식품에 '유전자 조작'이라고 표시하면 소비자는 식품매장에 있는 다른 상품에 손을 뻗칠 것이라는 사실을 기업은 잘 알고 있다. 유전자 조작 식품에 표시를 하게 되면 소비자들은 그것에서 해골 문양의 표시를 상상할지도 모른다고 말이다. 표시를 의무화하는 것은 곧 건강과 환경에 위험성이 있음을 의미하는 것이다. 그래서 기업들은 과학적으로 위험성이 증명되지 않았는데 표시를 하면 오히려 소비자들을 혼란스럽게 한다고 주장한다. 요컨대 생명공학 기업들의 표시를 둘러싼 전쟁은 다름아니라 소비자 때문이다.

그러나 소비자의 기본 권리인 '선택할 권리'를 보장하고 '알 권리'를 충족시키는 차원에서, 유전자 조작 여부를 확인할 수 있도록 표시하는 일은 너무나 당연한 일이다. 1998년 EU가 모든 유전자 조작 식품에 표시를 의무화하는 것을 결정했을 때 생명공학 기업은 절망에 빠졌을 것이다. 이제 생명공학 기업들은 표시요구의 확대를 저지하기 위해 국제식품규격위원회[1]를 통해서 표시를 포함한 식품의 규격·기준을 정하는 작업을 하고 있다. 90년대에 이 위원회는

---

1) 국제식품규격위원회(Codex Alimentarius Commission, CAC)는 1962년 설립된 FAO/WHO 합동식품규격사업단의 사업 일환으로 FAO가 75%, WHO가 25%의 예산을 공동으로 제공하여 운영되고 있다. Codex Alimentarius는 국제적으로 통용될 수 있는 식품에 관한 규격기준·규약 등을 포함하는 '식품법전'이라고 할 수 있으며, 이것은 WTO 체제하에서는 국가간 무역 또는 통상에서의 기준으로 활용될 수 있다.

미국과 유럽 사이의 주된 쟁점인 표시문제와 관련하여 140개 가맹국이 만족할 수 있는 해결책을 찾아내기 위해 검토해 왔다. 그러나 7년에 걸친 검토 끝에도 해답을 찾아내지 못한 실정이어서, 유전자 조작 식품의 표시 여부는 앞으로의 무역협상에서 중요한 과제가 될 것으로 보인다.

위험성과 유용성 검증

생명공학 기업은 유전자 조작 식품이 유해하다는 사실이 증명되기 전까지는 안전하다는 원칙을 확립하고 있기 때문에, 이것을 증명할 책임은 일반인에게 있다. 그러나 그 '증명'은 실로 어려운 작업이다. 장래 무슨 일이 일어날 것인지 예측할 방법이 없다. 산업오염, 핵에너지, 농약의 사용, 식품첨가물 같은 현대의 필수물들도 처음에는 유해하다는 증거가 없다고 주장되었다.

특히 과학적인 정보가 불완전한 경우, 사람들은 '시험관 식품'에 대해 결정을 내리기가 매우 어렵다. 유전자 조작 옹호파는 "생명공학은 과학적 발견에 관한 사항으로서, 윤리적으로나 감정적으로 장래에 대한 두려움이 없다"고 말한다.

그러나 생명을 조작하는 힘과 관련해서는 많은 윤리적 문제가 제기될 수 있으며, 누구나 이렇게 질문을 할 자격이 있다. 생명공학은 자연에 간섭한다는 종래의 금기를 범하고 있는 것은 아닌가. 유전자 조작 식품의 표시는 우리가 선택할 권리의 문제가 아닌가. 과연 우리는 동물의 복지와 인간의 복지를 어떻게 비교하고 있는가. 세계적으로 유전자 조작 식품이 성장하는 미래에 살게 될 다음세대는 어떤 영향을 받을까.

모든 새로운 '시험관 식품'은 위험성 대 유용성 분석으로 평가해야 한다. 필요한 것인지, 유용한지, 그리고 어떤 위험성과 유용성이 있으며 또 누가 이익을 얻고 누가 손해를 볼 것인지 등을 말이다. 그렇지 못할 때는, 예를 들어 대부분의 사람들은 암을 치유하는 유전자 조작 의약품의 경우 그 위험성이 암에 상당할 것이라고 느끼면서도, 제약회사 이외에는 어느 누구도 이익을 누리지 못하는 성장호르몬을 투여한 소에서 생산된 우유에 대해서는 전혀 다른 생각을 가지게 될 것이다.

어떤 면에서, 생명공학 기술은 과학적 진보라는 철로 위를 맹렬히 달리는 열차와 같다. 이런 열차의 사고는 그렇게 혁신적이지 않은 과학기술에서도 이미 발생하고 있다. 광우병과 그 오염이 한 가지 예이다. 이러한 사고는 자연을 제어하여 생명을 만들어낼 수 있다고 생각하기에 이른 인간의 근시안적인 방만함 때문이다.

우리는 새로운 혁명으로 들어가는 초입에 서 있다. 생명공학이 제공하는 것은 과연 꿈의 세계일까? 아니면 무서운 악몽의 세계일까? 생명에 있어 필수적이고 모든 문명의 핵심인 식품이 변화해 가려고 한다. 우리들은 이대로 돌진할 것인지, 아니면 멈추고 사태를 냉정하게 점검해야 할 것인지를 결정해야 한다.

생명공학 기술은 자연이 가지는 다양성과 복잡한 상호의존성을 잃게 할 가능성이 높으며, 만약 부작용이 나타났을 때 그 누구도 책임을 지고 그 사태를 통제할 수 없게 될 것이다.

한편으로 안전을 확인하면서 지구 규모에서 필요한 양의 식량을 확보해 가는 데는 당연히 엄청난 곤란이 따를 것이 예상된다. 그러나 우리들은 지금 무리하게 그 문제에 직면하려고 한다. 먹는 문제는 양을 늘리는 것에만 있는 것이 아니라 분배방법의 개선에서부터 해결해 나가야 한다. 지금 우리들은 일상의 식생활에서 엄청난 낭비를 하고 있다. 그 낭비 때문에 우리들이 유전자 조작 식품을 대량

수입하여 헛되이 낭비하고 있다면 그로 인한 고통의 대가를 우리 자신들이 치를 수밖에 없을 것이다.

3. 식량지배를 획책하는 생명공학 기술

한계에 봉착한 대규모 농업

미국은 '세계의 생명창고'라고 불리는 농업의 초강대국이다. 70년대에 농업의 빅뱅에 착수하여 기업의 참여를 인정하고 넓고 비옥한 농지를 최대한 활용하면서 농업의 공업화 노선을 향해 줄곧 달려왔다. 지하수를 퍼올리고 스프링쿨러에 의한 살수(撒水) 시스템으로 자연순환을 넘는 양의 물을 낭비하고 대규모 기계화와 화학비료·농약을 사용해서 단위면적당 생산량 증가를 가능하게 했다. 그 결과 발생한 곡물과잉에 대해서는 보조금을 주면서 수출진흥책을 강구하였다. 이렇게 해서 밀·옥수수·대두 등의 수출대국이 되고, 세계 식량지배 체제를 확립해 왔다.

그러나 대규모의 투기적 농업은 살아남았지만, 가족농업은 부채만 짊어진 채 가차없이 버림받았다. 더욱이 대규모 농업도 처음에는 화학비료의 투입량을 늘림으로써 수확증대를 이루어낼 수 있었지만, 마침내 단위면적당 생산량은 한계에 도달하게 된다. 뿐만 아니라 지하수위가 내려가 염류가 집적되고, 표토가 유실되어 사막화가 진행되었다.

생명공학 기업과 미국 정부의 의도

그래서 미국에서는 저투입 지속적 농업(low input sustainable agriculture, LISA)이 장려되고 무경운(無耕耘) 또는 휴경(休耕) 재배로 표토의 유실을 막는 길이 모색되는데, 여기에 눈독을 들인 것이 바로 농업관련 산업(agribusiness)의 몬산토 사이다. 갈지 않은 밭에 작물을 심으면 보통 그 작물은 잡초를 이겨내지 못하므로 제초제를 사용하게 된다. 하지만 이 경우, 모든 식물을 시들게 하는 (비선택성) 제초제를 뿌리더라도 시들지 않는, 즉 내성을 가지는 품종을 만들어내면 제초노동이 줄어들게 마련이다. 이런 배경하에서 생명공학 기술을 이용해 만들어낸 것이 자사의 제초제 '라운드업'에 내성을 가진 대두 품종 '라운드업레디(Roundup-Ready)'이다.

현재 몬산토 사는 종묘회사를 자회사로 두고서 라운드업레디의 작부면적을 비롯하여 종자와 제초제의 매출액을 대폭 늘리고 있다. 20세기가 화학비료·농약의 대량투입과 기계화 기술의 결합에 의한 농업의 공업화 시대라고 한다면, 21세기는 거기에 생명공학 기술을 구사한 새로운 종묘에 의해 세계의 식량지배를 노리는 시대가 될 것이다.

미국 정부는 유전자 조작 작물에도 특허권을 인정하고 기업의 권리를 옹호하면서 곡물(옥수수·밀·대두 등)을 대량생산해서 자유무역에 의해 세계식량을 제패하려고 하고 있다. 따라서 그 걸림돌이 되는 무역장벽을 제거하기 위해 WTO 체제를 추진해 왔다. 뿐만 아니라 소비자의 선택할 권리를 무시하고 유전자 조작 작물의 '표시의무화'도 거절해 왔다.

우리 정부도 미국을 뒤좇아 국민의 강한 표시요구에 적극적으로 대응하지 않았다. 그 동안 우리 정부는 무성의와 임기응변식의 상

황모면으로 일관해 오다가 최근 들어 제한적으로 유전자 조작 농산
물 및 식품의 표시를 의무화하겠다는 입장을 밝히고 있다. 이제 비
로소 표시제를 위한 첫걸음을 내디디려고 하는 것이다.

어쨌든 막다른 골목으로 내몰린 세계 농업·식량 문제는 화학비
료와 농약에 의존한 근대화 농업정책의 결과이다. 그 과학신앙을
발본적으로 되묻는 것이야말로 바로 타개책일 것이다. 그러나 생명
공학 기술은 지금까지의 모순을 더욱 확대시키고, 21세기 농업과
식량을 더한층 파국으로 내모는 길이다.

4. 생명공학 기술과 식량위기

21세기에는 아시아와 아프리카의 인구가 크게 늘어날 것으로 보
인다. 과연 생명공학은 21세기 기아문제를 해결할 수 있는 중심적
인 과학기술일까?

돌이켜보면 60년대에 미국은 결핍을 극복하고 자연을 정복하기
위해서 앞장서서 개도국에 '녹색혁명'을 강매하였다. 그리고 쌀·밀
같은 다수확 품종과 화학비료·농약에 의해 물질적 풍요로움과 번
영을 만들어내려고 하였다.

그러나 시바(V. Shiva)[2]는 녹색혁명이 인도의 가장 풍요로웠던
펀자브 지역에 미친 영향을 다음과 같이 냉정하게 분석하고 있다.

---

2) 인도의 과학자이자 생태운동가. 생태여성주의에 관한 주목할 저서로 *Staying
Alive*(1989. 강수영 옮김, 『살아남기』, 솔), *Ecofeminism*(1993)이 있으며, 그 밖
에도 최근 들어서 다국적기업 주도하의 농업 '세계화'가 지구 생태계와 제3세계
민중의 삶에 끼치는 재앙에 대해 경고하는 저술활동을 활발하게 전개하고 있다.

　20년에 걸친 녹색혁명은 펀자브 지역을 폭력과 생태적인 파괴에 의한 결핍으로 황폐화시켰다. 펀자브 지역에는 풍요로움은커녕 피폐한 토양, 병해충에 먹힌 작물, 사막화된 땅, 부채를 껴안은 절망한 농민들만 남게 되었다.

　'혼작'에서 '단작'으로 바뀌고, 더욱이 퇴비가 아니라 화학비료와 농약에 의존하는 농법은 아시아 몬순지대의 엄한 자연조건 속에서 파탄되었다. 토양은 피폐해지고 병충해는 엄청나게 늘어났던 것이다.

　이번에는 바이오 혁명의 도입이다. 그러나 아시아 몬순의 열대는 말 그대로 야생종의 보고(寶庫)이다. 이곳에서 많은 작물이 육종되어 온 역사가 보여주고 있듯이, 근연종이 많다. 때문에 조작된 유전자가 야생종에 들어갈 위험성이 클 뿐더러 영속성을 기대할 수 없다. 더구나 국제적인 생명공학 기업이 종자와 농법을 틀어쥐고, 그 매뉴얼을 농민들에게 강요하고 있다. 이것은 농민들에게서 농(農)의 본질인 창조의 기쁨을 빼앗는 것과 다름없다. 생명공학 기술은 개도국의 자급적 농업을 파괴시키고 농민을 부채지옥에 빠뜨려 기아의 내일을 불러올 것이다.

녹색혁명이 주는 교훈

　생명공학 추진파는 '유전자 조작 작물이 세계의 식량문제를 구해낼 것'이라고 그 혜택을 강조하면서 생명공학 기술의 보급을 의도하고 있지만, 전통적인 기술을 경시하고 생명공학에 과대한 기대를 하게 되면 문제는 점점 더 심각해진다. 이런 사실은 녹색혁명의 교훈을 통해 쉽게 확인할 수 있다.

멕시코 밀과 일본 밀을 교배하여 키가 작은 반왜성(半矮性) 품종
이 육성되었다. 비료를 많이 주어도 쓰러지지 않기 때문에 다수확
품목으로서 전세계에 보급되었는데, 이것이 바로 '녹색혁명'의 시작
이었다.

이 같은 품종개량으로 식량생산이 늘어나고 많은 사람들을 굶주
림에서 구해 낸 것도 사실이지만, 화학비료를 주는 만큼 증산되는
품종이기 때문에 화학비료를 대량 사용하는 농법이 확대됨으로써
토양환경이 악화되고 농약을 많이 사용하게 되었다. 그 결과, 몇 년
이 지나자 이런 농법으로 재배한 농지에서는 작물이 거의 자라지
않는 상황이 벌어졌다. 또 화학비료와 농약은 부농밖에 구입할 수
없고, 가난한 농민들은 생활이 점점 더 어려워졌다. 이와 같은 현실
에서 '단위면적당 생산량이 늘어나면 인류는 행복해진다'는 단순구
도는 성립되지 않게 되었다.

현재 과학자는 식량문제와 기아문제를 작물의 품종개발로 해결
하려고 하지만, 이를 위해서는 경제적인 문제와 정치구조까지도 고
려되어야 한다. 이것은 녹색혁명이 우리에게 주는 교훈이지만 유전
자 조작 작물의 경우도 여기서 예외가 될 수는 없다고 본다. 개발기
업들은 유전자 조작 작물도 식량을 증산할 수 있다고 선전하고 있
지만, 이것이 가난한 사람들을 기아로부터 구해 내는 일로 이어진
다고 볼 수는 없기 때문이다. 가난한 사람들의 기아문제를 해결하
기 위해서는 유전자 조작 작물이 필요한 것이 아니라는 사실은 지
난날의 녹색혁명을 통해서 쉽게 알 수 있다.

녹색혁명은, 품종개량에 의해 우수한 품종이 태어났지만 정말 가
난한 사람들의 기아문제는 해결되지도 않고 그 이익은 가진 자에게
돌아감으로써 사회적 불평등을 더욱 심화시키는 결과를 가져다 주
었다. 이런 사실에서, 지금의 생명공학 기술에서도 그 정치적인 이

면은 간과한 채 기술의 화려한 부분만이 받아들여지고 있는 것은 아닌지 생각해 보고 나아가 이면에 가려져 있는 정치적 문제에 정면으로 대처하여 문제의 원인을 규명해야 할 것이다. 농업기술과 품종이 나쁘기 때문에 농촌에서 빈곤이 사라지지 않는다고 단정지을 수는 없다. 이것은 곧 생명공학 기술만으로 빈곤이 해결될 수 없음을 의미한다. 여기에는 여러 가지 복잡한 요인이 작용하고 있는 것이다.

녹색혁명의 최후

산업혁명이 완수되고 그후 변화하는 것과 전진하는 것은 시대의 기본적인 요소가 되었다. 우리는 과학적 진보라는 제단에 큰절을 하고 있는 것은 아닐까? 생명공학 옹호파는 과학적 진보의 원리를 적용함으로써 식품 및 농업 부문에서도 공업부문과 같은 기적을 일으킬 수 있다고 말한다. 생명공학을 이용하면 종래의 농업보다도 품질이 좋은 식품을 훨씬 효율적으로 생산함으로써 높은 수익을 거둘 수 있다고 한다.

그러나 과학적 진보에는 온실효과, 지구온난화, 광범위한 화학물질 오염, 원자력시설 사고 등 어두운 측면이 너무 많다. 자동차, 에어로졸제품, 냉난방장치, 농약 등 효율성과 생산성을 추구한 제품은 모두 예상 밖의 달갑지 않은 부작용을 낳고 있다.

지난 반세기 동안 농업을 규정한 것은 효율성과 생산성이었다. 그러나 그 모범적인 사례인 '공업형 농업'에 우리가 필요로 하는 식품생산을 이제 더 이상 맡길 수 없는 것이 오늘의 현실이다. 지난 반세기에 걸쳐 식량증산에 눈부신 힘을 발휘해 온 농약·기계화·품종개량 같은 해묵은 처방전은 이제 그와 같은 효력을 보이지 못하고 있기 때문이다. 1인당 곡물생산량은 1950~84년에 40% 상승하였으나 그후 1995년까지는 약 15% 감소하였다. 지난 20년 동안 단위면적당 생산량과 그것으로 부양되는 인구수도 감소하였다. 생산량이 감소한 가장 큰 요인은 화학비료에 대한 토양의 반응성이 떨어졌기 때문이다. 대부분의 국가들에서 화학비료를 추가사용해도 그것이 생산량에 거의 영향을 주지 못하고 있다. '녹색혁명'은 최후를 맞이하고 있는 것이다.

녹색혁명이 가장 전성기를 구가하던 시절에는 전세계 사람들에게 공급할 수 있는 양의 식량이 생산되기도 했다. 하지만 이런 전성기에도 여전히 아프리카 등지의 기근이 자주 보도되곤 하였다. 이처럼 문제는 우리가 생산하는 식량의 양이 아니라 그 배분에 있는 것이다.

생명공학 옹호파는 생명공학이 녹색혁명에 새로운 힘을 불어넣는 유일한 수단이라고 말한다. 공업형 농업의 신봉자들은, 생명공학은 세계식량을 증산하는 방법이며 이를 통해 기아상태에 있는 사람들을 구해 낼 수 있다고 주장하고 있다. 그러나 그 구세주가 이익지향의 포트폴리오(투자배분)에 중점을 두는 기업이라면 상황이 어떻게 될까? 기아에 고통받고 있는 에티오피아와 북한에 식량을 공급해서는 기업의 이익이 거의 상승하지 않는다.

월드워치 연구소의 레스터 브라운(L. Brown)은 인구증가와 식량생산 문제에 관한 자신의 저서 『식량대란(*Tough Choice*)』에서 생명공학은 "식량부족을 일소하기 위한 마법의 지팡이가 아니다"고 말하고 있다. 종래의 품종개량법을 이용해도 벼의 수확량을 20% 증가시키며 이것은 세계인구 증가율에 상당하는 사람들에게 30개월 동안 식량을 공급할 수 있는 정도라고 한다. 생명공학 기술의 진보에 의존하지 않더라도 결코 희망이 없는 것은 아니다.

생명공학을 추진하는 것은 큰 과오를 범하는 일이 될 것이다. 생명공학이 해결하려는 문제의 대부분을 만들어낸 것이 바로 공업형 농업(industrial farming)인 것이다. 예를 들어 농민들이 상식적인 규칙을 어기고 똑같은 농작물을 같은 밭에 몇 년이나 계속 재배하면 토양은 척박해지고 잡초가 무성해질 것이다. 유전자 조작 제초제 내성 농산물은 농작물의 윤작이라는 기본적인 방법으로 해결할 수 있는 문제에 대처하는 화학적인 해결법인 것이다. 마찬가지로 수천 마리의 닭을 닭장에 밀집 사육하면 공격적이 되고 병에 걸리기 쉽기 때문에, 부리를 잘라낸다든지 호르몬과 항생물질을 투여해야 한다. 그런데 생명공학은 이러한 열악한 사육상태를 개선하는 대신에 닭의 감수성을 낮출 것을 제안한다. 요컨대 지금까지의 과학기술이 낳은 문제를 해결하는 눈앞의 맹목적인 수단으로서 생명공학이 필요하다는 것이다.

환경보전형 농업은 장래에 매우 중요한 선택부분이 될 것이다. 환경보전형 농업은 자연을 모방하려고 한다. 농약과 유전자 조작 기술 같은 즉각적인 효과를 나타내는 방안이 없을지라도 농작물은 생산할 수 있다. 윤작에 의한 관리, 유기질비료에 의한 경지의 비옥화, 유용 곤충의 활용 그리고 단일작물 경작이 아닌 다양한 농작물 재배 등 이런 것을 잘 이용하는 것이 환경보전형 농업이며 유기농업이다.

환경보전형 농업으로 세계인구에게 식량을 공급할 수 있을까? 개도국의 농민들은 화학제품을 구입할 여유가 없기 때문에 유기농업·재래농업·전통농업을 하고 있다. 개도국은 자국에 필요한 식량을 생산할 수 있도록 높은 수량으로 지속성 있는 농업시스템을 추진하는 방법을 찾아낼 필요가 있다. 또 선진국에는 이런 국가들에 연구지원을 제공해야 할 역할이 주어져 있는 것이다. 이익지향의 생명공학은 그 해답이 아니다. 환경보전형 농업이 장래의 길인 것이다.

5. 유전자 조작 식품과 WTO의 위험한 방향

최근 몬산토 사는 터미네이터(조작 종자의 발아 억제) 기술의 상품화를 단념할 의향을 명확히 하였다. 우리나라도 가까스로 유전자 조작 작물 관련 법률의 정비에 나서려 하고 있다. 이것은 분명히 전 세계의 소비자와 농가·환경보호운동의 성과라고 생각된다.

1999년 11월 30일~12월 3일 미국 시애틀에서 열린 WTO 각료회의가 선언문을 작성하지 못한 채 종료되었으나, 2000년 1월부터 본격적인 WTO 무역협상이 재개된다. 이미 재협상이 결정되어 있는 농업과 서비스 분야 외에도 임업·수산업·투자 등 새로운 시장개방 분야에서 각국이 경제전쟁을 벌이고 있는 것이다. WTO 차기협상에서 가장 중대한 관심사는 뭐니뭐니 해도 유전자 조작 식품과 농업 하이테크(생명공학) 문제이다. 과연 유전자 조작 문제는 WTO 차기협상에서 어떻게 다루어질 것인가? 미국은 생명공학을 통해 세계 농산물시장의 지도권을 계속 장악하려고 한다.

한편 유전자 자원의 보고인 개도국들은 유전자 자원의 원종(原種)을 지켜온 나라로서, 그 소유권을 주장하고 WTO의 무역 및 지적소유권에 관한 협정의 근본적인 개혁을 요구하면서 그 이익의 공유를 주장하고 있다. EU는 변함없이 잠정적 재배금지, 신규허가 동결, 수입금지 등의 규제조치를 일관하고 있다.

각국의 주장은 복잡하게 얽혀 있어 앞으로 어떻게 전개될지 예측할 수 없다. 그러나 모든 국가가 '생명공학은 세계를 부양하는 기술'이라는 점에서는 의견일치를 보고 있어서, 유전자 조작 종자의 개발과 추진에 이론(異論)을 제기하는 국가는 거의 없는 듯하다. 여기에 주요한 내용이 숨어 있다.

WTO 규정에서는 현재 '유효한 과학적 근거'에 기초하는 식품기준만 인정하고 있다. 이 규정을 더 강화하여 소비자의 우려와 생산자의 불만에 근거해 있는 규제조치를 무역장벽으로써 배제하고자 하는 것이 미국의 의도이다. 그런 다음에 '유전자의 소유권'과 그 '이익의 공유'이다. 현재의 무역관련 지적소유권 협정에서는 원종을 지켜온 '유전자 원산국'의 소유권이 인정되지 않는다. 따라서 주로 개도국들이 주장하고 있는 이 권리를 인정하고 거기서 파생되는 이익을 공유, 즉 원산국에도 지적소유권 사용료가 돌아가도록 하는 것이 논의될 것이다. 이렇게 해서 유전자 특허를 소유하고 있는 선진국은 개도국을 무마하려고 한다. 다시 말해 결국은 '돈과 과학'으로 문제를 처리하고 세계 유전자 조작 작물 시장을 확대하는 방향으로 나아가고자 하는 것이다.

이 점은 유전자 조작 반대운동에도 중요한 의미를 가진다. 개도국, 특히 식량 수입국의 NGO들 사이에서 다음과 같이 국제적인 표시규제 요구운동을 비판하는 의견도 나오고 있다. "표시는 유복한 소비자의 사치스러운 선택이다. 선진국에서 거부된 유전자 조작 식품은 개도국에 덤핑 판매되고, 예를 들어 표시가 있더라도 가난한 소비자는 값싼 식품을 선택할 수밖에 없다."

확실히 지금까지 전세계의 유전자 조작 반대운동이 가장 역점을 두고 노력해 온 표시제에는 '돈'과 '과학'의 힘을 빌려 해결하고자 하는 측면이 있을 뿐 아니라, 시장유통을 용인한다는 전제조건이 깔려 있다. 최근 들어와 미국에서는 유럽과 일본에 수출하기 위한, 인증된 유기농 콩의 생산이 크게 늘어나고 있는 실정이다.

또 오직 돈벌이가 되는 작물에 대해서만 가치를 인정하는 자유무
역의 가치관에 근거해 있는 특허제도하에서는 종자를 보존하여 생
산하는 권리와 생물 다양성을 계속 지켜나갈 수 없다. UN의 통계에
따르면, 전세계 약 14억 명의 인구가 그 동안 농민들이 보존해 온
종자에 의한 자급농업에 의존하고 있다고 한다. 하지만 지난 반세
기 동안 멕시코에서 재배되고 있는 작물종의 80%가 소멸하였다.
중국의 소맥 종류는 1/10로 감소하고 있다. 따라서 불과 몇 개의 기
업이 주요 농산물의 국제무역을 독점하고 있는 것이다. 결국 유전
자 다양성도, 식생활과 농촌문화의 다양성도 존속할 수 없게 될 것
이다.

각국의 식량·농업 운동과 생물자원의 보고이자 농업국인 개도
국이 선진수출국 주도의 이익제일주의 자유무역에 대해 근본적으
로 단호한 처분을 내리고, 건전한 생산환경에 의한 진정으로 '건전
한 식량시스템'의 빗장을 열 수 있을까?

6. 유전자 조작 식품 거부운동과 식량자급운동

식량자급운동의 전개

우리나라의 식량자급률이 크게 낮은 것은 일찍부터 쌀에 이어 기
본 식량인 밀·대두와 사료원료인 옥수수의 자급을 포기하는 정책
을 채택해 온 결과이다. 대두와 옥수수의 국내 자급률이 8.6%,
0.8%라는 낮은 수준에 머물러 있다는 사실에서 알 수 있듯이, 유전
자 조작 식품은 우리나라의 식량자급 및 식량안보 문제와 밀접한
관련성이 있다는 것을 간과해서는 안 된다. 따라서 우리는 눈앞의

수량과 효율을 높이는 유전공학 기술에 마음을 빼앗겨서는 안 될 것이다.

지금이야말로 유전자 조작 작물의 강요에 "아니다!"라고 선언하고, 지속 가능한 환경보전형 농업으로 우리나라의 풍토에 뿌리내린 농업과 식생활을 되살리고, 식량자급률을 높여나가야 한다. 이것이야말로 국제적인 유전공학 기업의 공세를 물리치고 개도국 사람들의 자급운동과 연대하여 식량위기를 피할 수 있는 길이다.

유전자 조작 식품의 문제는 식품의 안전성 문제에서부터 건강·생명·농림수산업·환경 문제에 이르기까지 폭넓은 차원에서 논의될 필요가 있다. 특히 중공업 중시, 농업 경시의 정책은 환경호르몬 오염, 유전자 오염을 점점 더 심각하게 하고 있다. 우리나라 농업의 재생은 세계적으로도 요구되고 있다. 따라서 국내 농업을 재생시키고 활성화시켜야만 한다.

우리나라 농업을 지키는 일이 지금보다 더 중요시되었던 시기는 일찍이 없었다. 식량자급률을 높이고 안전한 먹거리를 생산·공급하는 환경보전형 농업 및 유기농업 운동과 결합하여 건강과 생명, 환경과 생태계의 안전을 위해 노력해야 한다.

생태계와 미래세대를 위해 삶의 양식을 바꾸자

유전공학 기술은 1만 년 전 농업이 시작된 이래 가장 중대한 혁명을 일으키고 있다. 그러나 유전공학 기술은 아직 미지·미완의 기술이며, 인체와 환경에 대한 안전성을 보장할 수 있는 근거도 없다. 자본집약적인 공업형 농업을 필요로 하는 다국적기업 주도의 유전공학 기술은 상상하기 어려운 세계적 규모의 재해를 초래할지도 모른다. 지금 우리는 눈앞에 다가오고 있는 이 재해를 수수방관하고 있지는 않은지 진지하게 되물어야 할 것이다.

이제껏 우리가 최우선 가치로 삼았던 경제성장주의·이익제일주의·자유무역주의·과학진보주의는 우리에게 편리함과 풍요로움을 가져다 주었지만, 또 그만큼 환경 오염과 파괴, 인간성 소외와 파괴를 계속 불러일으키고 있다. 이것은 종국적으로 몰락과 붕괴의 시기를 서둘러 그 비참함을 크게 할 뿐이다.

순환과 공생 그리고 자립을 소중히 여기고 생태적 생산양식과 생활양식으로 전환하여 미래세대에게 무한한 가능성과 새로운 희망을 물려주어야 한다. 이제 생태계와 미래세대를 위해 스스로 뿌린 씨앗이라고 자각하고 문제해결을 위해 올바르게 실천하고 행동해야 한다. 이대로는 인류가 소멸하고 지구가 파멸하고 말 것이다. 이제 인류도, 지구도 그리고 이 지구상에 사는 모든 생물이 함께 사는 길을 찾아야 한다. 이것이 자연과 더불어 함께 살아갈 인류문명의 새로운 내일을 준비하는 길이다.

참고문헌

레스터 브라운 (1997), 『식량대란(*Tough Choice*)』, 도서출판 한송.

송재일 (1999), 「유전자 조작 농산물의 현황과 정책방향」, 『농협조사월보』 9월호.

조완형 (1999), 「국내외 GMO 표시제의 현황과 국내 GMO 표시제의 정책방향」, 『GMO 농산물 및 표시제에 대한 토론회 자료집』.

한국소비자보호원 (1999a), 『유전자 재조합 식품의 유통실태 및 소비자 의식조사 결과』.

______ (1999b), 「유전자 재조합 식품의 표시방안」, 세미나 자료.

허남혁 (1999), 「농업 생명공학의 최근 동향」, 『농민과사회』 통권 제20호, 한국농어촌사회연구소.

高松修 (1991), 「なぜ遺傳子組み換え技術を拒否するのか!」, 『有機農業ハンドブッ

　　　ク』, 農山漁村文化協會.

ドロテ ブノワ ブロウェイズ (1985), 「遺傳子組換え作物の何が危ないか」, www.
　　　netlaputa.ne.jp.

杉田史朗 (1999), 『遺傳子操作食品と農業の未來』, 大地を守る會 學習會資料.

ジャン-ピエル ベルラン (1999), 「遺傳子産業の威脅」, 『世界』3月號.

伊庭みか子 (1999), 「遺傳子組み換え食品問題は科學とお金で解決?」, 『土と健康』
　　　10月號, 日本有機農業研究會.

インゲボルグ ボーエンズ (1999), 『不自然な收穫(*Unnatural Harvest*)』, 光文社.

328

반대 GMO!*
시민사회 대 기업제국

매완 호

친애하는 동료 여러분! 여러분과 이 자리를 함께 하게 되어서 대단히 기쁩니다. 앞의 좌담회에서 발표자들이 분명히 했던 것처럼, 지금 문제는 그저 우리가 유전자 조작 곡물을 수용해야 하는지 말아야 하는지가 아닙니다. 우리는 비록 이번 천년을 통틀어서는 아니라 하더라도 적어도 금세기 들어서는 가장 크고 포괄적이고 세계적인 시민운동을 하고 있는 것입니다.

이 운동은 부자들을 더 부유하게 하고 가난한 자를 더 가난하고 배고프게 만들면서, 무자비하게 지구의 자원을 약탈하고 황폐화시켰던 기업제국(corporate empire)에 대항하기 위한 것입니다. 더구

---

*이 글은 1999년 9월 11일, 미국 버지니아 마나사스(Mannassas)에서 미국가족농협회(Coalition of Family Farmers) 주최로 열린 '유전자 조작과 농업에 대한 진보적 농민지도자들의 회의'에서 매완 호(Mae-Wan Ho)가 발표한 연설문이다(http://www.twnside.org.sg/souths/twn/title/mwho1-cn.htm). 옮긴이 정광진.

나 기업제국은 이제 지구상의 모든 생명체를 파괴시킬 수 있는 프랑켄슈타인의 과학과 기술을 가지고 마지막 도박판을 벌이면서 우리의 생명과 생태계를 좌지우지하고 있습니다.

이미 알고 있는 분도 계시겠지만, 이 운동은 지난 20여 년 동안 그 맥을 이어왔습니다. 나는 원래 상아탑 속에 머물러 있던 학자였습니다만, 1994년부터 후발주자로서 이 운동에 동참하기로 마음먹었습니다.

이 운동에는 참으로 용감한 사람들이 많이 참여하고 있습니다. 그분들은 정부에 우리의 입장을 밝히기 위해서 체포나 고문도 마다하지 않습니다. 제네틱스 스노볼(Genetix Snowball) 사가 영국에서 실시한 유전자 조작 작물 야외실험장을 파괴한 것을 비롯하여 몇 가지 일들이 전세계 언론매체의 머리기사를 장식했지만, 이와 같은 종류의 행동은 몇 년 전 독일에서부터 시작되었습니다.

그러나 이제는 아일랜드·프랑스·인도·브라질 그리고 내가 듣기로, 미국에서도 벌어지고 있습니다. 여기서 공격자들은 일반적으로 환경전사들(eco-warriors)만이 아닙니다. 모든 연령층과 사회계층을 다 포함하는, 말 그대로 왕자에서부터 거지에 이르기까지 여러분이나 나 같은 그저 평범한 시민들입니다.

나는 전문가 증인으로서, 몬산토 사가 아일랜드에서 실시한 야외실험에 반대하는 시민 불복종 행동에 참가했던 7인의 시민을 변호한 적이 있습니다. 그 일곱 명 가운데는 언론인, 변호사, 84세 고령의 작가 그리고 존 세이모어(John Seymour)라는 유기농 생산자가 있었습니다. 존 세이모어는 '유전적으로 불구인(genetically mutilated)' 몬산토 사 곡물들의 아일랜드 침공은 노르만 군대의 침공과 다를 바 없다고 보았습니다. 당연히 그는 이에 맞서 자기 조국을 지키는 일을 자신의 임무로 생각했습니다.

이 일 때문에 내가 감옥에 가야 한다면 나는 기꺼이 갈 것이고, 그것에 따르겠다. 하지만 내가 다시 나오면, 나는 또다시 그 일을 저지하기 위해 온 힘을 다할 것이다!

유전자 조작 곡물을 반대하는 행동은 전세계적으로 확산되었습니다.

나는 인도에서 유전자 조작 곡물의 금지를 요구하는 성난 농부들을 만났습니다. 그들은 시범재배지를 불지르면서 외쳤습니다. "몬산토를 소각하자(Cremate Monsanto)!" "몬산토는 인도를 떠나라(Monsanto quit India)!"

그리고 동남아시아 지역에서는 수백만 농부를 대표하는 거대한 NGO연합이 '양면(two-prong) 공격'을 펼치기 시작했습니다. 즉 모든 생명공학 기업에 반대하는 저항 캠페인이 그 하나이고, 전통적인 종자를 보호하고 보존하기 위한 종자보존 캠페인이 다른 하나인데, 이것만이 진실로 전세계의 굶주리는 사람들을 굶주림에서 벗어나게 해줄 수 있습니다.

이와 비슷한 저항과 종자보존 캠페인은 다른 지역에서도 벌어지고 있습니다. 라틴아메리카에서는 NGO연합이 유전자 조작 곡물을 받아들이지 않을 것이라고 선언했습니다. 브라질 리우그란데두술(Rio Grande do Sul) 주의 농업부 장관은 최초로 리우그란데두술을 '유전자 조작 곡물 없는(GMO-free) 주'로 선언했고, 저명한 법관과 변호사들은 브라질 전역에서 몬산토의 유전자 조작 콩의 재배를 금지하는 데 주목할 만한 역할을 했습니다. 이에 대해 몬산토는 세 차례나 소송을 제기했지만, 이를 뒤엎을 만한 연방법원의 판결을 이끌어내는 데 실패했습니다. 뿐만 아니라 브라질은 생물해적질(biopiracy)로부터 자신들의 유전적 자원과 국내 지식을 보호하기 위해 '생물다양성/생명공학안전성(biodiversity/biosafety)' 법안을 입안중입니다.

일본에서는 회원이 수십만에서 수백만에 이르는 가장 큰 소비자 단체연합 세 개가 유전자 조작된 생산물에 대한 의무표시제를 이끌어내는 데 성공했습니다. '아프리칸 리전(African Region)'의 지도자인 에티오피아의 테올데 에지아버(Tewolde Egyiabher)는, 이 기술을 "안전하지도 환경친화적이지도 경제적으로 유익하지도 않다"며 거부했습니다.

'아프리칸 리전'은 유전자 조작된 생산물의 사용과 운송을 규제하기 위한 UN 생물다양성협약 아래서, 가장 포괄적인 국제적 생명공학안전성의정서(Biosafety Protocol)를 입안하는 데 앞장섰습니다. 그러나 1999년 2월 콜롬비아 카르타헤나(Cartegena)에서 이 협상은 결렬되었습니다. 170개국이라는 압도적인 다수가 이 의정서를 승인했음에도 불구하고, 유전자 조작 농산물 수출국인 미국과 다른 5개국의 동맹인 마이애미 그룹(Miami Group)이 이에 대항해서 의정서 입안을 무산시켰습니다.

그후 아프리카 국가들은 유전자 조작 곡물과 생산물이 덤핑 판매되는 것에 반대해서, 아프리카 전역을 포괄하는 생명공학안전성법(Biosafety Law)을 입안했습니다. 그리고 유럽연합은 사실상 최소한 2002년까지 모라토리움을 선포했고, 대부분의 식료품 체인점과 공급자들 역시 시민들의 거부 때문에 자진해서 유전자 조작 식품 취급 포기(GMO-free)를 선언하기에 이르렀습니다.

소비자들이 유전자 조작된 생산물을 거부하는 가장 큰 이유는 안전성 때문입니다. 그러나 농민들은 종자가 독점되는 것을 우려하기 때문에 거부하는 것입니다. 지금까지 농민들은 종자를 저장했다가 다시 심는 방식에 의존해 왔으며, 제3세계 농민의 85%는 아직도 그렇게 하고 있습니다. 이는 인간의 생명주기가 곡물-식물의 주기와 연결되어 있다는 것을 상징적으로 보여주는 것이며, 또 바로 이 때문에 이 양자는 영속되고 증식될 수 있습니다.

그런데 이제는 법률적인 특허를 근거로 과중한 벌금을 부과함으로써, 농부들이 씨앗을 저장하고 다시 심는 것을 못하게 하고 있습니다. 더구나 이런 일은, 지난 10년 사이에 제3세계의 많은 농민들이 과거의 방식으로 되돌아가 다양한 방식의 유기적이고 지속 가능한 농업을 통해서 토착적인 변종을 재배·보존하여 수확량을 두세 배 늘리고 생계·건강·영양을 향상시키던 바로 그 시점에 발생했습니다.

그들은 이른바 녹색혁명의 단작재배가 몰고 온 환경적·사회적 파괴의 경향성을 역전시켰습니다. 녹색혁명의 이와 같은 파괴적인 경향성 때문에 농가는 경제적으로 몰락하고 인도에서만 수천 명이 스스로 목숨을 끊기까지 했는데, 지금은 똑같은 이유로 미국과 유럽에서 이런 현상이 발생하고 있습니다. WTO로 대표되는 세계화된 경제 속에서 무역과 투자가 자유화되면서, 기업들은 가장 싼 곳과 가장 싼 시점에 효율적으로 구매해서는 부풀린 가격으로 판매할 수 있게 되었습니다. 또 정부로부터는 값싼 보조금을 받아서 상품을 덤핑 판매함으로써 농민들의 생계를 위협했습니다. 그리하여 농민들은 기업이 운영하는 봉건체제 속에서 농노 신분으로 전락했습니다.

과학자로서 나는 환원주의적인 서구 과학이 책임져야 할 부분이 많다고 얘기하고 싶습니다. 서구 과학은 기업들과 공모하여 기후변화와 일련의 생태적 재앙을 불러일으키면서 지구를 멸망의 끝자락까지 몰고 갔습니다.

사람들이 유전공학과 생명공학에 대해 그렇게 강력하게 거부하는 이유는, 직관으로도 또 알고 있는 지식으로도 지구를 보존하고 다시 살릴 수 있는 마지막 희망이 바로 살아 있는 유기체에 있음을 알기 때문입니다. 인도의 유기농 생산자들이 농화학 물질과 산업화학물 쓰레기로 가득 차서 영구히 포기되어 버린 땅을 어떻게 다시 살려냈는지 이 두 눈으로 똑똑히 보았습니다. 그들은 이 일을 불과 2, 3년 만에 이루어냈습니다. 일본에서는 10년 전에 다케오 후루노라는 사람이 새끼오리들을 논에 풀어놓는 '새 한 마리의 혁명(one-bird revolution)'을 소개했습니다. '새 한 마리의 혁명'은 한마디로 벼, 개구리밥(오리의 먹이가 되는 식물), 잉어, 물벼룩, 플랑크톤을 비롯하여 그 밖에 헤아릴 수 없이 많은 종의 잡초와 (새끼오리들이 먹고 사는 곤충들과 달팽이를 포함해서) 벌레들로 구성되어 있는 복합적인 생태계입니다.

나는 우리가 자연의 파괴를 역전시킬 수 있을 것이라고 생각합니다. 왜냐하면 자연은 자연과 항구적인 전투를 벌이는 사람들이 아니라, 자연과 어떻게 공생할지를 배우는 모든 사람에게 더 풍성한 수확을 베푼다고 확신하기 때문입니다.

기업은 자신의 특허와 이익을 보호하기 위해서는 그 어떤 것도 개의치 않습니다. 심지어 그들은, 수확은 할 수 있지만 싹을 틔울 수는 없는 터미네이터 종자(terminator seed)를 배포하겠다고 위협했습니다. 그러면서 그들은 생명의 순환을 파괴시키고 있는 것입니다. 터미네이터 기업과 그 기업의 과학자들은, 파괴를 되돌리고 지구를 다시 살리는 데도 반드시 필요한 자연의 회복력과 생명의 비옥함을 앞에 두고 위험한 게임을 하고 있습니다.

다시 살리는 힘은 씨앗 속에서 나옵니다. 이 힘은 또한 생명과 자연을 사랑해서 더 공평하고 더 동정적이고 더 나은 세상을 위해 일하고 염려하는 사람들의 의지에서 나옵니다. 다시 살리는 이 힘은 특히 유기적이고 전일적인(holistic) 자연의 움직임을 이해하는 농민들에게서 나옵니다.

그가 어디에 살고 있든, 유기농 생산자들은 시인과 같습니다. 아일랜드의 찰스 맥과이어(Charles McGuire)는 내게 이렇게 말했습니다.

밭으로 걸어 들어갈 때면, 나는 땅이 나를 향해 노래하고 있는 것을 느낀답니다.

인도의 술탄 이스마일(Sultan Ismail)은 또 이렇게 말합니다.

흙은 살아 있는 유기체랍니다. 우리는 탯줄로 연결되어 있지요. 나무들은 땅이 하늘에 쓰는 시입니다. 하지만 우리는 우리의 공허함을 채우려고 이 나무들을 잘라내지요.

과학자인 나를 가장 고무시키는 것은 이런 것입니다. 환원론적·기계론적 사고의 세기가 지나면서, 현대 서구 과학이 마침내 세계의 많은 토착문화들이 계속 유지하고 보듬고 있던 전일적·유기체적 자연관을 다시 발견하고, 다시 받아들이고 있다는 사실입니다.

그러나 불행하게도 주류 생물학은 한참 뒤처져 있습니다. 자연이 서로 연결되어 있다는 사실을 전혀 이해하고 있지 못합니다. 전체로서의 유기체에 대한 개념도 없습니다. 임의로 유전자를 조작하고 전이시켜서 특성을 개량시킬 수는 있다고 생각해도, 괴물을 만들어냈다는 사실은 전혀 깨닫지 못합니다.

메리 셸리가 탁월하게 묘사한 그대로, 이것은 프랑켄슈타인 과학입니다. 심지어 복제된 인간 배아는 인간의 유전물질을 소의 난자

에 전이해서 만들어졌습니다. 고맙게도 프랑켄슈타인의 후계자들
은 이것을 현재의 법적 한도인 14일 만에 폐기처분했습니다. 이들
의 원조 격인 프랑켄슈타인 박사는 적어도 돈 때문에 그렇게 하지
는 않았습니다. 하지만 우리가 지금 목도하고 있는 프랑켄슈타인
과학은 이익에 눈이 멀어서 오로지 그 이익에 의해 좌지우지되고
있습니다.

생명공학은 기존 기술에서 나온 신기술이며, 새로운 위험을 가져
옵니다. 영국의 저명한 과학자 아파드 푸츠타이(Arpad Pusztai)는
최근에 자신의 연구그룹이 발표한 결과로 주목을 끌었다가 큰 괴로
움을 당했습니다. 푸츠타이 연구그룹은 자신들의 연구대상이었던
유전자 조작 감자가 독성이 있고, 그 독성은 유전적 처리과정에 있
음을 시사했습니다. 푸츠타이의 연구결과가 이 기술에 내포된 위험
을 처음으로 지적한 것은 아닙니다. 많은 문헌이 이미 나와 있고, 그
가운데 상당 부분은 1998년과 1999년에 출판된 나의 책, 『유전공
학, 꿈인가 악몽인가(*Genetic Engineering Dream or Nightmare?:
Turning the Tide on the Brave New World of Bad Science and Big
Business*)』에 실려 있습니다. 그러나 이런 증거들은 프랑켄슈타인
과학의 열렬한 옹호자들에 의해 무시되거나 배제되었습니다(각종 위
해성에 관련된 증거들에 관해서는 생략했음. 이 책의 「부록: 전세계 과학자들
이 각국 정부에 보내는 공개서한」 참조—옮긴이).

생명공학 산업은 다음과 같은 오류투성이의 낡은 신념에 의해 좌
지우지되고 있습니다. 다름아니라 "유전자는 유기체를 결정하는 가
장 중요하고 항구적인 요소이기 때문에, 유전자를 조작하고 전이시
킴으로써 우리의 필요를 충족시키는 새로운 생명형태를 만들어낼
수 있고 또 나쁜 유전자를 제거하거나 교체함으로써 모든 질병을
없앨 수 있다"라는 것입니다.

그러나 이런 구태의연한 신념과는 반대로, 지난 20년 동안 밝혀진 과학적 증거에 따르면 유전물질은 유동적이고(fluid) 역동적이며, 생태적 환경에 따라서 스스로 변할 수 있습니다. 실제로 유전자와 게놈이 안정적으로 남아 있기 위해서는 안정되고 균형잡힌 생태계를 필요로 합니다. 이와 마찬가지로 유전자가 건강하기 위한 조건은 생리학적인 건강을 위한 조건과 결코 다르지 않습니다. 오염되지 않은 환경, 농화학 물질이 없는 건전한 유기(有機)식품, 깨끗하고 사회적으로 만족스러운 생활환경을 필요로 합니다. 또 이와 같은 조건들은 시민사회를 위해 실제로 우리가 취할 수 있는 방법들이기도 합니다.

우리가 워싱턴에 모였다는 사실은 상징적인 의미를 갖습니다. 우리는 다시 한 번 독립을 위해 싸우고 있습니다. 우리의 투쟁대상은 다름아니라 다국적 봉건지주입니다. 나는 우리가 이길 것을 확신합니다. 우리의 승리는 곧 봉건체제에 대한 민주주의의 승리가 될 것이며, 어리석음에 대한 이성의 승리요, 착취에 대한 사랑과 동정의 승리요, 죽음에 대한 생명의 승리가 될 것입니다. 그리하여 마침내 나쁜 과학과 거대기업이 용감하게 만들어낸 새로운 세계(Brave New World)가 끝장날 것입니다. 이것은 모든 사람의 선을 위해 함께 노력하는, 지속 가능하고 책임 있는 과학과 산업의 승리가 될 것입니다.

우리의 안전한 먹거리를 위하여

국내외 GMO 반대운동의 현황과 전망

허남혁

> 당신 자신이 변화를 일으키기에는 너무도 왜소하다고 생각한다면, 밀폐된 방에서 모기하고 같이 한번 자보라.
>
> —아프리카 속담(Anderson, 1999, p. 115)

2000년의 문턱을 갓 넘은 현재, 전세계적으로 일어나고 있는 변화들을 꿰뚫어 설명할 수 있는 두 개의 키워드는 세계화/지방화 (globalization/localization) 그리고 위험사회(risk society)[1]의 도래라고 조심스럽게 말할 수 있을 것 같다. 신자유주의와 WTO 체제 확립에 따른 자본의 세계화 그리고 인터넷의 급속한 보급에 따른 전지구적인 인터넷 사이버 공동체의 등장은 우리 생활을 빠르게 변모시키고 있는가 하면, 자본과 결합한 과학기술의 무자비한 질주는

---

1) 이 용어는 독일의 사회학자 울리히 벡(Ulrich Beck)이 처음 사용했는데, 사회학에서는 이제 현대사회를 설명하는 중요한 패러다임의 하나로 자리잡았다. 울리히 벡의 대표적인 저서로는 『위험사회』와 『정치의 재발견』이 있다.

우리의 환경과 건강에 새로운 위험요인들을 부담지우고 있다.

이 두 개의 키워드는 GMO 반대운동을 파악하는 데서도 핵심적인 역할을 한다. 즉 현재 전세계적으로 벌어지고 있는 GMO 반대운동에 있어서의 핵심적인 두 가지 사실은, 우리가 먹는 식품의 잠재적인 위험성이 세계화되고 있다는 점과 그에 따른 저항 역시 전지구적으로 일어나고 있다는 점이다.

첫째, 정보와 자본뿐만 아니라 우리가 먹는 식품을 생산·유통·소비하는 식품시스템(food system)과 그에 따른 식품의 위험요인도 세계화되었다. 1995년에 출범한 WTO 체제하에서 농산물과 식품도 하나의 상품으로 취급되면서, 농산물이 이동하는 거리(생산지와 소비자의 거리) 또한 점점 멀어지고 있다. 이제 우리 식탁과 제사상에는 세계 각지에서 생산된 것들이 올라오고 있는 것이다.[2] 1999년 여름 우리는 벨기에산 돼지고기의 다이옥신 사건으로 다시 한 번 식품시스템의 세계화를 경험하기도 했다. 이처럼 식품 속의 불청객인 다이옥신이나 환경호르몬도 함께 세계화되고 있듯이(미국에서 재배된 유전자 조작 농산물로 만들어진 유전자 조작 식품도 마찬가지다), 우리의 운명도 인터넷으로 연결된 지구공동체뿐만 아니라 전지구적 위험공동제(Back, 1986, 홍성태 옮김, 92쪽)로서 세계화되어 버렸다.

둘째, 이에 대하여 최근 일어나고 있는 GMO 반대운동은 전세계 각 부문——농업, 과학기술, 소비자, 보건, 환경, 사회, 지역 등——시민·사회 단체들의 동시다발적 투쟁의 양상을 보여주고 있다. 이것은 최근 가속화되고 있는 자본의 세계화 경향에 대항해서 형성되고 있는 '지구시민사회(global civil society, 조은, 1997, 163쪽)와 이

---

2) 최근에는 우리나라와 정반대 쪽에 있는 라틴아메리카산 농산물로 가공된 식품들도 상당수 눈에 띈다.

를 정보 면에서 뒷받침해 주고 있는 인터넷의 힘이라 할 수 있는데, 자본만 지구화된 것이 아니라 저항도 전지구화되고 있는 것이다. 또한 이것은 생명공학과 GMO 문제의 전사회적인 엄청난 잠재적 파급효과를 말해 주는 것이라 하겠다.

이와 같은 두 가지 관점을 가지고, 이 글에서는 국내외 GMO 반대운동의 경과와 쟁점, 현안문제, 그리고 앞으로의 전망을 살펴보도록 하겠다.

1. 위험한 식품에 대한 전지구적 분노

GMO에 대한 유럽 소비자들의 거센 반대

1994년 미국의 칼진 사가 처음으로 유전자 조작으로 무르지 않는 토마토 플라브르 사브르(Flavr Savr)를 시판하면서, 유럽에서는 GMO의 안전성 논란이 본격화되었다. 유럽의 소비자단체 · 유기농업단체 · 환경단체 들은 이때부터 환경 · 인체에 대한 GMO의 위험성과 비윤리성을 제기하면서 불매운동을 시작했다.

1996년 여름, 전유럽을 공포의 광풍으로 몰아간 광우병 사건은 유럽의 소비자들이 현대사회 우리 식탁에 올라오는 식품의 안전성에 대해 심각한 회의를 갖게 된 계기였다. 몬산토 사가 개발한 자사 제초제 라운드업에 저항성을 갖도록 유전자 조작된 콩 라운드업레디(Roundup-Ready)가 미국에서 처음 재배되어 유럽에 수입된 것도 바로 그해 연말이었는데, 이것이 광우병 파동과 맞물리면서 그린피스를 중심으로 한 유럽 단체들은 격렬한 반대시위와 불매운동을 펼쳐나갔다. 그린피스는 미국산 콩이 수입되는 항구와 배를 점거해서 격렬한 시위를 벌였으며, 이때부터 GMO는 괴물이나 먹는 프랑켄슈타인 푸드(Frankenstein Food, 프랑켄 푸드라고 약칭하기도 함)로 불리기 시작했다. 또한 전세계적으로 1997년 4월 21~28일이 GMO 반대주간으로 선포되면서 각종 시위와 활동이 이어졌다.

유럽에서의 GMO 반대운동은 매우 다양한 형태로 나타났다.

먼저 집단행동을 들 수 있다. 일반적인 피케팅이나 시위·집회는 기본이고 공공장소에 콩을 트럭째 쏟아붓거나 토마토를 던지는 등의 행동도 빈번했으며, 그린피스 같은 단체들은 유전자 조작 콩을 선적한 배를 점거하거나 거대한 저장탱크를 점거하고 플랭카드를 내거는 등 자신들의 의지를 내보이기 위해 각종 과격한 행동들도 불사했다. 심지어 유전자 조작 농산물이 재배되고 있는 시험포장을 점거하여 완전히 뽑아버리는 행동[3]으로 경찰에 체포되기까지 했는가 하면, 프랑스의 농민들은 맥도날드 등 GMO를 사용하는 다국적 패스트푸드업체들에 대한 집단적인 공격도 서슴지 않았다.

두번째는 불매운동과 서명운동이다. 유럽의 소비자단체와 환경단체들[4]은 GMO의 취급을 고집하는 식품회사나 유통기업들에 대해 지속적인 감시활동과 함께 불매운동과 시위를 결합한 압력을 계속 가해 나갔으며, 소비자들을 중심으로 의무표시제도에 대한 서명운동을 펼쳐나갔다. 이렇게 되자 대부분의 기업들은 이에 굴복하여 GMO 취급 포기선언을 하기에 이르렀다.

세번째 방법은 소송이다. 이는 미국에서 주로 쓰인 방법인데, 제

---

3) 영국의 경우, 1998년에 약 300개의 유전자 조작 농산물 시험재배장 가운데 40여 곳 이상이 파괴되었다(이혜경, 1999a, 10쪽).

4) 어떤 논자들은 유럽의 GMO 반대운동에서 소비자단체들은 주변부로 밀려난 대신, 그린피스나 '지구의 친구들(Friends of the Earth)'과 같은 환경단체들이 운동을 주도했으며, 이는 유전자 조작 농작물의 생산단계에서부터 적극적인 행동에 나섰기 때문이라고 평가하고 있다(Marsden, et al., 2000, p. 201).

레미 리프킨이나 앤드류 킴브렐 변호사, 론 엡스타인 교수 같은 활
동가들은 미국 농무부나 다국적 생명공학 기업들을 상대로 여러 차
례 소송을 제기함으로써 언론과 시민들의 관심을 불러일으켰다. 이
들은 터미네이터 기술이나 Bt 유전자 삽입기술 등에 대해서는 환경
영향평가를 제대로 거치지 않았다는 이유를 들어, 그리고 GMO 표
시제 시행을 늦춤으로써 소비자의 알 권리가 침해되고 있다는 점을
내세워 소송을 냈으며, 최근에는 미국 및 프랑스 농민들과 결합하
여 몬산토를 비롯한 다국적기업들을 상대로 반독점금지법을 근거
로 손해배상 소송을 제기하였다. 유럽에서도 GMO 반대운동단체들
이 특히 생명공학 기업들이 출원한 생명특허 문제를 상대로 특허
철회 소송을 제기하였다.

넷째로, 인터넷을 이용하여 항의내용을 담은 편지나 의견서를 보
내는 방법이다. 이 방법은 특히 인터넷의 급속한 성장과 함께 최근
그 위력을 더해 가고 있는데, 이에 따라 GMO 개발에 앞장서고 있
는 몬산토를 비롯한 기업들과 미국 농무부 등에 전세계로부터 수십
만 통에 이르는 항의 이메일이 전달되었다.

유럽의 GMO 반대운동단체들은 이처럼 다양한 방법들을 통해
GMO와 이를 개발하는 기업에 대한 거부의 목소리를 분명히 하고
안전한 먹거리에 대한 소비자의 요구를 대변하는 한편, GMO의 안
전성이 확실히 검증되기 전까지 모든 GMO의 생산 · 유통 · 판매에
대한 모라토리움[5]을 주장했다. 또한 기존의 산업적인 방식(화학물
질과 기계 사용)으로 생산되어 원거리 이동을 하는 식품에 대항해
서 지역 농민들에 의해 생산되는 유기농산물(organic foods)을 그

---

5) 영국에서는 '5년간 동결(Five Year Freeze)'이라는 단체를 중심으로 1999년 2월
부터 GMO의 재배와 판매를 5년간 금지시키기 위한 캠페인이 전개되고 있다(이
혜경, 1999a, 9쪽).

대안으로 내세우기도 했다.

이러한 시민단체와 소비자들의 반대의 목소리들에 대해 각국 정부와 자본은 처음에는 애써 그 의미를 축소하려 했지만, 점차 소비자들의 구매선호에 변화가 일고 있다는 것을 감지하고는 최근 변화를 보이기 시작했다. 각국 정부에서는 자국 소비자들의 건강을 보호하기 위해 GMO 문제를 심의하는 위원회를 만들고 보고서를 작성하였으며, GMO를 규제하는 제도를 구축하기 시작했다.[6] 또 소비자들의 선호에 맞추어 GMO를 취급하지 않겠다고 선언하는 기업들이 이어지고 있다.

이와 같이 식품의 안전성에 대한 유럽 소비자들의 민감한 반응과 미국과의 껄끄러운 무역관계[7]로 시작된 유럽의 GMO 반대운동은 각종 방법과 아이디어를 동원하여 이루어졌으며, 그 결과 GMO에 대한 관심과 우려의 목소리가 전세계적으로 확산되는 데 결정적인 계기가 되었다.

제3세계, 생물해적질을 고발하다

제3세계 운동단체들은 유럽의 GMO 반대운동과는 그 출발을 달리하고 있다. 이들은 90년대 초반부터 생명특허와 그에 따른 선진

---

6) 오스트리아·룩셈부르크·노르웨이는 GMO에 대한 모라토리움을 선언했으며, 유럽연합(EU)은 1998년부터 의무표시제 시행에 들어가는 한편 새로운 GMO의 승인을 유예하고 있다. 또 영국은 1999년 3월부터 벌칙조항이 달려 있는 GMO 농산물 및 식품에 대한 의무표시제를 시행하고 있다. 영국의 의무표시제는 식당에서의 GMO 사용까지도 포괄하는 매우 강력한 것이다.

7) 유럽연합과 미국은 GMO의 수입문제 이전부터, 생명공학을 이용하여 인공합성된 소 성장호르몬(rBGH 혹은 BST)을 사용한 미국산 쇠고기와 낙농제품을 두고 10년 동안 논쟁을 벌이고 있다. 유럽연합은 인체에 잠재적 위해성이 있을 가능성을 주장하는 반면, 미국은 과학적인 증거를 제시할 것을 요구하고 있다.

국들의 생물해적질(biopiracy)의 문제점 그리고 생물 다양성 자원 이용에 있어서의 부당함을 환경정의(environmental justice) 차원에서 집중적으로 제기해 오고 있다.

국제농촌진흥기금(RAFI), 제3세계네트워크(Third World Network), 국제유전자원행동(GRAIN) 등의 국제적인 운동단체와 각국의 토착단체들은 1994년 채택된 WTO 협약 중 하나인 무역 및 지적재산권에 관한 협약(TRIPs)이 선진국과 다국적기업들의 생명특허를 인정하고 있는 데 대해 강력하게 반발하면서 다국적기업들에 대한 투쟁을 강화해 나가고 있다. 이러한 다국적기업들이 획득하는 유전자원들이 바로 GMO를 만드는 원료가 된다는 점에서, 제3세계 운동단체들은 전세계적인 GMO 반대운동과 결합하고 있을 뿐 아니라 여기에 힘과 정당성을 더한층 실어주고 있다고 할 수 있다.

특히 인도 내의 움직임은 주목할 만하다. 인도에서는 90년대 초반부터 여성활동가 반다나 시바(V. Shiva)와 지역의 토착단체들이 중심이 되어 인도의 동식물 및 농작물 관련 전통지식과 유전자원을 약탈해 가는 다국적기업들에 대항하여 다양한 저항운동을 전개하고 있으며,[8] 지역마다 유전자은행 네트워크(Navdanya)를 설립하는 등 자구노력을 기울이고 있다(박민선, 1999, 5쪽; Shiva, 1997, p. 125). 그리고 1998년 말에는 인도 전역에서 심어지고 있는 유전자 조작 면화 때문에 살기가 더욱 어려워진 인도 농민들이 면화밭을 불태우고 집회를 열기도 했다.

GMO가 제3세계 농민들의 생활수준 향상과는 아무런 관계가 없

---

8) 반다나 시바가 운영하는 '과학, 기술과 생태 연구재단(The Research Foundation for Science, Technology and Ecology)' 홈페이지를 방문하면 인도 내 반대운동의 정황을 파악하는 데 도움이 된다(http://www.indiaserver.com/betas/vshiva).

을 뿐더러, 오히려 그들의 생계를 위협할 것이라는 사실을 점점 더 많은 제3세계 농민들이 인식해 가고 있는 것이다.

생명공학안전성의정서

지난 1999년 2월 콜롬비아의 카르타헤나에서 열린 생명공학안전성의정서[9] 채택을 위한 제5차 실무자협상은 지금까지 언급한 선진국과 제3세계의 GMO 반대운동이 하나로 결집된 장이었다. 선진국과 제3세계 시민단체들은 미국을 중심으로 하는 GMO 수출국들이 GMO에 대한 규제를 최소한으로 완화해야 한다고 주장[10]하는 데 맞서서 사전예방 원칙을 기조로 하는 강력한 규제제도를 마련할 것을 촉구하였으며, GMO의 범위에 모든 가공식품들까지 포함할 것을 주장하였다. 전세계의 양심적인 과학자들과 시민단체는 이러한 주장들을 모아서 성명서를 채택하였다.[11]

하지만 양측의 입장이 너무도 팽팽하여 결국 의정서 채택에 실패하였으며, 2000년 1월 캐나다 몬트리올에서 협상이 재개될 예정에 있다. 이 의정서가 어떠한 모양으로 채택될 것인가 하는 것은 21세기에 GMO 문제가 전세계적으로 이렇게 틀지어질 것인지를 결정하는 매우 중요한 계기가 될 것이다.

---

9) 1992년 리우 지구환경회담에서 채택된 생물다양성협약의 부속 의정서로서, 생물 다양성을 이용하는 생명공학의 안전성 관련 문제들을 규율하는 내용을 담고 있다.
10) 이들은 GMO의 범위에 가공된 농산물이나 식품은 제외하자고 주장함으로써 의정서의 실질적인 효력을 축소하려 하고 있다.
11) 인터넷 홈페이지상의 문서들(과학자들의 성명서: http://www.twnside.org.sg/souths/twn/title/worldsp-cn.htm, 제3세계네트워크의 입장: http://www.twnside.org.sg/souths/twn/title/key-cn.htm) 참조.

전세계적으로 확산되는 반대운동

이상과 같은 양상들에서 보듯이, 1999년에 들어서는 GMO 반대운동 및 국제적 동향에 많은 변화가 일어났다. 유럽과 제3세계의 저항이 예상외로 거세짐에 따라 전세계의 수많은 식품기업들이 소비자에 굴복하기 시작했으며, 일본 및 우리나라를 비롯한 아시아 국가들과 라틴아메리카 국가들 그리고 GMO의 본거지라고 할 수 있는 미국 내에까지 GMO의 문제점이 알려지면서 전세계적으로 GMO가 위기에 봉착해 있다.

일본에서는 그 동안 소비자단체와 생활협동조합 단체들이 지속적으로 문제제기한 결과, 일본 정부로부터 표시제 약속을 받아냈고 식품기업들로부터 GMO 사용 포기선언을 받아내고 있다(박민선, 1999, 2쪽). 또한 8개 지방정부가 학교급식에서 GMO를 완전히 배제시키는 성과도 얻어냈다.

미국에서는, GMO에 대해 안전하다고 밝히고 있는 식품의약품국(FDA)의 입장을 신뢰해 온 소비자들의 태도가 1999년 들어 흔들리기 시작하면서 변화가 일고 있다. 같은 해 말, FDA는 세 차례의 공청회를 열어서 소비자와 각계의 의견을 다시 청취하여 표시제를 시행할 수도 있음을 공식 표명했으며, 미 의회에서는 GMO에 대한 의무표시제 시행을 요구하는 법안의 상정을 위해 서명을 받고 있는 중이다(같은 곳).

지구 저편 브라질에서도 반대의 목소리가 거세어지고 있다. 그에 따라 브라질의 리우그란두술 주는 'GMO 없는 주'를 선언하였으며, 브라질 연방법원은 1999년 6월 몬산토의 라운드업레디 콩의 재배 금지를 판결하였다(한국소비자보호원, 1999, 18쪽). 또 가을에는 태국을 비롯한 동남아시아 국가들도 GMO 종자의 수입을 금지하는 조치를 내렸다.

그 정점은 지난 1999년 10월 4일 전세계적으로 반대운동의 표적이 되고 있던 몬산토 사가 그 동안의 판촉상 실패를 인정하면서 터미네이터 기술을 포기하겠다고 선언한 것과, 그에 이어서 GMO에 대해 가장 호의적인 집단이었던 미국의 농민들이 프랑스 농민들과 함께 다국적 종자기업들을 상대로 손해배상 소송을 제기한 것이었다.

미국 농무부와 델타 앤드 파인랜드(Delta & Pineland, 1998년 5월 몬산토가 인수) 사가 공동 개발하여 1998년 3월 미국에 특허 출원한 일명 터미네이터 기술에 대해, 선진국과 제3세계를 망라한 전세계 시민단체들은 그 비윤리성과 농민들에게 미치게 될 엄청난 영향 등을 우려하여 줄기차게 반대운동을 펼쳐왔으며,[12] 마침내 이에 몬산토가 굴복한 것이다. 또 미국 농민들은 최근 GMO에 대한 전세계적인 거부반응이 점차 강화됨에 따라 판로가 불안해짐을 느끼고는 다국적 종자기업을 불신하게 되었으며(허남혁, 1999, 135~36쪽),[13] 그에 따라 제레미 리프킨의 주도 아래 다국적기업들의 종자 독점에 대해 손해배상 청구소송을 제기하기에 이르렀다. 이 소송은 마이크로소프트 사에 대한 반독점소송 이후로 가장 큰 규모로 알려지고 있다.

이와 같이 GMO 반내운동은 선진국과 개도국을 불문하고 전세계적으로 동시다발적으로 일어나고 있다. 이는 최근 전세계적으로 횡

---

12) 이들은 전세계인들이 미국 농무부와 몬산토에 인터넷으로 항의 이메일을 보낼 수 있도록 홈페이지에 메뉴를 만들었으며, 진보적인 환경잡지인 『에콜로지스트(*The Ecologist*)』는 '몬산토 파일(The Monsanto Files)'이라는 제하의 특집호(1998년 가을호)에서 고엽제를 만들어온 화학기업에서 터미네이터 기술을 개발한 생명공학 기업으로 변신해 온 몬산토의 그간 행적에 대하여 심층분석하는 등 각종 압력을 가했다.

13) 가장 대표적인 집단이 미국가족농협회(National Family Farm Coalition)와 미국옥수수재배자연합(ACGA)이다.

행하고 있는 신자유주의에 맞서기 위하여 선진국 시민단체들이 제3
세계 이슈들에 동조하여 연대하는 경향과 일치한다(Mcllwaine, 1998,
p. 420). 그럼으로써 제3세계 시민운동은 여러 가지로 풍부한 자원
을 지원받아 한층 더 강력한 운동을 펼칠 수 있고, 또 선진국 시민단
체들은 도덕적인 정당성을 확보하게 된다. 사실 GMO 문제는 개도
국에서 자행되고 있는 생물해적질과 분리해서 생각할 수 없다. 둘
다 다국적 생명공학 자본과 농식품 자본이 공동의 주적(主敵)이기
때문이다.

2. 열악한 환경 속에서 분투하는 한국의 GMO 반대운동[14]

우리나라에서도 지난 80년대부터 생명공학계에서 GMO 개발에
대한 연구를 계속 진행해 왔으나, 그에 대한 문제제기는 거의 없었
다. 국내에서 사회적으로 GMO에 대한 문제제기가 본격적으로 시
작된 것은 1997년부터라고 할 수 있는데, 외국에 비해 상당히 늦은
편이다. 1996년 말부터 유럽의 GMO 반대움직임이 언론을 통해 조
금씩 알려지다가, 처음 공식적으로 이 문제가 제기된 것은 1997년 5
월 「유전자 조작 작물의 상품화를 둘러싼 논의」(배민식, 1997)라는 글
을 통해서였다.[15] 이와 관련한 시민·사회 단체들의 최초의 움직임
은 1997년 7월 10일에 개최된 '생명공학의 올바른 방향을 위한 시
민·사회 단체 토론회'였다. 하지만 이때도 전세계적인 공방과는 달
리, 우리나라에서는 더 이상의 적극적인 활동으로 이어지지 못하

---

14) 이 부분은 이혜경(1999b)을 상당 부분 참고했음.

15) 그 이후 토가 브라이언, 「생명부정, 생태계 파괴하는 유전자 조작 식품을 막아
　　야 한다」(『환경운동』, 1997년 6월호)가 소개되었다.

고 환경단체와 농업관련 단체들에 의한 단편적 문제제기 수준에
그쳤다.

그후 1998년 5월 말에는 '생명공학의 올바른 발전을 위한 시민·
사회 단체 실무자모임'이 결성되어 외국의 생명공학 관련 활동들을
중심으로 시민운동에서의 생명공학 쟁점들을 살펴보았으며, 이 모
임이 우리나라에서 생명공학에 대해 우려하는 시민단체 네트워크
인 '생명안전·윤리연대모임'(이하 연대모임)의 모태가 되었다. 그리
고 1998년 8월 24일에는 유전자 조작 콩이 우리나라에도 수입되고
있다는 사실이 확인되면서 탑골공원 앞에서 이들을 중심으로 집회
가 열렸으며, 정부에 대해 유전자 조작 농산물의 유통실태를 조사
하고 대책을 마련할 것을 촉구하였다. 1998년 9월 11일에 개최된
'생명공학육성법 개정 관련 시민단체연대모임 토론회'에서는 시민
단체들의 생명공학 관련 반대운동 네트워크인 연대모임이 결성되
었다.[16] 또 그해 10월, 연대모임은 기본 입장을 정리, GMO와 관련
해서는 안전성 검증이 되지 않은 유전자 조작 식품의 수입·유통·
판매를 반대하면서 정부에 대해 GMO의 환경방출 방지를 위한 규
제제도 마련을 요구하였다.

한편 국내의 GMO 운동에서 중요한 상이 되었던 것은 1998년 11
월 유네스코한국위원회가 주최한 '유전자 조작 식품에 대한 합의회
의'였다. 그 동안 밀실에서 진행되었던 과학기술 정책에 대한 시민

---

16) 그 당시에는 9개 단체가 결합하였으나, 현재는 17개 단체가 결합하고 있다. 그
린훼밀리운동연합, 기독교환경운동연대, 녹색소비자연대, 녹색연합, 불교인권
위원회, 서울YMCA, 세민재단, 소비자문제를연구하는시민의모임, 지속가능개
발네트워크한국본부(KSDN), 참여연대 시민과학센터(전 과학기술민주화를위
한모임), 청년생태주의자(KEY), 한국농어촌사회연구소, 한국여성민우회, 한국
여성환경운동본부, 한국종교인평화회의 인권환경위원회, 환경운동연합, 환경
정의시민연대 등.

들의 참여를 제도적으로 보완하는 장치라 할 수 있는 '합의회의'가 국내에서 처음으로 실행되었는데, 여기에 참석한 시민패널들은 시민들의 건강과 우려를 생각하여 정부가 정책과 제도를 마련할 것을 촉구하였다.

국내에서 GMO 문제가 본격적으로 매스컴을 타기 시작한 것은 1998년 11월 정기국회에서 수입콩의 30%가 유전자 조작된 것임이 알려지면서부터였다. 이로써 그 동안 우리 국민들이 전혀 그 사실을 알지 못한 채 콩 가공제품을 먹고 있었다는 것이 밝혀졌으며, 사회적으로 큰 파장을 일으켰다. 이에 연대모임은 12월 4일 농수산물 유통공사 앞에서 집회를 갖고, 그 실태조차 파악하지 못하고 있는 정부를 규탄하고 시급한 대책수립을 촉구하였다. 한편 수입되는 유전자 조작 농산물과 식품에 대해서 아무런 대책을 수립하지 못하고 있는 정부가 오히려 농촌진흥청을 중심으로 유전자 조작 작물을 개발하고 있다는 사실이 알려지면서, 1999년 3월 초에는 학생집단이 중심이 되어 농업진흥청 농업과학기술원 온실을 점거하는 시위가 일어났다.

이와 같이 1997, 98년은 우리나라에 GMO 문제가 처음으로 알려지고, 그에 따른 대응과 대책이 모색되기 시작한 초기단계라고 할 수 있다. 1999년에 접어들어서는 정부가 GMO 문제의 심각성을 인식하고 나름대로 대책을 모색하기 시작했으며, 그에 따라 반대운동의 폭과 양상도 상당히 달라지게 된다.

정부의 미미한 움직임, 환경농업단체와 생협의 가세

1999년 4월, 농산물을 제외한 식품에 대한 관리를 책임지고 있는 식품의약품안전청에서는 '유전자재조합식품·식품첨가물 안전성 평가자료 심사지침안'을 마련하여 8월 20일 제정고시를 하였다. 그러나 이 고시는 강제적인 규칙이 아닌 자발적인 신고를 통해 심사하는 제도로서 그 실효성이 의심되는 미봉책이었다. 또 1999년 7월에는 농림부의 '농수산물품질관리법'에 유전자변형농산물표시제 조항이 삽입됨으로써 공식적으로 GMO에 대한 표시제 근거가 마련되었고, 그에 따라 1999년 12월에 이 법률을 근거로 고시안이 마련되어 12월 20일에는 공청회가 개최되었으며, 이 고시는 2001년 3월 시행 예정으로 있다. 하지만 이와 같은 농림부의 표시제 계획은 그 수준이 미약하여 아쉬움을 주고 있다.

1999년 5월, 우리나라에 처음 공식적으로 GMO 문제를 제기하고 농업문제와 관련하여 검토해 온 진보적 농업연구집단인 한국농어촌사회연구소가 연대모임에 가입함으로서 우리나라 GMO 반대운동은 새로운 전환점을 맞게 된다. 이를 계기로 GMO와는 가장 대척적인 입장에 놓여 있는 환경농업단체들과 우리의 안전한 먹거리를 소비자들에게 공급하는 것을 목표로 하는 지역밀착형 조직인 생활협동조합들이 운동에 적극적으로 참여하기 시작한 것이다. 그에 따라 1999년 7월 15일에는 환경농업단체연합회의 주최로 '유전자 조작 농산물의 이해 및 환경농업민산난체 대응을 위한 토론회'가 열림으로써, 농업관련 단체들의 움직임이 가시화되었다. 그리고 1999년 10월 30일과 11월 15일에는 연대모임과 생활협동조합·환경농업단체 들이 최초로 연대하여 '유전자조작 안된 음식먹기 거리축제'와 '시민들과 함께하는 유전자조작식품 반대 거리캠페인'을 펼쳤다.

이와 같은 농업관련 단체들의 움직임은 상당한 의미를 가진다고 할 수 있다. GMO를 재배하는 것은 농민들의 선택에 달려 있기 때문이다. 비록 우리나라는 아직까지 공식적으로 GMO를 재배하는 것은 아니지만, 앞으로 충분히 그렇게 될 공산이 크다는 점에서 농민들의 각성은 중요한 의미를 가지며, 특히 국내에서 이제 겨우 뿌리를 내리기 시작한 환경농업에 있어서 GMO 반대운동은 더욱 중요한 의미가 있다. 그리고 전세계 반대운동의 사례에서도 보듯이, 그 동안 운동단체들이 힘을 가지고 운동을 할 수 있었던 것은 무엇보다도 선진국과 제3세계의 농업생산자들이 반대운동의 최전선에서 활동했기 때문이다. 더구나 궁극적으로 GMO의 대안은 지역 내 농민들에 의해 생산되는 안전한 유기농산물이기 때문이다.

한편 1999년 11월 3일 한국소비자보호원이 국내 시판두부의 82%가 유전자 조작된 콩으로 만들어지고 있으며 특히 국산콩을 쓴다는 모 기업의 두부에서 GMO가 검출되었다고 발표하면서, GMO 반대운동은 새로운 전기를 맞게 되었다. 신문과 방송에서는 연일 이 문제를 집중 보도했으며 국민들은 불안에 떨면서 두부를 기피했고, 그 때문에 두부공장들은 파산 직전에까지 이르렀다. 결국 관련 기업과 한국소비자보호원 간의 소송 문제가 발생했고, 현재까지 소송은 진행중에 있으며, 그에 대한 공식적인 진상조사는 아직까지 되고 있지 않은 실정이다.

두부만 애꿎은 희생양이 되는 바람에 국내에서는 GMO 문제가 좀 이상한 형태로(마치 두부만 GMO인 것처럼) 알려지기는 했지만, 어쨌든 이 사건을 계기로 우리나라에서도 GMO의 위해성과 문제점들이 언론을 통해 국민들에게 널리 알려지면서 GMO 반대운동 단체들의 목소리에도 힘이 실리게 되었다.

우리나라 GMO 반대운동의 현주소

현재 우리나라 GMO 반대운동이 극복해야 할 과제는 크게 다음 몇 가지로 정리할 수 있다.

첫째, 국내외 연대활동이 아직까지 미약하다는 점이다. 국내에 연대모임이 결성되어 형식적으로는 연대활동을 펼치고 있지만, 아직까지 본격적인 연대활동이라고 하기에는 미흡한 실정이다. 종교계와 농업계가 좀더 탄탄하게 결합해야 진정한 연대로서 GMO 문제와 생명윤리·특허 문제 등에 강력하게 대응할 수 있을 것이다. 또 국제적으로는 개별단체 혹은 개인적인 연결은 있어왔지만, 아직까지 관련 사안을 둘러싸고 주요 국제단체들과의 폭넓은 연대활동들은 거의 전무한 편이다. 앞으로 지속적이며 강력한 반대활동을 위해서는 국제적인 연대활동은 필수적이다. GMO 문제는 국제적인 장에서 펼쳐지는, 국제적 측면이 매우 강한 성격을 지니고 있기 때문이다.

둘째, 전문가집단이 매우 취약하다는 점이다. 국제적으로는 GMO에 반대하는 과학자집단이 형성되어 다양한 활동들을 펼치고 있지만(「부록: 전세계 과학자들이 각국 정부에 보내는 공개서한」 참조), 우리나라에서는 일부 사회과학과 환경 분야의 몇몇 전문가들이 있을 뿐, 실제로 생명공학 분야를 전공한 양심 있는 대항 과학자들이 잘 드러나지 않고 있는 실정이다. 과학자들이 아닌 비과학 전문가들이 발언하면 과학적 근거의 결여로 쉽게 매도·에딘헤 버리는 국내 풍토에서, 결정적인 타격을 가할 수 있는 칼자루를 이들 과학자들이 쥐고 있다는 점에서도 앞으로 이들 대항 과학자집단의 형성은 필수불가결한 과제이다.

셋째, 지속적이고도 다양한 활동이 미흡했다는 점이다. 국제적으로 보면 다양한 형태의 반대운동과 활동들이 펼쳐진 데 비해, 우리나라에서는 성명서와 피케팅·거리축제 정도의 수준에서 벗어나지 못하고 있어서 언론과 시민들의 관심을 끌기에는 미흡했다. 또한 정부의 GMO 정책에 대해 지속적이고도 날카롭게 물고늘어짐으로써 정책개선을 이루지 못하고, 사안이 터질 때마다 성명서 정도의 대응에 그친 점도 아직까지 연대활동의 기반과 GMO 문제를 담당할 주체가 취약함을 여실히 보여주고 있다.

넷째, 관련 이슈들과의 연계성 부족을 꼽을 수 있다. 첫번째에서 간단히 언급된 사항이지만, GMO 문제는 크게는 생명공학이라는 과학기술에 대한 문제제기이기 때문에 생명윤리, 생명특허, 생명과 환경정의 이슈 등과 분리해서 대응하기 어렵다. 그럼에도 폭넓은 문제제기가 이루어지지 못하고 GMO의 건강 위해성 문제라든가 표시제 실시를 제기하는 정도의 대응이 이루어져 옴에 따라 (특히 생명특허 문제와 관련하여 제3세계 단체들과의) 국제적 연대 및 국내의 부문간 연대고리가 매우 취약했다.

이상의 문제들은 모두 우리나라의 생명공학 반대운동과 GMO 반대운동이 일천한 데 그 원인이 있다고 할 수 있다. 초창기이다 보니 이 문제에 관심을 갖는 일부 단체들의 부분사업으로만 축소되었으며, 정작 참여단체들도 주력사업으로 설정하지 못하고 관심을 갖는 정도에 그쳤다. 앞으로 사회적으로 보다 강력한 운동을 전개해 나가기 위해서는 생명공학과 GMO 반대운동의 토양을 더욱 키워나가는 것이 핵심적인 과제라고 할 수 있겠다.

3. 우리에게는 안전한 먹거리를 섭취할 권리가 있다

지금까지 언급했던 전세계적인 거센 반대운동은 1999년 11월 30일~12월 3일 WTO 각료회의가 열렸던 미국 시애틀에 집중되었다. 우리나라를 포함하여 전세계에서 몰려든 수많은 군중들은 "반대! WTO!(No to WTO)"와 "반대! GMO!(NO to GMO)"를 외쳐댔다.

이제 더 이상 선진국과 다국적기업들의 이윤획득을 위해 전세계 시민들이 건강을 볼모로 한 실험용 모르모트가 될 수 없다는 것이다.

이러한 거센 저항 때문에 GMO 연구·개발에 열중해 있던 다국적 농업자본의 태도와 전략도 점차 바뀌고 있다. 최근 몬산토는 제약회사인 파르마시아 업존(Pharmacia Upjohn)과 합병함으로써 유전자 조작 농작물 개발부분을 분리하고 제약분야 사업을 강화할 것을 밝히는 등 사업변화를 꾀하고 있다. 이는 제초제 및 해충 저항성 등의 제1세대 유전자 조작 농작물을 개발하는 데 한계를 느꼈기 때문이다. 그렇기 때문에 이들 다국적 농업자본들은 앞으로 제2세대 GMO(기능성 식의약품) 및 GMO 의약품 개발에 주력할 것으로 보이며, 그에 따라 GMO 반대운동도 새로운 국면으로 접어들 것이 분명해지고 있다.[17]

또한 2000년 1월 24~28일 캐나다 몬트리올에서는 작년에 무산되었던 생명공학안전성의정서 채택을 위한 실무자회의가 재개될 예정이다. 이때 과연 의정서가 채택될 것인지 다시 무산될 것인지, 또 채택되면 어떤 수준의 의정서가 될지 등은 앞으로 GMO의 국제적인 개발·생산·유통에 대한 규제의 틀, 그에 따른 GMO 반대운동에 엄청난 파급효과를 미치게 될 것이다.

한편 우리나라에서는 농림부와 식품의약품안전청을 상대로 국내 규제제도에 대한 계속적인 문제제기를 통해 보다 강력하고도 소비자의 안전을 염두에 두는 규제제도를 마련해야 하는 과제가 있다. 비록 농림부가 GMO 농산물의 의무표시제 시행계획과 고시안을 예고했지만[18] 그 수준은 전혀 만족스러운 것이 아닐 뿐더러, 실제로

---

17) 하지만 이들은 천문학적인 규모의 돈을 쏟아부은 GMO 개발과 그에 따른 이윤을 절대 포기하지 않을 것이다. 전세계적인 반대운동의 대표자들은 "싸움은 이제부터 시작"이라고 경고하고 있다(허남혁, 1999, 140쪽).

우리가 먹는 거의 대부분의 식품을 관장하고 있는 식품의약품안전청에서는 의무표시제를 시행하겠다는 입장만 밝혔을 뿐 아직까지 구체적인 계획을 내놓고 있지 않기 때문이다. 1999년 7월 농림부의 표시제 계획 발표가 실제로 미국 등의 수출국과 생명공학 기업들에 압박을 가함으로써 국제적으로 얼마간의 효과를 일으켰던 것처럼 국내의 규제제도는 국내 차원에서 끝나는 것이 아니기 때문에, 국내 제도에 대한 문제제기는 매우 중요한 의미를 갖는다.

하지만 우리의 목표가 표시제의 시행으로 끝나는 것은 절대로 아니다. 표시제가 GMO를 몰아낼 수 있는 강력한 수단인 것은 분명하지만, 이는 GMO 반대운동의 첫 단추에 불과하다. 우선은 GMO를 지구상에서 완전히 몰아낼 수 있도록 소비자와 사회단체들을 움직이는 것이고, 보다 궁극적인 목표는 지구상의 모든 사람들이 안전한 먹거리를 충분히 먹을 수 있는 새로운 식품시스템을 아래로부터 구축하는 것(alternative local food system from grassroots)이다.

이와 같은 식품시스템은 세계화에 따른 생산지와 소비지의 원격화와 기계화에 저항하는, 철저하게 지방화(지역 내 생산과 소비)된 것이어야 한다. 정치와 사회의 지방화와 민주화뿐만 아니라, 우리의 먹거리를 공급하는 체계도 반드시 지방화·민주화되어야 한다. 이를 위해서는 현재 우리 식품시스템을 지배하고 있는 다국적 농식품자본의 독점구조를 아래에서부터 타파하고 그 대안시스템을 세워나가는 것은 필수적이다(Magdoff, et al., eds., 1998, p. 12).

---

18) 2001년 3월부터 콩, 콩나물, 옥수수 원료 농산물에 대하여 의무표시제를 시행하는 고시안을 예고했으며, 1999년 12월 공청회를 마친 상태이다. 그러나 품목이 3개밖에 되지 않고 원료 농산물로 범위가 한정되는데다 GMO 성분이 5%를 넘지 않으면 GMO가 아닌 것으로 간주(비의도적 혼입허용치를 5%로 설정)함으로써 너무 느슨한 제도라고 평가되고 있다.

이미 지구시민사회는 그 힘과 저력을 충분히 보여주었다. 또한 앞에서 언급한 것처럼 최근 현대사회의 구조적 변화들은 이를 가능하게 만드는 조건들을 창출하고 있다. 이제 우리나라에서도 그러한 커다란 조류에 결합할 때이다. 우리에게는 안전한 먹거리를 섭취할 천부의 권리가 있다. 이를 위협하는 국내의 생명공학 및 GMO 옹호론자들, 해당 정부기관과 관료들, 미국을 주축으로 하는 GMO 수출국들 그리고 GMO를 개발하는 다국적 농업자본들이 모두 GMO 반대운동의 대상들이다.

참고문헌

박민선 (1999), 「최근의 GMO관련 국제적 동향」, 『GMO 농산물 및 식품의 표시제에 대한 토론회 자료집』, 한국농어촌사회연구소 외 주최.

배민식 (1997), 「유전자 조작 작물의 상품화를 둘러싼 논의」, 『농민과사회』 봄호, 한국농어촌사회연구소.

이혜경 (1999a), 「GM 농산물에 대한 외국의 대응동향」, 『유전자 조작 농산물의 이해 및 환경농업민간단체 대응을 위한 토론회』, 환경농업단체연합회.

______ (1999b), 「생명공학 감시운동의 현황 및 전망」, 『진보의 패러독스』, 당대.

조완형 (1999), 「국내외 GMO 표시제의 현황과 국내 GMO 표시제의 정책방향」, 『GMO 농산물 및 식품의 표시제에 대한 토론회 자료집』.

조은 (1997), 「지구촌화, 세계시민사회 그리고 신사회운동」, 『한국사회과학』 제19권 제2호, 서울대학교 사회과학연구소.

한국소비자보호원 (1999), 『유전자 재조합 식품의 유통실태 및 소비자 의식조사 결과』, 한국소비자보호원.

허남혁 (1999), 「농업 생명공학의 최근 동향」, 『농민과사회』 가을호, 한국농어촌사회연구소.

Anderson, L. (1999), *Genetic Engineering, Food and Our Environment*, White River Junction, Vermont: Chelsea Green Pub.

Beck, U. (1986), *Risikogesellschaft*, Frankfurt am Main: Suhrkamp Verlag. (홍성

태 옮김, 『위험사회』, 새물결, 1995.)

______ (1993), *Die Erfindung des Politischen*, Frankfurt am Main: Suhrkamp Verlag. (문순홍 옮김, 『정치의 재발견』, 거름, 1998.)

Magdoff, F., F. Buttel, & J. Foster, eds. (1998), *Hungry for Profit: Agriculture, Food and Ecology, Monthly Review* Special Issue, Jul./Aug.

Marsden, T., et al. (2000), *Consumer Interest: Social Provision of Foods*, London: UCL Press.

Mcllwaine, C. (1998), "Civil Society and Development Geography," *Progress in Human Geography*, Vol. 22, No. 3.

Shiva, V. (1997), *Biopiracy: The Plunder of Knowledge and Nature*, Boston: South End Press. (한재각 외 옮김, 『자연과 지식의 약탈자들』, 당대, 2000.)

부 록

전세계 과학자들이 각국 정부에 보내는 공개서한
전세계 GMO 관련 운동단체

전세계 과학자들이 각국 정부에
보내는 공개서한[*]

여기 서명한 과학자들은 GMO 작물 및 산물의 환경방출을 즉각적으로 잠정 중단하고, 생명체 및 생명과정에 대한 특허를 철회·금지하고, 농업과 식량안보의 미래에 대하여 포괄적이고도 공식적인 논의를 실시할 것을 요구한다.

생명체 및 생명과정에 대한 특허는 식량안보를 위협하면서 토착 지식과 유전자원의 약탈(biopiracy)에 면죄부를 부여하고 기본적인 인권과 존엄을 침해하며 인류보건을 훼손하고 의료 및 과학 연구를 방해하며 또한 동물보호에 반하는 것이다.

기관·종자·세포주·유전자와 같은 생명체들은 발견되는 것이며, 따라서 특허 가능한 것들이 아니다. 생명과정을 이용하는 현재의 유전자 조작 기술은 믿을 수 없으며 통제 불가능하고 예측 불가능하다. 따라서 발명으로 간주될 수 없다. 게다가 이러한 기술은 유

---

[*] 전세계 27개국 144명의 과학자들이 참여했음. 옮긴이 이혜경.

전자 조작 생물체 및 산물들처럼 본질적으로 위해한 것이다.

가장 최근에 이루어진 유전자 조작 작물에 관한 대규모 조사를 통해서, 유전자 조작 작물이 어떠한 혜택도 가져오지 않는다는 것이 밝혀졌다. 오히려 유전자 조작 작물은, 생산량은 상당히 줄어드는 반면 제초제는 더 많이 필요로 한다. 또 유전자 조작 작물은 기업의 식량독점을 강화시킴으로써, 가족농들을 빈곤상태로 몰아가며, 전 지구적으로 식량안보와 건강을 보장할 수 있는 지속 가능한 농업으로 가는 필연적인 과정을 방해할 뿐이다.

유전자 조작 작물 및 그 산물이 생물 다양성과 인간, 동물에 미칠 수 있는 위험성은 이제 명백해지고 있으며, 이 가운데 몇 가지는 현재 미국과 영국 정부 내에서조차도 인정되고 있다. 특히 유전자 조작 작물로부터 항생물질 내성을 지닌 표시유전자가 수평적으로 전이하는 것은, 전세계적으로 다시 닥칠지도 모를 전염병의 치료를 방해할 것이다. 음식물 소화뿐만 아니라 꽃가루나 먼지 흡입을 통해서도 형질 전환된 DNA의 수평적 전이가 발생할 수 있다는 새로운 결과들도 있다. 유전자 조작 작물에 광범위하게 사용되는 콜리플라워 모자이크 바이러스(CaMV, 꽃양배추 모자이크 바이러스. 일반적으로 형질 전환 식물에서 유전자 발현의 유도를 위해 사용됨. B형 간염 바이러스와 밀접한 연관이 있고 에이즈 바이러스 같은 레트로바이러스와 서열이 유사한 CaMV의 경우, 그 프로모터가 작동하면 이런 바이러스의 합성을 유도할 수도 있음—옮긴이) 프로모터(하나의 기능을 나타내는 유전자의 앞부분에 위치하는 DNA나 RNA 서열. 유전자 발현에 꼭 필요한 부분으로, 그 시기를 인식하는 스위치 역할을 함)가 유전자의 수평적 전이를 촉진시키며, 따라서 질병을 야기하는 새로운 바이러스를 만들어낼 가능성도 있다.

우리는 전세계 모든 정부에 다음 몇 가지를 강력하게 요구한다. 우선 사전예방 원칙에 의거하여 과학적 증거를 고려하고, 둘째로 강력하고 효과적인 국제적 생물다양성협약 아래서 생명공학안전성 의정서를 협상할 것을 요구한다. 셋째로, WTO에서 무역 및 금융 협약에 우선하는 국가적·국제적 수준의 생명공학안전성 법령을 확보해야 할 것이다. 그리고 유전자 조작 작물을 필요로 하지 않는 지속 가능한 농업방식에 대한 연구가 광범위하게 지원되어야 한다. 전세계의 수많은 지속 가능한 농업체계들은 이미 산출도 늘리면서 환경에 대한 영향도 줄일 수 있다는 것을 입증해 주고 있다.

여기 서명한 과학자들은, 상업적으로든 야외실험으로든 유전자 조작 작물 및 산물의 모든 환경방출을 5년간 잠정 중단하고, 생명체 및 생명과정·기관·종자·세포주·유전자에 대한 특허를 철회 및 금지하고, 그리고 농업과 식량안보의 미래에 대하여 포괄적인 공식 논의를 시행할 것을 요구한다.[1]

1. 생명체 및 생명과정에 대한 특허는 식량안보를 위협하면서 토착지식과 유전자원의 약탈에 면죄부를 부여하고, 기본적인 인권과 존엄을 침해하며, 인류보건을 훼손하고, 의료 및 과학 연구를 방해하며, 또한 동물보호에 반하는 것이다. 기관·종자·세포주·유전자와 같은 생명체들은 발견되는 것이며, 따라서 특허 가능한 것들이 아니다. 생명과정을 이용하는 현재의 유전자 조작 기술은 믿을 수 없으며, 통제 불가능하며 예측 불가능하다. 그리고 발명으로 간주될 수 없다. 게다가 이러한 기술은 많은 유전자 조작 생물체 및 산물처럼 본질적으로 위해한 것이다.[2]

2. 현재의 유전자 조작 작물들은 필요하지도 않고 이득을 주지도 않는다는 것이 점점 명백해지고 있다. 유전자 조작 작물들은 식량 공급과 건강유지라는 본연의 임무로부터 벗어나는, 매우 위험한 것

들이다.

3. 유전자 조작 작물의 질소고정 능력, 가뭄극복 능력, 산출증대에 힘입어 전세계를 먹여살릴 것이라는 유전공학자들의 약속은, 지난 30년 동안 우리가 계속 들어오던 말이다. 그런데 이제 이러한 약속들은 한줌도 안 되는 거대기업들에 의해 통제되는 수십억 달러 규모의 산업을 키워놓았다.

4. 기적의 작물은 실현되지 않았다. 대신 전세계적으로 유전자 조작 작물들은 두 가지 단순한 특질만을 갖는다.[3] 70% 이상은 제초제에 저항성을 갖는데, 그것도 자기 회사의 제초제에만 저항성을 갖도록 만들어진다. 그리고 나머지는 병해충을 죽일 수 있도록 Bt 독성을 갖도록 만들어진다. 지난 1998년에 미국과 아르헨티나, 캐나다의 유전자 조작 작물 지배면적은 총 6,500만 에이커에 이르렀다.[4]

5. 유엔세계식량계획(UNWFP)에 따르면, 전세계 소비량의 1.5배에 달하는 식량이 생산되고 있다. 1980년 이후 전세계적으로 곡물생산은 인구증가를 앞질러왔지만, 여전히 10억 명이 굶주리고 있다.[5] 이것은 가난한 사람들을 더욱 가난하고 굶주리게 만드는 세계경제 체제하에서 작동하고 있는 다국적기업들의 독점 때문이다. 전세계 가족농들은 지금 파멸과 자살로 치닫고 있다. 1993~97년 미국에서 중·소규모 농가의 수가 7만 4,440가구나 줄어들었으며,[6] 농민들은 생산비용에도 밑도는 생산을 하고 있다.[7] 4개 기업이 전세계 곡물무역의 85%를 차지하고 있는 실정이다.[8]

6. 종자에 대한 신규 특허는, 농민들이 종자를 수확해서 다시 심는—현재 제3세계 농민들 대부분의 관행인—것을 금지함으로써 기업의 독점을 더욱 강화시킬 것이다. 제3세계에서 일하고 있는 주요 자선단체인 '크리스천 에이드(Christian Aid)'는, 유전자 조작 곡물은 실업을 유발함으로써 제3세계 외채문제를 더욱 악화시키고 지

속 가능한 영농체계를 위협함으로써 환경파괴를 가져올 것이라고
결론 내리고 있다. 또한 극빈 국가들이 기근을 당하게 될 것이라고
예측하고 있다.[9]

7. 미국가족농단체연합은 종합적인 요구사항들을 발표했는데, 그
중에는 (1) 모든 생명체의 소유에 대한 금지 (2) GMO가 야기하는
사회·환경·보건·경제적 영향에 대해 독립적이고 포괄적인 평가
를 해서 모든 유전자 조작 작물 및 생산물의 판매와 환경방출, 추가
승인을 유보할 것 (3) 유전자 조작 작물 및 생산물이 가축·인간·
환경에 일으킬 수 있는 모든 피해에 대해 기업의 책임을 물을 것 등
이 포함되어 있다.[10] 또 이 단체는 기업들의 인수·합병 중지, 농가
부채에 대한 모라토리움 그리고 가족농과 환경을 희생시켜 거대 농
(農)기업의 이익에 봉사하는 정책의 중지를 요구하고 있다.[11]

8. 유전자 조작 작물의 위험성은 이제 명백해지고 있으며, 그 가
운데 몇 가지는 미국과 영국 정부 내에서도 인정되고 있다. 예를 들
어 영국 농림수산식품부(MAFF)는 유전자 조작 작물과 꽃가루가 재
배지를 넘어서 퍼져나가는 것은 불가피하며[12] 그에 따라 이미 제초
제에 저항성을 갖는 잡초가 출현하는 결과를 가져왔다는 사실을 인
정했다.[13] Bt에 저항성을 갖는 병해충이 나타나고 있으며, 미국환경
청은 저항성을 갖지 않는 병해충에 피난처를 제공하기 위하여 농민
들에게 유전자 조작되지 않은 작물을 40% 정도 심을 것을 권고하
고 있다.[14] 제초제 저항성 유전자 조작 작물에 사용되는 광대역성
제초제는 야생종들을 무차별적으로 절멸시킬 뿐만 아니라, 동물들
에게도 해를 미친다. 그중 하나인 글루포사이네이트는 포유동물의
기형출산을 불러일으킨다.[15] 스웨덴의 한 연구에서는 가장 많이 팔
리는 글리포세이트 성분 제초제가 비(非)호지킨성 림프 암과 관련
되어 있다고 말하고 있다.[16] 그리고 Bt 독성을 지닌 유전자 조작 작

물은 벌[17]과 풀잠자리[18] 같은 익충들도 죽이며, Bt 옥수수의 꽃가루
는 왕관나비에 치명적이다.[19] 아네모네 렉틴(자연계 식물에 일반적으로
존재하는 단백질의 일종. 면역세포의 증식·분화 유도, 암세포를 죽이는 작용
또는 세포나 동물에 독성을 나타내는 등 다양한 기능을 함)을 함유한 유전
자 조작 감자는 처음에는 무당벌레에 해가 있는 것으로 알려졌는
데,[20] 이제는 생쥐들에게도 독성이 있음이 확인되고 있다.[21]

9. 유전자 조작 생물체로부터 만들어지는 산물들 또한 해가 있음
이 밝혀지고 있다. 예를 들어 유전자 조작 미생물로부터 만들어진
트립토판은 37명의 사망자와 1,500명에 달하는 심각한 질환자를 발
생시켰다.[22] 우유의 생산증대를 위해 암소에 주입되는 유전자 조작
된 소 성장호르몬(rBGH)은 암소들에게 과도한 질환을 일으킬 뿐
아니라, 이로 인해 우유 속에 과도하게 늘어난 IGF-1(성장호르몬과 같
은 역할을 하는 성장인자 중 하나. 일반적으로 성장인자는 암세포가 있는 경우
암을 증식시키는 역할을 하는 것으로 알려져 있음)은 인체의 유방암과 전
립선암과 관계가 있다.[23] 이것은 형질 전환된 DNA나 단백질을 함
유한 산물뿐만 아니라 유전자 조작된 모든 산물로부터 보호받아야
할 대중들에게 매우 중대한 문제이다.

10. 유전자 조작 작물이 잠재적으로 불러일으킬 수 있는 건강상
의 위험성은, 형질 전환된 DNA가 이차적인 수평적 전이를 통해 비
관련 종——원리상으로는 유전자 조작 식물과 상호 작용하는 모든
종——들에게 영향을 미치는 것과 관련되어 있다.[24] 항생제 저항성
표시유전자(항생제 저항성 유전자가, 유전자 재조합 기술 사용시 원하는 형
질의 이종 유전자가 제대로 삽입되었는지 확인하기 위해 사용되고 있어 표시
유전자로 불림)의 확산은, 그로 인해 전세계적으로 다시 전염을 일으
킬 수도 있는 질병을 치유할 항생물질의 처방을 불가능하게 만든다
는 점에서 가장 즉각적인 위험이다. 하지만 형질 전환 DNA의 수평

적 전이와 관련하여, 외래 DNA를 유전체(genome, 한 생물체가 지닌 유전자들의 총집합)에 임의적으로 주입하는 것 역시 포유동물의 암을 비롯하여 갖가지 유해한 영향을 미칠 수 있다.[25] 이 같은 유전자의 수평적 전이 가능성은 이제 미국과 영국 정부에서도 인정하고 있다.

11. 항생제 저항 표시유전자와 관련하여 미국 식품의약품국(FDA)의 산업계에 대한 지침 초안에서는, 포유동물의 세포가 DNA 절편(유전자의 일부분)을 흡수할 가능성에 관해 명시적으로 언급하고 있다.[26] 이 문서에서는, 영국 농림수산식품부는 형질 전환 DNA가 소화만이 아니라, 농가 작업이나 식품가공 작업중에 식물 분진 및 공기중의 꽃가루와의 접촉을 통해서 전이될 수 있음을 지적했으며[27] 이 문제에 대한 몇 가지 의미 있는 새로운 발견들을 했다고 밝히면서 그 사실을 인용하고 있다.

12. 따라서 식물 DNA는 상업적 식품가공을 통해 완전히 분해되지 않는다.[28] 곡물의 DNA는 분쇄나 제분 같은 과정에서 대부분 그대로 남게 되며, 90°C로 가열해도 역시 마찬가지이다. 사료 사일로 안의 식물도 DNA가 분해되지 않으며, 영국 농림수산식품부 특별보고서에서는 동물사료에 유전자 조작 식물이나 식물찌꺼기를 사용하지 말 것을 권고하고 있다.

13. 영국 농림수산식품부가 미국 식품의약품국에 보낸 편지에서는 또한 인간의 구강에는 항생제 내성 표시유전자를 함유하고 있는 DNA 절편을 흡수하여 발현할 수 있는 박테리아가 함유되어 있으며, 호흡기관에도 유사한 변형이 가능한 박테리아가 존재한다는 새로운 사실들을 언급하고 있다.[29]

14. 양국 규제기관이 고려하지 못한 것은, 알레르기와 독성반응을 더욱 악화시킬 수 있는 형질 전환 꽃가루가 재배지로부터 퍼져

나가서 일반 대중들로 확산될 것이 분명하다는 사실이다. 이와 비슷하게, 현재는 규제되지 않고 있는 가축사료의 유전자 조작 곡물 및 식물 공급관행은 여전하며, 항생제 저항성 표시유전자 및 다른 형질 전환 DNA들이 확산됨에 따라 형질 전환된 식물폐기물들은 가축과 인간의 건강을 위협하고 있다.

15. 형질 전환된 DNA 내에 존재하는 콜리플라워 모자이크 바이러스(CaMV) 프로모터 또한 건강 면에서 심각한 위협이 되고 있다. 형질 전환 유전자의 발현을 증진시킬 목적으로 광범위하게 사용되는 CaMV는 (특히 재조합이 잘 일어나는 지점인) 재조합 핫스폿(recombination hotspot)을 가지고 있는 것으로 알려져 있다. 재조합을 할 때의 한 가지 보편적인 메커니즘은, 이중나선 DNA를 절단하여 다른 이중나선 DNA와 붙이는 것이다. 이는 형질 전환된 각종 벼를 만들어내는 메커니즘을 통해서 확인되고 있다. 그런데 핫스폿에서의 재조합은 바이러스 리콤비나제 효소(viral recombinase enzyme, 바이러스에 있는 유전자 재조합을 촉진시키는 효소)가 없어도 발생하였으며, 이것은 숙주식물의 세포가 재조합을 촉매할 수 있다는 것을 알려주는 것이다.[30] 따라서 CaMV 프로모터는 수평적 전이를 증진하는 능력을 갖고 있으며, 그로 인해 위험한 결과가 발생할 여지를 더욱 높이고 있다.[31]

16. CaMV는 인체의 B형 간염 바이러스와 밀접한 관계가 있으며, 또한 AIDS의 HIV 같은 레트로바이러스(retrovirus, DNA 대신 RNA를 가지고 있는 유전물질 바이러스로서, 많은 암을 유발하는 바이러스와 에이즈 바이러스가 있음. 감염된 숙주세포 안에서 바이러스가 가지고 있는 RNA는 DNA를 만들기 위한 주형으로 사용됨.) 내에 있는 것과 관련된 역전사 효소(reverse transcriptase enzyme, 레트로바이러스의 효소. 대부분의 생명체는 DNA를 주형으로 RNA를 만들지만 레트로바이러스는 특이하게 RNA에

서 DNA를 만드는 능력을 갖고 있음) 유전자를 가지고 있다.[32] 뿐만 아니라 CaMV 내에 있는, 바이러스 복제를 위한 적어도 하나의 조절부위(필요한 때에 필요량의 단백질을 만들도록 유전자 발현을 조절하는 부위. 프로모터, 인핸서, 오퍼레이터, 폴리-A 신호요소 등이 있음)는 HIV 내의 그것과 교환이 가능하다.[33] 따라서 CaMV 프로모터는 유전자의 수평적 전이를 증진할 뿐만 아니라, 휴면중인 바이러스를 재활성화함으로써, 재조합에 의해 새로운 바이러스를 만들어낼 수 있는 잠재력을 갖고 있다.

17. 영국 의료연합은 1999년 5월 발간된 중간보고서에서, 새로운 알레르기 및 항생제 저항성 유전자의 확산, 형질 전환 DNA의 영향에 관한 연구가 진행될 때까지, GMO의 방출에 대하여 무기한 모라토리움을 요구했다. 이러한 입장은 사전예방 원칙과 완전히 합치되는 것이다.

18. 영국 정부의 주장과는 반대로, 현재 벌어지고 있는 '농장 규모'의 제초제 저항성 유채 및 옥수수에 대한 대량 시험에서는 유용한 결과를 전혀 얻을 수 없었다. 이 실험에서는 형질 전환 꽃가루의 확산을 통제할 수 없었을 뿐 아니라, 유전자의 수평적 전이나 건강상의 영향에 대하여 감시하고자 하는 그 어떤 시도도 보이지 않았다.[34]

19. 우리는 모든 정부들에 유전자 조작 기술과 그 산물들로 인해 야기되는 위험성들과 관련한 상당한 과학적인 증거들을 적절히 고려할 것을, 그리하여 사전예방 원칙에 걸맞은, 추가방출에 대한 즉각적인 모라토리움을 시행할 것을 요구한다. 특히 정부들은 강력하고 효과적인 생물다양성협약하의 생명공학안전성의정서를 협상해야 한다. 또한 우리는 국가 및 국제 차원의 생명공학안전성 법령들이 WTO의 무역 및 금융 협약들보다 상위에 놓여야 함을 주장한다.

20. 유전자 조작 작물이 필요 없는, 따라서 기업에 의존하지 않는, 지속 가능한 농업체계에 대해 광범위한 지원이 이루어져야 한다. 이러한 많은 체계들은 이미 산출증대와 더불어 가족농의 소득보장, 환경영향의 감소 그리고 영양 및 보건 증진을 이룩해 내고 있다.[35]

1) 「전세계 과학자들의 성명서」 참조(Institute of Science in Society 홈페이지: www.i-sis.dircon.co.uk).

2) Ho, Mae-Wan & T. Traavik (1999), *Why Patent on Life Forms and Living Processes Should Be Rejected from TRIPs: Scientific Briefings on TRIPs Article 27.3 (b)*, TWN Report, Penang, Malaysia: The Third World Network.

3) James, C. (1998), "Global Status of Transgenic Crops in 1998," ISAAA Briefs, New York: ISAAA.

4) Benbrook, C. (1999), "Evidence of the Magnitude and Consequences of the Roundup Ready Soybean Yield from University Based Varietal Trials in 1998," AgBiotech InfoNet Technical Paper, No. 1, Idaho.

5) Watkins, K. (1999), "Free Trade and Farm Fallacies," *Third World Resurgence* 100/101, The Third World Network, pp. 33~37 참조.

6) Farm and Land in Farms, *Final Estimates 1993~1997*, USDA National Agricultural Statistics Service.

7) Griffin, D. (1999), "Agricultural Globalization. A Threat to Food Security?," *Third World Resurgence*, No. 100/101, pp. 38~40 참조.

8) *Farm Aid Fact Sheet: The Farm Crisis Deepens*, Cambridge, Mass., 1999.

9) Simms, A. (1999), *Selling Suicide, Farming, False Promises and Genetic Engineering in Developing Countries*, London: Christian Aid.

10) Farmer's Declaration on Genetic Engineering in Agriculture, National Family Farm Coalition, USA.

11) Farmer's Rally on Capitol Hill, 1999. 9. 12.

12) *MAFF Fact Sheet: Genetic Modification of Crops and Food*, 1999. 6.

13) Ho, Mae-Wan and B. Tappeser (1997), "Potential Contributions of Horizontal Gene Transfer to the Transboundary Movement of Living Modified Organisms Resulting from Modern Biotechnology," K. J. Mulongoy,

Proceedings of Workshop on Transboundary Movement of Living Modified Organisms Resulting from Modern Biotechnology: Issues and Opportunities for Policy-makers, Geneva: International Academy of the Environment, pp. 171~93 참조.

14) Mellon, M. and J. Rissler (1998), *Now or Never. Serious New Plans to Save a Natural Pest Control*, Cambridge, Mass.: Union of Conerned Scientists.

15) Garcia, A., F. Benavides, T. Fletcher, and E. Orts (1998), "Paternal Exposure to Pesticides and Congenital Malformations," *Scand Journal Work Environ Health*, No. 24, pp. 473~80.

16) Hardell, H. & M. Eriksson (1999), "A Case-Control Study of Non-Hodgkin Lymphoma and Exposure to Pesticides," *Cancer*, No. 85, pp. 1353~60.

17) "Cotton Used in Medicine Poses Threat: Genetically-Altered Cotton May Not Be Safe," Bangkok Post, 1997. 11. 17.

18) Hilbeck, A., M. Baumgartner, P. M. Fried, and F. Bigler (1998), "Effects of Transgenic Bacillus Thuringiensis-Corn-Fed Prey on Mortality and Development Time of Immature Chrysoperla Carnea(Neuroptera: Chrysopidae)," *Environmental Entomology*, No. 27, pp. 480~96.

19) Losey, J. E., L. D. Rayor, and M. E. Carter (1999), "Transgenic Pollen Harms Monarch Larvae," *Nature*, No. 399, p. 214.

20) Birch, A. N. E., I. I. Georghegan, M. E. N. Majerus, C. Hackett, and J. Allen (1997), "Interaction between Plant Resistance Genes, Pest Aphid-Population and Beneficial Aphid Predators," *Soft Fruit and Pernial Crops*, Oct. pp. 68~79.

21) Ewan, S. W. B. & A. Pusztai (1999), "Effects of Diets Containing Genetically Modified Potatoes Expressing Galanthus nivalis lectin on Rat Small Intestine," *The Lancet*, No. 354, pp. 1353~54.

22) Mayeno, A. N. & G. J. Gleich (1994), "Eosinophilia-myalgia Syndrome and Tryptophan Production: A Cautionary Tale," *Tibtech*, No. 12, pp. 346~52.

23) Epstein, E. (1998), "Bovine Growth Hormone and Prostate Cancer: Bovine Growth Hormone and Breast Cancer," *The Ecologist*, No. 28(5), pp. 268~69.

24) Ho, Mae-Wan (1998), *Genetic Engineering. Dream or Nightmare?: The Brave New World of Bad Science and Big Business*, Bath: Gateway Books; Ho, Mae-Wan, T. Traavik, R. Olsvik, B. Tappeser, V. Howard, C. von Weizsacker, & G. McGavin (1998), "Gene Technology and Gene Ecology of

Infectious Diseases," *Microbial Ecology in Health and Disease*, No. 10, pp. 33~59; Traavik, T. (1999), *Too Early May Be Too Late: Ecological Risks Associated with the Use of Naked DNA as a Biological Tool for Research, Production and Therapy*, Norway: Research report for Directorate for Nature Management 등에서 검토되고 있다.

25) Reviewed by Doerfler, W., R. Schubbert, H. Heller, C. Kmmer, D. Hilger-Eversheim, M. Knoblauch, and R. Remus (1997), "Integration of Foreign DNA and Its Consequences in Mammalian Systems," *Tibtech*, No. 15, pp. 297~301; 주 17) 참조.

26) "Draft Guidance for Industry: Use of Antibiotic Resistance Marker Genes in Transgenic Plants," US FDA, September 4, 1998.

27) Letter from N. Tomlinson, Joint Food Safety and Standards Group, MAFF, to US FDA, 4 December, 1998 참조.

28) Forbes, J. M., D. E. Blair, A. Chiter, and S. Perks (1998), *Effect of Feed Processing Conditions on DNA Fragmentation Section 5: Scientific Report*, MAFF.

29) Mercer, D. K., K. P. Scott, W. A. Bruce-Johnson, L. A. Glover, and H. J. Flint (1999), "Fate of Free DNA and Transformation of the Oral Bacterium Streptococcus Gordonii DL1 by Plasmid DNA in Human Saliva," *Applied and Environmental Microbiology*, No. 65, pp. 6~10.

30) Kohli, A., S. Griffiths, N. Palacios, R. M. Twyman, P. Vain, D. A. Laurie, and P. Christou (1999), "Molecular Characterization of Transforming Plasmid Rearrangements in Transgenic Rice Reveals a Recombination Hotspot in the CaMV 35S Promoter and Confirms the Predominance of Microhomology Mediated Recombination," *The Plant Journal*, No. 17, pp. 591~601.

31) Ho, Mae-Wan, A. Ryan, & J. Cummings (1999), "The Califlower Mosaic Viral Promoter: A Recipe for Disaster?," *Microbial Ecology in Health and Disease* (in press).

32) Xiong, Y. and T. H. Eickbush (1990), "Origin and Evolution of Retro-elements Based upon Their Reverse Transcriptase Sequences," *EMBO Journal*, No. 9, pp. 3353~62.

33) Noad, R. J., R. Viaplana, D. S. Turner, K. Moffat, & S. N. Covey (1999), "Analysis of Animal Retroviral Elements Utilizing a Plant Pararetroviral Vector," John Innes Centre & Sainsbury Laboratory Annual Report 1998/1999, p. 62.

34) Firbank, L. G., A. M. Dewar, M. O. Hill, M. J. May, J. N. Perry, O. P. Rothery, G. R. Squire, and I. P. Woiwod (1999), "Farm-scale Evaluation of GM Crops Explained," *Nature*, No. 399, pp. 727~28.

35) Pretty, J. (1995), *Sustainable Agriculture*, Earthscan, London; Pretty, J. (1998), *The Living Land: Agriculture, Food, and Community Regeneration in Rural Europe*, London: Earthscan 참조.

전세계 GMO 관련 운동단체

그린피스 (The Greenpeace) www.greenpeace.org/~geneng

국제적으로 활발한 생명공학 반대운동을 펼치고 있는 환경단체로, 핵문제와 함께 생명공학 문제가 2대 행동과제로 선정되어 있다.

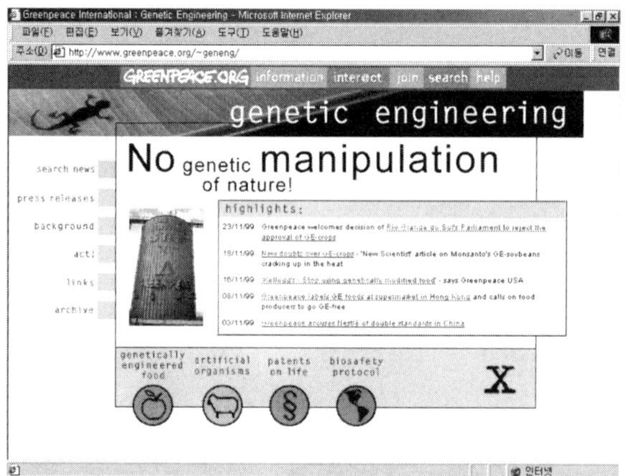

생물민주주의 (Biodemocracy) www.purefood.org

GMO 반대운동과 함께 안전한 식품을 먹을 권리를 지키고자 활동하는 단체.

국제농촌진흥기금 (RAFI/Rural Advancement Foundation International) www.rafi.ca
농촌지역의 농업생물 다양성, 특히 제3세계의 농촌문제를 중심으로 다국적 농업자
본의 생물자원 독점과 특허 문제를 다루는 단체. 캐나다에 본부가 있다.

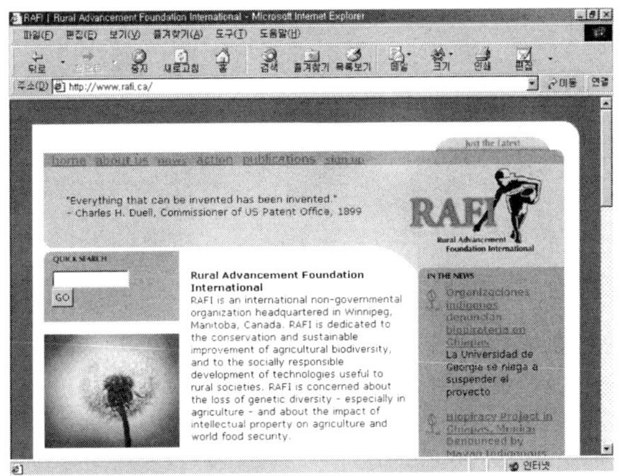

과학과 기술의 책임있는 응용을 위한 의사와 과학자들 (PSRAST/Physicians and Scientists
for Responsible Application of Science and Technology) www.psrast.org
생명공학과 GMO의 무분별한 개발과 자본에 의한 독점을 경계하면서, 과학기술의
분별 있는 응용과 인간적인 사용을 주장하는 단체. 엄청난 분량의 GMO 관련 자료
들을 만날 수 있다.

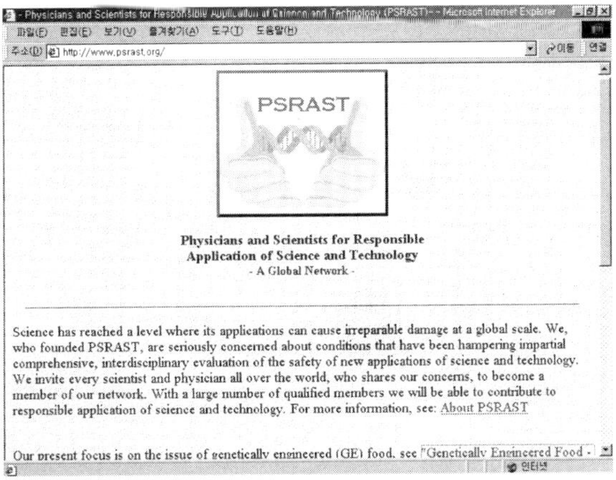

국제유전자원행동 (GRAIN/Genetic Resources Action International) www.grain.org

1990년에 설립되어 유전자원의 불평등한 이용과 독점을 반대하는 국제적인 단체. WTO의 TRIPs(지적재산권) 협약 내의 생명특허 허용 조항과 관련한 방대한 자료들이 있으며, 스페인 바르셀로나에 본부가 있다.

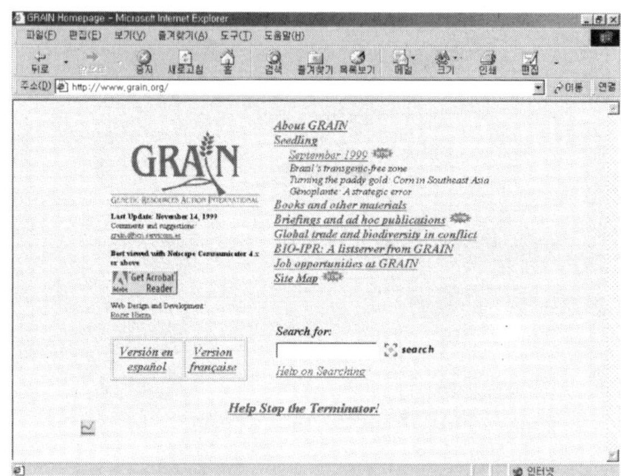

캠페인 (The Campaign) www.thecampaign.org

미국에서 소비자들과 정부를 대상으로 활발하게 GMO 반대운동을 펼쳐나가고 있는 단체. GMO와 관련된 최근 소식들이 가장 잘 정리되어 있는 곳이다.

제3세계 네트워크 (TWN/Third World Network) www.twnside.org.sg

자본과 선진국의 신자유주의적 패권에 맞서서 제3세계 민중들의 생존권을 수호하기 위한 조직. 제3세계 농업·환경·무역 문제를 주로 다루고 있으며, 특히 제3세계 농민과 시민들을 위협하는 GMO에 대한 반대운동을 활발히 펼쳐나가고 있다. 엄청난 분량의 관련자료들을 볼 수 있으며, 말레이시아 페낭에 본부가 있다.

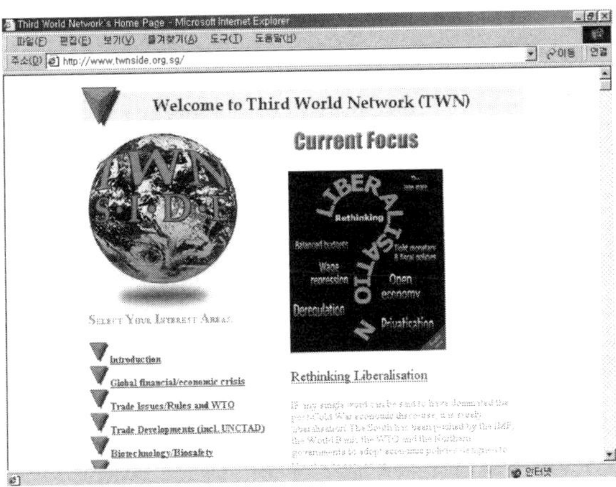

지구의 친구들 (Friends of the Earth) www.foe.org.uk/camps/foodbio/index.htm

그린피스와 함께 전세계적으로 유명한 환경단체인 '지구의 친구들' 내의 GMO 반대 홈페이지.

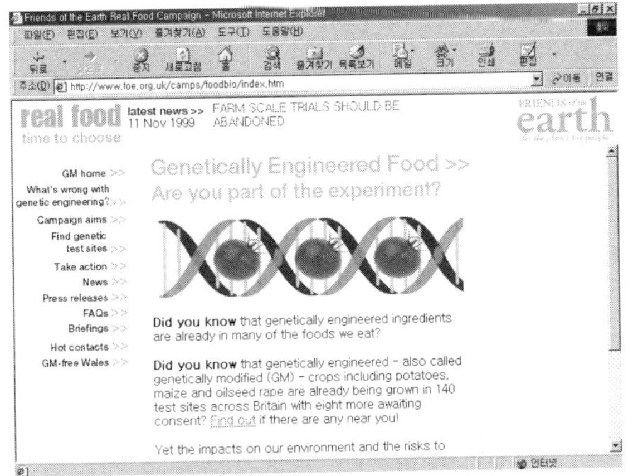

책임있는 유전공학을 위한 위원회 (The Council for Responsible Genetics) www.gene-watch.org

의식 있는 과학자들을 중심으로 생명공학 감시운동을 펼쳐나가고 있는 단체. *GeneWatch*라는 온라인잡지를 발간하고 있다.

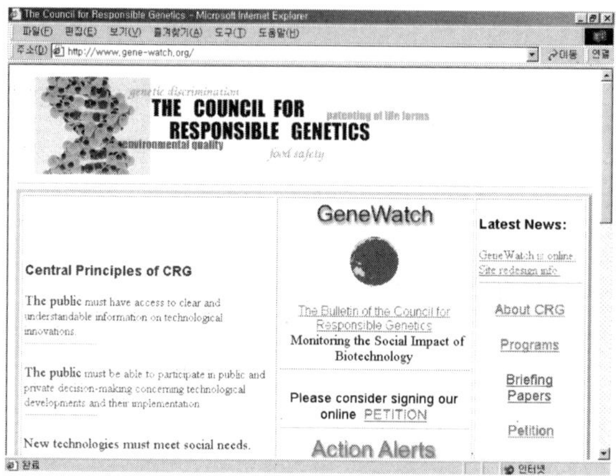

생명안전 · 윤리 연대모임 (KABB/Korean Alliance for Biosafety and Bioethics) kabb.ksdn.or.kr

국내의 농민 · 환경 · 과학기술 · 종교 관련 17개 시민단체들이 연대하여, 생명공학이 가져올 수 있는 위험성을 반대하고 생명윤리를 지키고자 활동하는 국내 유일의 GMO 반대운동 연대단체.

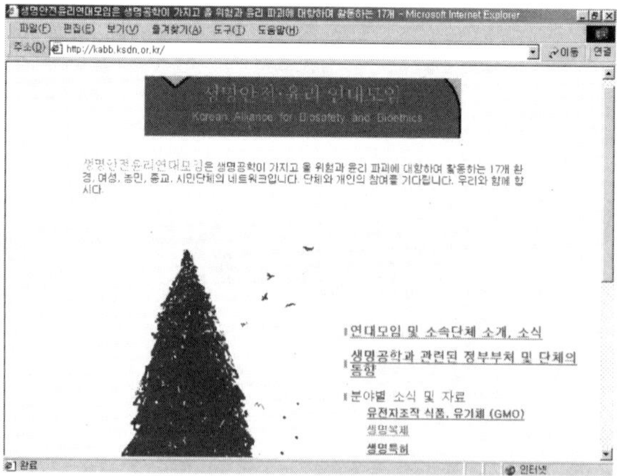